PHYSIK

in Aufgaben und Lösungen

TEIL I: Mechanik - Schwingungen und Wellen

von H. Heinemann, H. Krämer, P. Müller, H. Zimmer

2., verbesserte Auflage

Fachbuchverlag Leipzig - Köln

Dr. rer. nat. Hilmar Heinemann (Federführender)
Dr. rer. nat. Heinz Krämer
Dr. rer. nat. Peter Müller
Prof. Dr. rer. nat. Hellmut Zimmer

Die Deutsche Bibliothek - CIP-Einheitsaufnahme

Physik in Aufgaben und Lösungen / von H. Heinemann ... - Leipzig : Fachbuchverl.
Früher mit dem Zusatz zum Hauptsacht.: 477 durchgerechnete Lösungen zu den Aufgaben aus "Physik - Verstehen durch Üben"
NE: Heinemann, Hilmar

Teil I. Mechanik - Schwingungen und Wellen.- 2., verb. Aufl. - 1994
ISBN 3-343-00868-0

CHLORFREI

Gedruckt auf Papier, das nicht mit Chlor gebleicht wurde. Bei der Produktion entstehen keine chlorkohlenwasserstoffhaltigen Abwässer.

ISBN 3-343-00868-0

Druck und Binden: Offizin Andersen Nexö Leipzig GmbH, Leipzig
Printed in Germany

Inhaltsverzeichnis Teil I

1. MECHANIK

1. Bewegung auf einer Geraden 10
1. Punktmasse / 2. Schwingung / 3. Kraftfahrzeug / 4. Notbremsen 5. Senkrechter Wurf / 6. Stahlkugel / 7. Testfahrzeuge 8. Güterzug / 9. Schienenfahrzeug / 10. Rennwagen

2. Bewegung in der Ebene 21
1. Fluß / 2. Sportflugzeug / 3. Schräger Wurf / 4. Wasserspeier 5. Erdrotation / 6. Riesenrad / 7. Eisenbahnzug / 8. Schraubenmutter / 9. Karussell / 10. Pendel / 11. Beschleunigungen

3. Bewegungsgleichung 34
1. Ungleichmäßig beschleunigte Bewegung / 2. Frontalaufprall 3. Kraftstoß / 4. Schnellzug / 5. U-Rohr / 6. Kegelpendel 7. Schräglage / 8. Talsenke / 9. Erdmasse / 10. Synchronsatellit 11. Seilkräfte / 12. Förderanlage / 13. Fadenkraftdifferenz 14. Kette

4. Arbeit, Energie, Leistung 48
1. Verschiebungsarbeit / 2. Feder I / 3. Feder II / 4. Talfahrt 5. Handwagen / 6. Pumpe / 7. Bus / 8. Schleifenbahn / 9. Vertikaler Kreis / 10. Kugelrutsch / 11. Satellit / 12. Orbitalstation 13. Zweite kosmische Geschwindigkeit

5. Impulserhaltungssatz 62
1. Gerader Stoß / 2. Zwei Kugeln / 3. Güterwagen / 4. Stoßpendel 5. Rangieren / 6. Schmieden / 7. Zwei Fahrzeuge / 8. Reflexion 9. Schiefer Stoß / 10. Rakete I / 11. Rakete II / 12. Landesektion

6. Bewegung im Zentralfeld 77
1. Meteorit / 2. Satellit I / 3. Satellit II / 4. Merkur 5. Raumschiff / 6. Mondmeteorit / 7. Erdbahn / 8. Kosmische Geschwindigkeiten / 9. Marssonde / 10. Halleyscher Komet 11. Doppelstern

7. Statik 88
1. Laterne / 2. Lampe / 3. Träger / 4. Stabkräfte / 5. Quadratische Platte / 6. Waagerechter Träger / 7. Malerleiter 8. Balkenwaage / 9. Bremsvorgang / 10. Stehauf / 11. Artisten 12. Stehpendel

8. Rotation starrer Körper 104
1. Scheibe / 2. Stabpendel / 3. Perpendikel / 4. Schwungrad 5. Drehkörper / 6. Reibkupplung / 7. Stab / 8. Zwei Zylinder 9. Wellrad / 10. Wagen / 11. Spielzeugauto / 12. Puck / 13. Kugel 14. Bauaufzug / 15. Unelastischer Drehstoß / 16. Kreisel 17. Kollergang / 18. Looping

9. Beschleunigtes Bezugssystem 122
1. Aufzugskabine / 2. Tender / 3. Bleistift / 4. Schwerelosigkeit
5. Kettenkarussell / 6. Zug / 7. Zyklone / 8. Fahrgast
9. Freier Fall / 10. Senkrechter Wurf / 11. Meteorit
12. Foucaultsches Pendel

10. Spezielle Relativitätstheorie 134
1. Erddurchmesser / 2. Zwillingsparadoxon / 3. My-Meson
4. Beschleunigung / 5. Additionstheorem / 6. Längenkontraktion
7. Raumschiff / 8. Dopplereffekt / 9. Geschwindigkeit einer Ladung / 10. Elektronenmikroskop / 11. Relativistische Masse
12. Impuls

11. Äußere Reibung 149
1. Skilift / 2. Einachsanhänger / 3. Reibungszahl / 4. Münze
5. Traktor / 6. Bohnerbürste / 7. Kurvenfahrt / 8. PKW
9. Rollreibung / 10. Seilkräfte / 11. Greifzange / 12. Schraubzwinge / 13. Kugel

12. Verformung fester Körper 163
1. Stahlband / 2. Stahlseil / 3. Keilriemen / 4. Alustab
5. Scherung / 6. Kugel im Meer / 7. Gold / 8. Stab / 9. Brett
10. Doppel-T-Träger / 11. Profilrohr / 12. Flächenmomente
13. Welle / 14. Schraubenschlüssel / 15. Torsionsschwinger

13. Ruhende Flüssigkeiten und Gase 179
1. Magdeburger Halbkugeln / 2. Konservenglas / 3. Holzstück
4. Kupferdraht / 5. Schweredruck / 6. Gold / 7. Vergaserschwimmer
8. Schwimmweste / 9. Wetterballon / 10. Gußbronze / 11. Wägekorrektur / 12. Luftdruck / 13. Bohrloch / 14. Zeppelin

14. Strömung der idealen Flüssigkeit 193
1. Venturidüse / 2. Staurohr / 3. Wasserstrahlpumpe / 4. Mühlgraben / 5. Feuerwehrschlauch / 6. Saugheber / 7. Rohrsystem
8. Trichter / 9. Wasserleitung / 10. Windkanal / 11. Dichtebestimmung / 12. Turbine

15. Strömung realer Flüssigkeiten 205
1. Gleitlager / 2. Kugel in öl / 3. Ausflußgeschwindigkeit
4. Injektionsspritze / 5. Skiläufer / 6. Fallschirmspringer
7. Seitenwind / 8. Abflußrohr / 9. Feuerwehrschlauch
10. Zentrifuge

2. SCHWINGUNGEN UND WELLEN

1. Harmonische Schwingungen 218
1. Lokomotive / 2. Konstantenbestimmung / 3. Schüttelsieb
4. Tellerfederwaage / 5. Laufkatze / 6. Seilschwingung
7. Trägheitsmomentbestimmung / 8. Fadenpendel / 9. U-Rohr
10. Stab / 11. Stahlträger / 12. Federpendel

2. Gedämpfte Schwingungen 230
1. Kugel in öl / 2. Amplitudenfunktion / 3. Quecksilbersäule
4. Lagerschale / 5. LKW / 6. T-Λ-Bestimmung / 7. Federschwinger
8. k-r-Bestimmung / 9. Schwingtür / 10. Elektrische Schwingung

3. Erzwungene Schwingungen 241

1. Stanze / 2. Zungenfrequenzmesser / 3. Mathematisches Pendel
4. Bodenwellen / 5. Fundamentplatte / 6. Resonanzüberhöhung
7. Elektromotor / 8. Meßgerät / 9. Anfahren einer Maschine
10. Brücke

4. Wellenausbreitung 254

1. Seilwelle / 2. Wellenfunktion I / 3. Wellenfunktion II
4. Teilchenschwingung / 5. Interferenz / 6. Phasenausbreitung
7. Auswertung der Wellenfunktion / 8. Knotenpunkte / 9. Reflexion einer Welle / 10. Saite / 11. Schwebung

5. Schallwellen 267

1. Kompression / 2. Kundtsches Rohr / 3. Klavier / 4. Schallfeldgrößen / 5. Schallradiometer / 6. Schallenergie / 7. Ultraschallstrahl / 8. Punktquelle / 9. Hörschwelle / 10. Diskothek
11. Mehrere Schallquellen / 12. Verkehrspolizist / 13. Polizeifahrzeug / 14. Überschallflug

Inhaltsverzeichnis Teil II

3. WÄRMELEHRE

1. Kalorimetrie, thermische Ausdehnung
2. Wärmeausbreitung
3. Zustandsänderungen - Erster Hauptsatz der Thermodynamik
4. Carnotscher Kreisprozeß
5. Zweiter Hauptsatz der Thermodynamik
6. Gaskinetik

4. ELEKTRIZITÄT UND MAGNETISMUS

1. Gleichstromkreis
2. Elektrisches Feld
3. Magnetisches Feld
4. Induktion
5. Wechselstromkreis

5. OPTIK

1. Reflexion, Brechung, Dispersion
2. Dünne Linse
3. Spiegel
4. Dicke Linse, Linsensysteme
5. Auge, optische Vergrößerung
6. Optische Geräte
7. Interferenz und Beugung

6. STRUKTUR DER MATERIE

1. Welle-Teilchen-Dualismus
2. Atomhülle
3. Quantenmechanik
4. Atomkern

Vorwort

Das vorliegende Buch ergänzt das seit 1980 bewährte Arbeitsbuch *PHYSIK - Verstehen durch Üben* und wendet sich dementsprechend an Ingenieurstudenten und alle diejenigen, die physikalische Probleme erkennen und mathematisch formulieren müssen sowie die Lösungen finden und interpretieren wollen.

Mitteilen von ausführlichen Lösungen für Übungsaufgaben galt in der physikalischen Ausbildung lange Zeit mehr als Unterstützen von Bequemlichkeit, denn als Fördern von Selbständigkeit und Kreativität bei der Problemlösung. Heute hat - mit der bedeutend gewachsenen Verantwortung des Studierenden für sein eigenes geistiges Wachstum im Rahmen seiner beabsichtigten Laufbahn - die ausführlich angebotene Lösung einen anderen Stellenwert. Sie ermöglicht die Kontrolle eigener Lösungskonzepte, Denkschritte, Formelinterpretationen und mathematischer Umformungen. Sie überläßt dem verantwortungsbewußt mitarbeitenden Leser also nach wie vor das "Verstehen durch Üben", gibt ihm aber darüber hinaus die Sicherheit, *richtig* verstanden zu haben. Sie ist ein jederzeit konsultierbarer, objektiver Mentor, mit dem der vielfältig beanspruchte Student an Effektivität beim Studieren gewinnen kann.

Ausführlichkeit empfindet jeder anders. Eigentlich jeder Leser aber wünscht sich sofortiges Verständnis der mitgeteilten Gedankengänge. Wo jedoch der Fortgeschrittene mit wenigen Zeilen Information auskommt, benötigt ein Anfänger möglicherweise mehrere Seiten Text und Rechnung. Die Autoren haben einen Kompromiß gesucht, der bei lückenloser Darstellung aller wichtigen Folgerungen einer möglichst hohen Prägnanz verpflichtet ist. Da der Schwierigkeitsgrad der Aufgaben recht unterschiedlich und mitunter auch ziemlich hoch ist, wurden die Aufgaben innerhalb der einzelnen Abschnitte bzw. noch feinerer thematischer Gruppierungen nach steigenden Anforderungen geordnet. Der weniger Geübte ist also gut beraten, wenn er mit den leichteren Aufgaben beginnt und die schwereren erst dann in Angriff nimmt, wenn er eine gewisse Erfahrung erworben hat.

In den vielen Fällen, in denen ein Problem auf unterschiedlichen Wegen gelöst werden kann, wurde - von seltenen Ausnahmen abgesehen - nur ein einziger Lösungsweg beschrieben. Der Studierende soll hiermit ermutigt werden, auch eigene Wege zu gehen; auf keinen Fall haben die Lösungsvorschläge des Buches eine "amtliche" Geltung.

Diejenigen Leser, die bisher allein die Aufgabensammlung nutzen, seien auf das Arbeitsbuch hingewiesen, in dem sie im Bedarfsfall Erläuterungen zu den benötigten physikalischen Gesetzen sowie weitere, noch ausführlicher vorgerechnete Beispiele finden.

Informationen über Erfahrungen mit der Aufgabensammlung und Vorschläge für deren weitere Verbesserung sind den Autoren sehr willkommen.

Dresden, März 1994

H. Heinemann
H. Krämer
P. Müller
H. Zimmer

1. MECHANIK

1.1.1. Punktmasse

Eine Punktmasse hat zur Zeit $t_0 = 0$ am Ort x_0 die Geschwindigkeit v_{x0}. Vom Zeitpunkt t_0 an erfährt die Punktmasse eine konstante Beschleunigung a_x.

a) Wo befindet sich die Punktmasse zur Zeit t_1?

b) Welche Geschwindigkeit v_{x1} hat sie dort?

c) Wo liegt der Umkehrpunkt x_2 der Bewegung?

$x_0 = 6{,}0\ \mathrm{m}$ $\quad v_{x0} = -5{,}0\ \mathrm{m/s}$ $\quad a_x = 2{,}0\ \mathrm{m/s^2}$ $\quad t_1 = 3{,}0\ \mathrm{s}$

---

a) $$x_1 = \frac{a_x}{2} t_1^2 + v_{x0} t_1 + x_0 = 0$$

b) $$v_x = \frac{dx}{dt} = a_x t + v_{x0}$$

$$v_{x1} = a_x t_1 + v_{x0} = 1{,}0\ \mathrm{m/s}$$

c) $$v_{x2} = 0$$

$$0 = a_x t_2 + v_{x0} \implies t_2 = -\frac{v_{x0}}{a_x}$$

$$x_2 = \frac{a_x}{2} t_2^2 + v_{x0} t_2 + x_0$$

$$x_2 = \frac{v_{x0}^2}{2a_x} - \frac{v_{x0}^2}{a_x} + x_0$$

$$x_2 = -\frac{v_{x0}^2}{2a_x} + x_0 = -0{,}25\ \mathrm{m}$$

1.1.2. Schwingung

Ein schwingender Körper hat die Geschwindigkeit $v_x(t) = v_m \cos 2\pi\frac{t}{T}$.
Er befindet sich zur Zeit $t_0 = \frac{T}{4}$ am Ort x_0.
Geben Sie den Ort x und die Beschleunigung a_x des Körpers als Funktion der Zeit t an!

$$v_x(t) = v_m \cos 2\pi\frac{t}{T}$$

$$x(t) = \int v_x \, dt$$

$$x(t) = \frac{v_m T}{2\pi} \sin 2\pi\frac{t}{T} + C$$

$$x\left(\frac{T}{4}\right) = x_0 = \frac{v_m T}{2\pi} \sin \frac{\pi}{2} + C$$

$$C = x_0 - \frac{v_m T}{2\pi}$$

$$x(t) = \frac{v_m T}{2\pi} \left(\sin 2\pi\frac{t}{T} - 1\right) + x_0$$

$$a_x(t) = \frac{dv_x}{dt}$$

$$a_x(t) = - 2\pi \frac{v_m}{T} \sin 2\pi\frac{t}{T}$$

1.1.3. Kraftfahrzeug

Ein Kraftfahrzeug nähert sich einer Verkehrsampel mit verminderter Geschwindigkeit. Beim Umschalten der Ampel auf Grün beschleunigt es während der Zeit t_1 gleichmäßig mit a und legt dabei die Strecke s_1 zurück.
Wie groß sind die Geschwindigkeiten v_0 und v_1 am Anfang und am Ende der Beschleunigungsphase?
$a = 0{,}94\ m/s^2 \qquad t_1 = 5{,}3\ s \qquad s_1 = 60\ m$

$$s_1 = \frac{a}{2} t_1^2 + v_0 t_1 \qquad (s_0 = 0)$$

$$\Longrightarrow \quad \underline{v_0 = \frac{s_1}{t_1} - \frac{at_1}{2}} = \underline{\underline{32\ km/h}}$$

$$v_1 = at_1 + v_0$$

$$\Longrightarrow \quad \underline{v_1 = \frac{s_1}{t_1} + \frac{at_1}{2}} = \underline{\underline{50\ km/h}}$$

1.1.4. Notbremsen

Beim Notbremsen wird ein mit einer Geschwindigkeit v_{x0} fahrender Zug auf einer Strecke von $x_0 = 0$ bis x_1 zum Stehen gebracht.

a) Wie groß ist die konstante Bremsbeschleunigung a_x?

b) Stellen Sie den Verlauf der Bewegung im $x(t)$-, $v_x(t)$- und $a_x(t)$-Diagramm dar!

$x_1 = 260$ m $\qquad v_{x0} = 90$ km/h

---

a) $x = \frac{a_x}{2} t^2 + v_{x0} t \qquad (x_0 = 0)$

$$v_x = a_x t + v_{x0}$$

$$x_1 = \frac{a_x}{2} t_1^2 + v_{x0} t_1$$

$$v_{x1} = 0 = a_x t_1 + v_{x0} \qquad \Longrightarrow \qquad t_1 = -\frac{v_{x0}}{a_x}$$

$$x_1 = \frac{v_{x0}^2}{2a_x} - \frac{v_{x0}^2}{a_x} = -\frac{v_{x0}^2}{2a_x}$$

$$\underline{a_x = -\frac{v_{x0}^2}{2x_1}} = \underline{\underline{-\,1{,}20\ \text{m/s}^2}}$$

b)

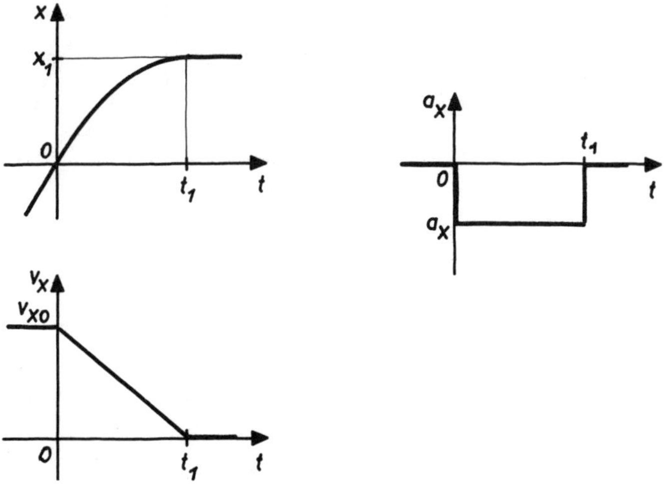

1.1.5. Senkrechter Wurf

Ein Körper wird von der Erdoberfläche aus ($z_0 = 0$) mit der Anfangsgeschwindigkeit v_{z0} senkrecht nach oben abgeschossen.

a) Welche Geschwindigkeit v_{z1} hat er in der Höhe z_1?

b) Welche Maximalhöhe z_2 erreicht er?

c) Skizzieren Sie den Verlauf des Wurfes im z(t)- und v_z(t)-Diagramm!

$v_{z0} = 20$ m/s $\quad z_1 = 5{,}0$ m $\quad g = 10$ m/s^2

---

a) $z = -\frac{g}{2} t^2 + v_{z0} t \qquad (z_0 = 0)$

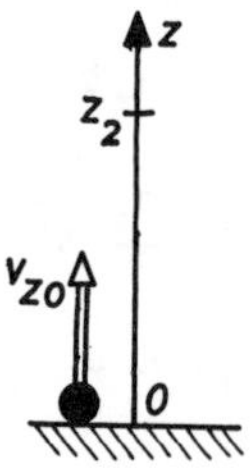

$$v_z = -gt + v_{z0} \implies t = \frac{v_{z0} - v_z}{g}$$

$$z = -\frac{(v_{z0} - v_z)^2}{2g} + v_{z0}\frac{(v_{z0} - v_z)}{g} = \frac{v_{z0}^2 - v_z^2}{2g}$$

$$v_z^2 = v_{z0}^2 - 2gz$$

$$\underline{v_{z1} = \pm\sqrt{v_{z0}^2 - 2gz_1}} = \pm\ 17{,}3\ \text{m/s}$$

$\frac{m}{2} v_{z0}^2 = mgz_1 + \frac{m}{2} v_{z1}^2$

$v_{z1} = \sqrt{v_{z0}^2 - 2gz_1}$

Andere Lösungswege: 1. z(t) nach t auflösen und in v_z(t) einsetzen; 2. Energiesatz

b) Aus a): $z = \frac{v_{z0}^2 - v_z^2}{2g}$

mit $z = z_2$

und $v_z = v_{z2} = 0$

$$\underline{z_2 = \frac{v_{z0}^2}{2g}} = 20\ \text{m}$$

Andere Lösungswege:

1. $v_z(t) = 0$ setzen, nach t auflösen und z(t) einsetzen;
2. Energiesatz

c)

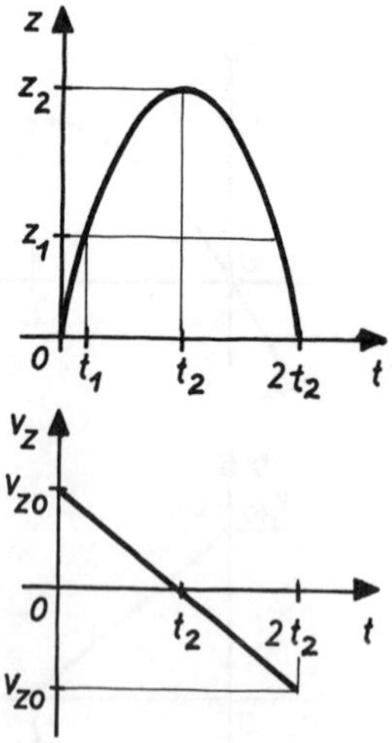

1.1.6. Stahlkugel

Eine Stahlkugel springt auf einer elastischen Platte auf und ab. Die Aufschläge haben den zeitlichen Abstand Δt.
Welche Maximalhöhe z_m erreicht die Kugel?
$\Delta t = 0{,}40$ s

Senkrechter Wurf:

$$z = -\frac{g}{2} t^2 + v_{z0} t \qquad (z_0 = 0)$$

$$v_z = -gt + v_{z0}$$

Steigzeit bis Maximalhöhe = Fallzeit $t = \frac{\Delta t}{2}$ (Siehe z(t)-Diagramm: Parabel)

$$v_z(\tfrac{\Delta t}{2}) = 0 = -g\frac{\Delta t}{2} + v_{z0} \implies v_{z0} = \frac{g\,\Delta t}{2}$$

$$z(\tfrac{\Delta t}{2}) = z_m = -\frac{g}{2}(\tfrac{\Delta t}{2})^2 + v_{z0}\frac{\Delta t}{2}$$

$$z_m = -\frac{g\,\Delta t^2}{8} + \frac{g\,\Delta t^2}{4}$$

$$\underline{z_m = \frac{g}{8}\Delta t^2} = \underline{\underline{20\ \text{cm}}}$$

Das Ergebnis folgt auch sofort aus der Formel für den freien Fall:

$$z_m = \frac{g}{2}(\tfrac{\Delta t}{2})^2$$

1.1.7. Testfahrzeuge

Zwei Testfahrzeuge beginnen gleichzeitig eine geradlinige Bewegung mit der Anfangsgeschwindigkeit $v_0 = 0$ am gleichen Ort. Das Fahrzeug A bewegt sich mit der Beschleunigung $a_A = a_0 = \text{const}$, das Fahrzeug B mit der Beschleunigung $a_B = kt$; $k = \text{const}$. Beide Fahrzeuge legen in der Zeit t_1 die Strecke s_1 zurück.

a) Skizzieren Sie den Verlauf beider Bewegungen im a(t)-, v(t)- und s(t)-Diagramm!

b) Berechnen Sie die Zeit t_1 und die Strecke s_1!

c) Welche Geschwindigkeiten v_{A1} und v_{B1} haben die Fahrzeuge am Ende der Strecke s_1 erreicht?

d) Nach welcher Zeit t_2 haben beide Fahrzeuge die gleiche Geschwindigkeit v_2 erreicht?

Gegeben: a_0, k

---

a) $a_A = a_0 = \text{const}$

$v_A = a_0 t \qquad (v_{A0} = 0)$

$s_A = \frac{a_0}{2} t^2 \qquad (s_{A0} = 0)$

$a_B = kt$

$v_B = \frac{k}{2} t^2 \qquad (v_{B0} = 0)$

$s_B = \frac{k}{6} t^3 \qquad (s_{B0} = 0)$

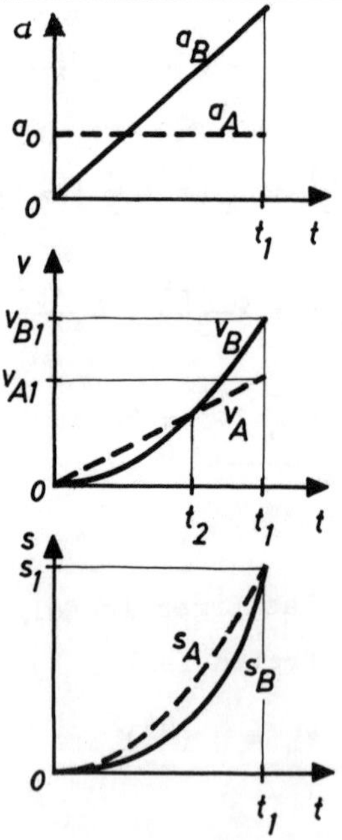

b) $s_1 = s_{A1} = s_{B1}$

$s_1 = \frac{a_0}{2} t_1^2 = \frac{k}{6} t_1^3$

$\underline{t_1 = 3 \frac{a_0}{k}}$; $\underline{s_1 = \frac{9}{2} \frac{a_0^3}{k^2}}$

c) $v_{A1} = a_0 t_1 = \underline{3 \frac{a_0^2}{k}}$

$v_{B1} = \frac{k}{2} t_1^2 = \underline{\frac{9}{2} \frac{a_0^2}{k}}$

d) $v_{A2} = v_{B2}$

$a_0 t_2 = \frac{k}{2} t_2^2 \implies \underline{t_2 = 2 \frac{a_0}{k}}$

1.1.8. Güterzug

Ein Güterzug passiert auf einem Nebengleis mit der Geschwindigkeit v_0' einen Bahnhof. Zur gleichen Zeit $t_0 = 0$ fährt ein Personenzug in derselben Richtung ab. Die Beschleunigung des Personenzuges nimmt von a_0 (zur Zeit t_0) linear mit der Zeit bis auf Null (zur Zeit t_1) ab. Dann fährt er mit konstanter Geschwindigkeit v_1 weiter und überholt den Güterzug.

a) Zu welcher Zeit t_2 fährt der Personenzug am Güterzug vorbei?

b) In welcher Entfernung s_2 vom Bahnhof geschieht das?

c) Wie groß ist die Relativgeschwindigkeit $\Delta v = v_1 - v_0'$ beim Überholen?

d) Skizzieren Sie das s(t)-, das v(t)- und das a(t)-Diagramm beider Bewegungen!

$v_0' = 54$ km/h $\quad t_1 = 160$ s $\quad a_0 = 0{,}25$ m/s^2

---

a) Güterzug: $s'(t) = v_0' t$

Personenzug:

Allgemeiner Ansatz für a(t):

$a = bt + a_0 \qquad (t = t_1)$

Bestimmung der Konstanten b:

$0 = bt_1 + a_0 \implies b = -\frac{a_0}{t_1}$

$a = a_0(1 - \frac{t}{t_1}) \qquad (t \leqq t_1)$

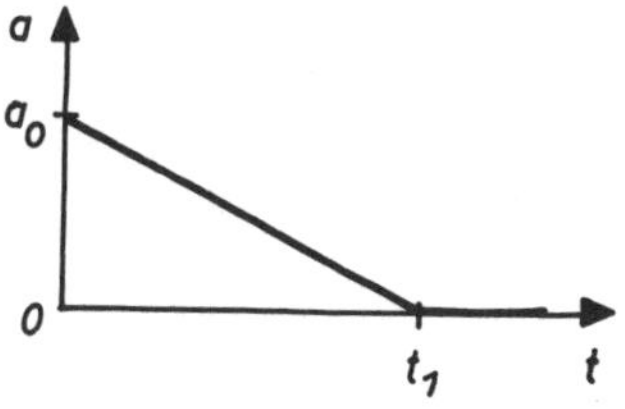

Der Überholvorgang liegt im Bereich $t \geqq t_1$. Ermittlung s(t):

$t \geqq t_1$: $a = 0$

$v(t) = v_1$

$s - s_1 = \int_{t_1}^{t} v_1 \, dt$

$s(t) = v_1(t - t_1) + s_1 \qquad (*)$

Bestimmung der Anfangsbedingungen s_1 und v_1:

$t \leqq t_1$: $v - v_0 = \int_0^t a_0(1 - \frac{t}{t_1})\, dt \qquad v_0 = 0$

$v(t) = a_0(t - \frac{t^2}{2t_1}) \implies v_1 = v(t_1) = a_0 \frac{t_1}{2}$

$$s - s_0 = \int_0^t a_0\left(t - \frac{t^2}{2t_1}\right) dt \qquad s_0 = 0$$

$$s(t) = a_0\left(\frac{t^2}{2} - \frac{t^3}{6t_1}\right) \implies s_1 = a_0\frac{t_1^2}{3}$$

Damit wird (*):

$$s(t) = \frac{a_0 t_1}{2}(t - t_1) + a_0\frac{t_1^2}{3} = \frac{a_0 t_1}{2}\left(t - \frac{t_1}{3}\right)$$

Bedingung für das Einholen:

$$s(t_2) = s'(t_2)$$

$$\frac{a_0 t_1}{2}\left(t_2 - \frac{t_1}{3}\right) = v_0' t_2$$

$$t_2\left(\frac{a_0 t_1}{2} - v_0'\right) = \frac{a_0 t_1^2}{6}$$

$$t_2 = \frac{t_1}{3\left(1 - \frac{2v_0'}{a_0 t_1}\right)} = 213\ \text{s}$$

d)

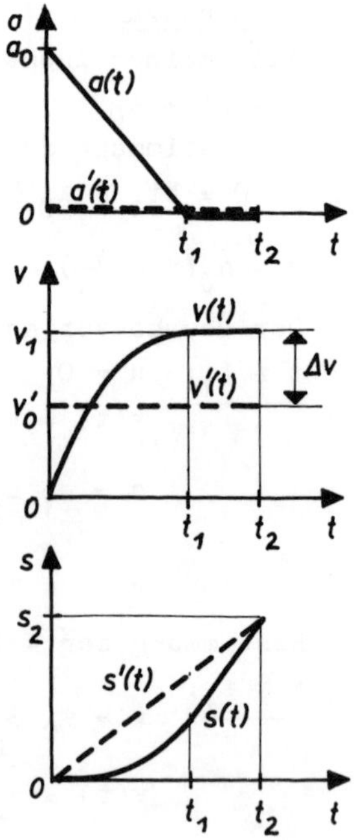

b) $s_2 = s_2' = v_0' t_2 = 3{,}2\ \text{km}$

c) $\Delta v = v_2 - v_2' = v_1 - v_0'$

$$\Delta v = \frac{a_0 t_1}{2} - v_0' = 18\ \text{km/h}$$

1.1.9. Schienenfahrzeug

Ein Schienenfahrzeug fährt mit konstanter Geschwindigkeit v_0. Nach Abschalten des Triebwerkes zur Zeit $t_0 = 0$ wird das Fahrzeug im wesentlichen durch den Luftwiderstand gebremst; die Beschleunigung ist geschwindigkeitsabhängig: $a = -Kv^2$.

a) Nach welcher Zeit t_1 ist die Geschwindigkeit auf v_1 abgesunken?

b) Welche Strecke s_1 wurde in der Zeit t_1 zurückgelegt?

$v_0 = 120$ km/h $\qquad K = 3{,}75\cdot 10^{-4}\ \text{m}^{-1} \qquad v_1 = 60$ km/h

---

a) $a = \frac{dv}{dt} = -Kv^2$

$$\frac{dv}{v^2} = -K\,dt$$

$$\int_{v_0}^{v} \frac{dv}{v^2} = -K\int_0^t dt$$

$$\left[-\frac{1}{v}\right]_{v_0}^{v} = -Kt$$

$$\frac{1}{v_0} - \frac{1}{v} = -Kt \qquad (*)$$

$$\frac{1}{v_0} - \frac{1}{v_1} = -Kt_1$$

$$\underline{t_1 = \frac{1}{K}\left(\frac{1}{v_1} - \frac{1}{v_0}\right)} = \underline{\underline{80\ \text{s}}}$$

b) Die Gleichung (*) liefert:

$$\frac{1}{v} = \frac{1}{v_0} + Kt$$

$$v(t) = \frac{v_0}{1 + v_0Kt}$$

$$s_1 - s_0 = \int_0^{t_1} \frac{v_0}{1 + v_0Kt}\,dt \qquad (s_0 = 0)$$

Substitution: $z = 1 + v_0Kt$

$dz = v_0K\,dt \implies dt = \frac{dz}{v_0K}$

$$s_1 = \frac{1}{K}\int_{z_0}^{z_1} \frac{dz}{z}$$

mit $z_0 = z(t_0) = 1$

und $z_1 = z(t_1) = 1 + v_0Kt_1$ und mit Kt_1 aus dem Ergebnis von a):

$$z_1 = 1 + v_0\left(\frac{1}{v_1} - \frac{1}{v_0}\right) = \frac{v_0}{v_1}$$

$$\underline{s_1 = \frac{1}{K}\ln\frac{v_0}{v_1}} = \underline{\underline{1{,}85\ \text{km}}}$$

1.1.10. Rennwagen

Ein Rennwagen durchfährt zwischen zwei Haarnadelkurven eine Strecke s_0, wobei Anfangs- und Endgeschwindigkeit annähernd gleich Null seien. Die als konstant angesehene Beschleunigung ist a_1, die ebenfalls als konstant vorausgesetzte Verzögerung ist a_2.

a) Welche minimale Zeit t_0 benötigt der Wagen für die Strecke s_0 ?

b) Welche Höchstgeschw. v_1 erreicht er auf dieser Strecke?

$s_0 = 120$ m $\qquad a_1 = 2{,}5$ m/s^2 $\qquad a_2 = -5{,}0$ m/s^2

Zur Vereinfachung wird in der Bremsphase die Zeit- und Wegmessung neu bei Null begonnen:

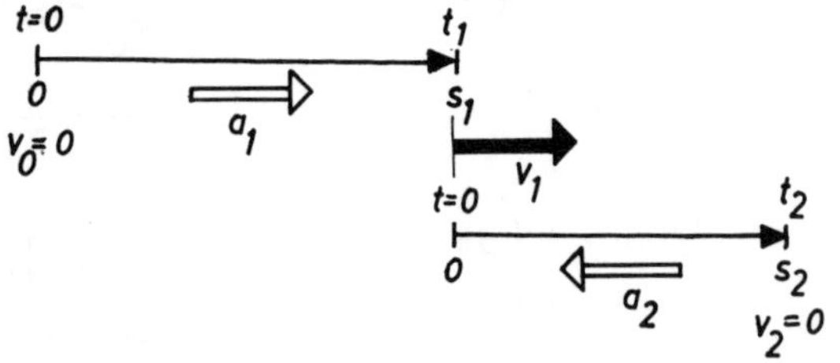

Anfahren: $s_1 = \frac{a_1}{2} t_1^2$ (1) $\qquad$ Bremsen: $s_2 = \frac{a_2}{2} t_2^2 + v_1 t_2$ (3)

$v_1 = a_1 t_1$ (2) $\qquad v_2 = 0 = a_2 t_2 + v_1$ (4)

Gesamtbewegung: $s_0 = s_1 + s_2$ (5)

$t_0 = t_1 + t_2$ (6)

(4) mit (2): $a_1 t_1 = -a_2 t_2 \Longrightarrow t_2 = -\frac{a_1}{a_2} t_1$ (7)

(5) mit (3) und (2): $s_0 - s_1 = \frac{a_2}{2} t_2^2 + a_1 t_1 t_2$ (8)

(8) mit (7) und (1): $s_0 = \frac{a_1}{2} t_1^2 - \frac{a_1^2}{2a_2} t_1^2 = \frac{a_1}{2} t_1^2 \left(1 - \frac{a_1}{a_2}\right)$

$$t_1 = \sqrt{\frac{2s_0\, a_2}{a_1(a_2 - a_1)}} \qquad (9)$$

a) (6) mit (7) und (9): $t_0 = t_1 - \frac{a_1}{a_2} t_1 = t_1 \frac{(a_2 - a_1)}{a_2}$

$$\underline{t_0 = \sqrt{\frac{2s_0(a_2 - a_1)}{a_1 a_2}}} = \underline{\underline{12 \text{ s}}}$$

b) (2) mit (9): $\underline{v_1 = \sqrt{\frac{2s_0\, a_1 a_2}{a_2 - a_1}}} = \underline{\underline{72 \text{ km/h}}}$

1.2.1. Fluß

Ein Fluß hat die Breite y_1. Er wird von einem Boot mit der Eigengeschwindigkeit v_B überquert.
Um welche Strecke x_1 wird das Boot bis zum Erreichen des gegenüberliegenden Ufers abgetrieben, wenn es senkrecht darauf zusteuert ($v_B = v_y$) und die Strömungsgeschwindigkeit ($v_F = v_x$)

a) konstant ist?

b) vom Uferabstand abhängt: $v_x = cy(y_1 - y)$?

c) Unter welchem Winkel α zur Ufernormalen müßte das Boot im Fall a) steuern, wenn es genau gegenüber ankommen soll?

$y_1 = 100$ m ; $v_B = 1{,}00$ m/s ; $v_F = 0{,}80$ m/s ; $c = 0{,}33 \cdot 10^{-3} (\mathrm{m \cdot s})^{-1}$

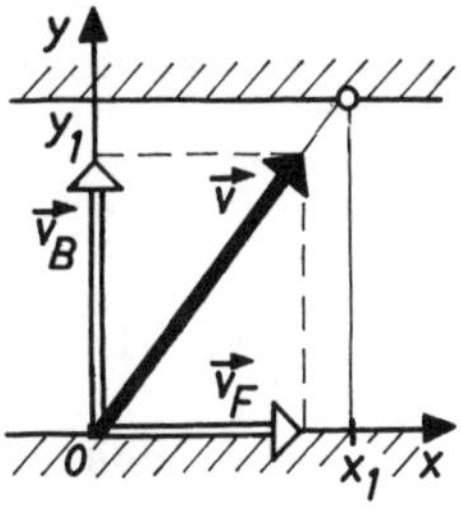

a) $x_1 = v_F t_1$

$y_1 = v_B t_1 \implies t_1 = \frac{y_1}{v_B}$

$x_1 = y_1 \frac{v_F}{v_B} = 80$ m

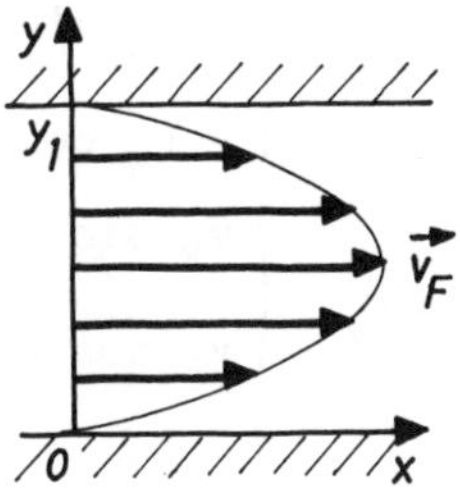

b) $v_x = cy(y_1 - y) \qquad y = v_B t$

$v_x = c v_B t (y_1 - v_B t)$

$x_1 = \int_0^{t_1} v_x(t)\, dt$

$x_1 = c v_B \left[y_1 \frac{t^2}{2} - v_B \frac{t^3}{3} \right]_0^{t_1}$

$x_1 = c v_B t_1^2 \left(\frac{y_1}{2} - \frac{v_B t_1}{3} \right) \qquad t_1 = \frac{y_1}{v_B}$

$x_1 = \frac{c y_1^3}{6 v_B} = 55$ m

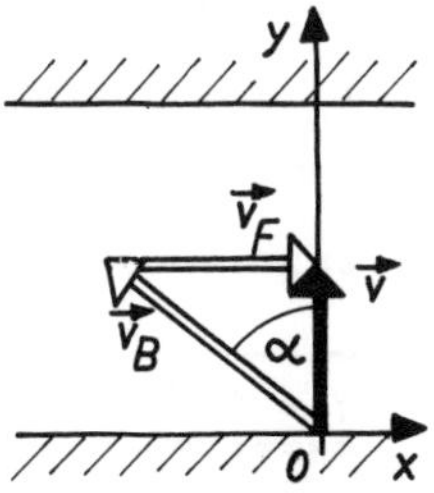

c) $\vec{v} = \vec{v}_F + \vec{v}_B$

$\sin \alpha = \frac{v_F}{v_B} \qquad \alpha = 53^\circ$

1.2.2. Sportflugzeug

Der Pilot eines Sportflugzeuges, das mit der Geschwindigkeit v_F = 140 km/h (relativ zur umgebenden Luft) fliegt, hält den Kompaßkurs $\alpha = 58^\circ$. (Der Kurswinkel wird von der Nordrichtung ausgehend im Uhrzeigersinn gemessen.) Der Wind kommt aus der Richtung $\beta = 195^\circ$ (fast Südwind) mit der Geschwindigkeit v_W = 54 km/h.

a) Welche Grundgeschwindigkeit v_G (Geschwindigkeit gegenüber einer ruhenden Bodenstation) hat das Flugzeug?

b) Welchen tatsächlichen Kurs (Winkel γ zwischen Nordrichtung und Grundgeschwindigkeit $\vec{v}_G$) fliegt die Maschine?

Die Aufgabe soll unter Benutzung der x- und y-Koordinaten der Geschwindigkeitsvektoren gelöst werden.

---

a) $\vec{v}_G = \vec{v}_F + \vec{v}_W$

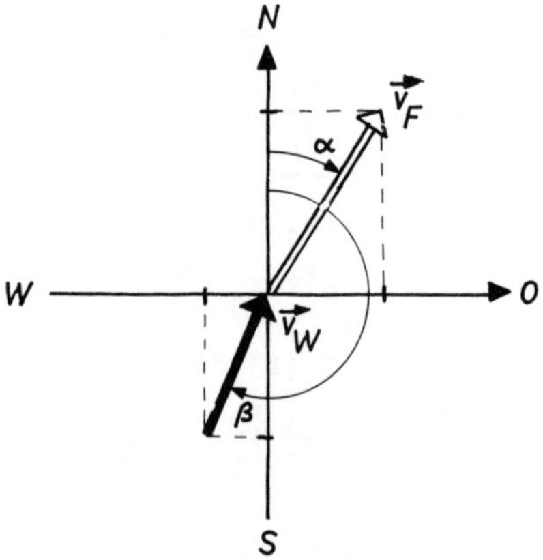

$$\vec{v}_F = \begin{pmatrix} v_F \sin\alpha \\ v_F \cos\alpha \end{pmatrix}$$

$$\vec{v}_W = \begin{pmatrix} -v_W \sin\beta \\ -v_W \cos\beta \end{pmatrix}$$

$$\vec{v}_G = \begin{pmatrix} v_F \sin\alpha - v_W \sin\beta \\ v_F \cos\alpha - v_W \cos\beta \end{pmatrix}$$

$$v_G = \sqrt{(v_F \sin\alpha - v_W \sin\beta)^2 + (v_F \cos\alpha - v_W \cos\beta)^2}$$

$$v_G = \sqrt{v_F^2 + v_W^2 - 2v_F v_W(\sin\alpha \sin\beta + \cos\alpha \cos\beta)}$$

$$v_G = \sqrt{v_F^2 + v_W^2 - 2v_F v_W \cos(\alpha - \beta)} = 183 \text{ km/h}$$

b) $$\tan\gamma = \frac{(v_G)_x}{(v_G)_y} = \frac{v_F \sin\alpha - v_W \sin\beta}{v_F \cos\alpha - v_W \cos\beta} \qquad \vec{v}_G = \begin{pmatrix} v_G \sin\gamma \\ v_G \cos\gamma \end{pmatrix}$$

$\gamma = 46^\circ$

1.2.3. Schräger Wurf

Ein Ball soll vom Punkt $P_0(x_0 = 0;\ y_0 = 0)$ aus unter einem Winkel α_0 zur Horizontalen schräg nach oben geworfen werden.

a) Stellen Sie die Bahngleichung $y(x)$ auf!

b) Wie groß muß die Abwurfgeschwindigkeit v_0 sein, wenn der Punkt $P_1(x_1, y_1)$ erreicht werden soll?

c) Welchen Winkel α_0' und welche Abwurfgeschwindigkeit v_0' müssen gewählt werden, wenn der Ball in horizontaler Richtung in P_1 einlaufen soll?

$x_1 = 6{,}0$ m $\qquad y_1 = 1{,}5$ m $\qquad \alpha_0 = 45^0$

---

a) Anfangsgeschwindigkeit zerlegen:

$v_{x0} = v_0 \cos \alpha_0$

$v_{y0} = v_0 \sin \alpha_0$

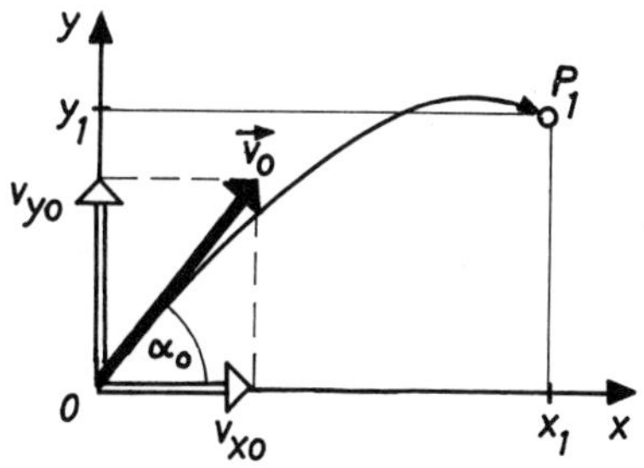

Ort-Zeit-Funktionen aufstellen:

$x(t) = v_{x0} t$

$y(t) = -\frac{g}{2} t^2 + v_{y0} t$

t eliminieren:

$t = \frac{x}{v_0 \cos \alpha_0}$

$$y(x) = -\frac{g}{2v_0^2 \cos^2 \alpha_0} x^2 + x \tan \alpha_0$$

---

b) Zielpunkt in $y(x)$ einsetzen:

$$y_1 = -\frac{g}{2v_0^2 \cos^2 \alpha_0} x_1^2 + x_1 \tan \alpha_0$$

Nach v_0 auflösen:

$$v_0 = \frac{x_1}{\cos \alpha_0} \sqrt{\frac{g}{2(x_1 \tan \alpha_0 - y_1)}} = 8{,}9 \text{ m/s}$$

---

c) Horizontales Eintreffen: $\frac{dy}{dx} = 0$

$$\frac{dy}{dx} = - \frac{g}{v_0^2 \cos^2\alpha_0} x + \tan \alpha_0$$

$\Longrightarrow$ Richtungsbedingung mit x_1 und α_0' :

$$\frac{g\ x_1}{v_0'^2 \cos^2\alpha_0'} = \tan \alpha_0'$$

Zielpunktbedingung in diesem Fall mit Bahngleichung:

$$y_1 = - \frac{gx_1^2}{2v_0'^2\cos^2\alpha_0'} + x_1 \tan \alpha_0'$$

Einsetzen: Richtungsbedingung in Zielpunktbedingung

$$y_1 = - \frac{x_1 \tan \alpha_0'}{2} + x_1 \tan \alpha_0'$$

$$\underline{\tan \alpha_0' = \frac{2y_1}{x_1}} \qquad \underline{\underline{\alpha_0' = 26{,}6^\circ}}$$

Endformel von b) auch mit α_0' gültig:

$$v_0' = \frac{x_1}{\cos \alpha_0'} \sqrt{\frac{g}{2(x_1 \tan \alpha_0' - y_1)}}$$

Mit $\cos \alpha_0' = \frac{1}{\sqrt{1 + \tan^2 \alpha_0'}}$:

$$v_0' = \sqrt{\frac{gx_1^2}{2y_1} \left[1 + \left(\frac{2y_1}{x_1}\right)^2\right]}$$

$$\underline{v_0' = \sqrt{g\left(\frac{x_1^2}{2y_1} + 2y_1\right)}} = \underline{\underline{12\ \text{m/s}}}$$

1.2.4. Wasserspeier

Aus einem Wasserspeier fließt Regenwasser mit der Geschwindigkeit v_0 unter einem Winkel α_0 gegenüber der Vertikalen ab. Der Ausfluß befindet sich in der Höhe h über dem Erdboden und in der Entfernung x_0 von der Gebäudewand.

In welcher Entfernung x_1 von der Gebäudewand trifft das Wasser am Erdboden auf?

$v_0 = 0{,}80$ m/s $\quad \alpha_0 = 60^\circ \quad h = 12$ m $\quad x_0 = 0{,}75$ m

---

Ort-Zeit-Funktionen:

$$x(t) = v_{x0}t + x_0 \quad ; \; v_{x0} = v_0 \sin \alpha_0$$

$$z(t) = \frac{g}{2} t^2 + v_{z0}t \; ; \; v_{z0} = v_0 \cos \alpha_0$$

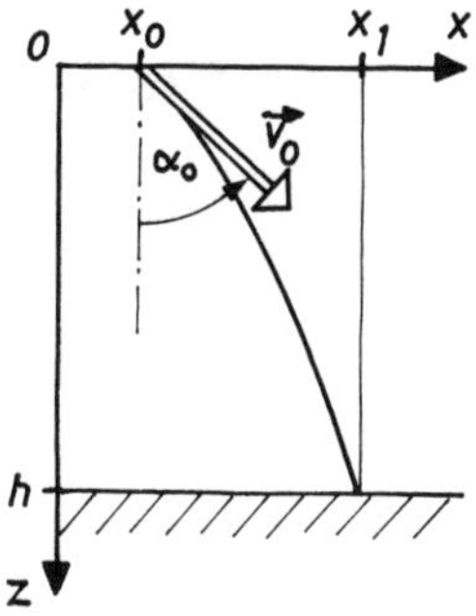

Auftreffpunkt:

$$x_1 = v_0(\sin \alpha_0)t_1 + x_0$$

$$h = \frac{g}{2} t_1^2 + v_0(\cos \alpha_0)t_1$$

t_1 aus h berechnen:

$$t_1^2 + \frac{2v_0 \cos \alpha_0}{g} t_1 - \frac{2h}{g} = 0$$

$$t_1 = - \frac{v_0 \cos \alpha_0}{g} + \sqrt{\frac{v_0^2 \cos^2\alpha_0 + 2gh}{g^2}} \qquad (t_1 > 0)$$

t_1 in x_1 einsetzen:

$$x_1 = x_0 + \frac{v_0^2 \sin \alpha_0 \cos \alpha_0}{g} \left(\sqrt{1 + \frac{2gh}{v_0^2 \cos^2\alpha_0}} - 1\right) = 1{,}8 \text{ m}$$

1.2.5. Erdrotation

Wie groß ist die Radialbeschleunigung a_r für einen auf der Erdoberfläche liegenden Körper am 51. Breitengrad infolge der Erdumdrehung?

$$a_r = \omega^2 r$$

$$r = r_E \cos\varphi$$

$$\omega = \frac{2\pi}{T}$$

$$T = d^* \text{ (Sterntag!)}$$

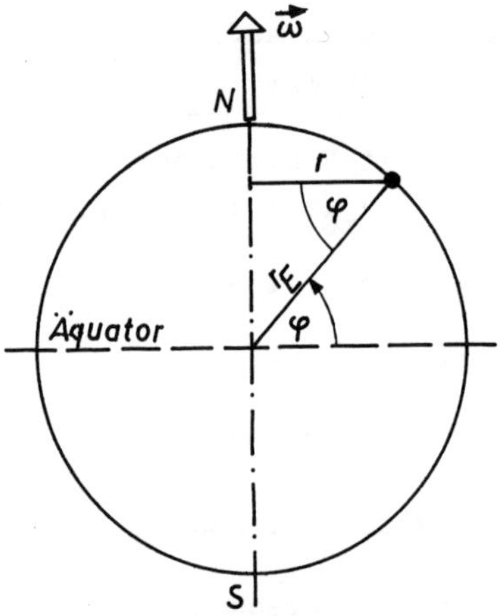

$$a_r = \frac{4\pi^2}{d^{*2}} r_E \cos\varphi = \underline{\underline{0{,}021\ \mathrm{m/s^2}}}$$

1.2.6. Riesenrad

Ein Riesenrad hat die Umlaufdauer T.

a) Wie groß sind Geschwindigkeit v_0 und die Radialbeschleunigung a_r einer Person im Abstand r von der Drehachse?

b) Welche Bahnbeschleunigung a_s hat dieselbe Person, wenn das Riesenrad nach Abschalten des Antriebs bei gleichmäßiger Verzögerung noch eine volle Umdrehung ausführt?

$T = 12\ s \qquad r = 5{,}6\ m$

---

a) $v_0 = \omega_0 r = \underline{\frac{2\pi r}{T}} = \underline{\underline{2{,}9\ m/s}}$

$a_r = \omega_0^2 r = \underline{\frac{4\pi^2}{T^2} r} = \underline{\underline{1{,}5\ m/s^2}}$

b) Verzögerungsphase:

$s(t) = \frac{a_s}{2} t^2 + v_0 t \qquad (a_s < 0)$

$v(t) = a_s t + v_0$

Stillstand:

$s(t_1) = 2\pi r$

$v(t_1) = 0$

$2\pi r = \frac{a_s}{2} t_1^2 + v_0 t_1$

$0 = a_s t_1 + v_0 \quad \Longrightarrow \quad t_1 = -\frac{v_0}{a_s}$

$2\pi r = \frac{v_0^2}{2a_s} - \frac{v_0^2}{a_s} = -\frac{v_0^2}{2a_s}$

$a_s = -\frac{v_0^2}{4\pi r}$

$a_s = \underline{-\frac{\pi r}{T^2}} = \underline{\underline{-0{,}12\ m/s^2}}$

1.2.7. Eisenbahnzug

Ein Zug fährt auf einer Strecke mit dem Krümmungsradius r gleichmäßig beschleunigt an. Nach der Zeit t_1 hat er die Geschwindigkeit v_1.
Gesucht: Tangential-, Radial- und Gesamtbeschleunigung nach der Fahrzeit t_2.
$r = 1200$ m $t_1 = 90$ s $v_1 = 54$ km/h $t_2 = 150$ s

$a_s = \text{const}$

$v(t) = a_s t \qquad (v_0 = 0)$

$v_1 = a_s\, t_1$

$a_s = \dfrac{v_1}{t_1} = 0{,}17\ \text{m/s}^2$

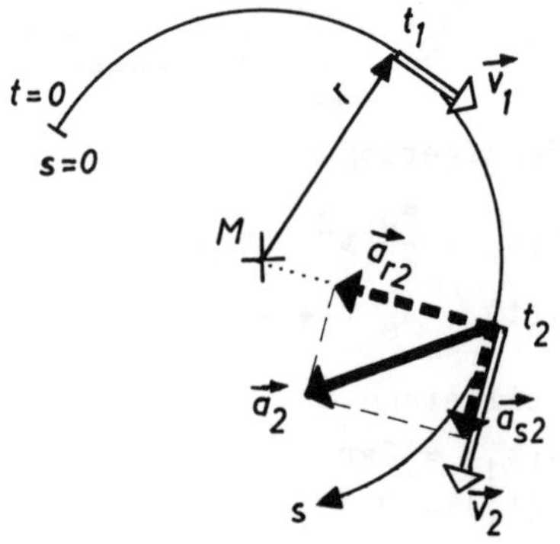

$a_r = \dfrac{v^2}{r} \quad ; \quad v_2 = a_s t_2$

$a_{r2} = \dfrac{v_2^2}{r} = \dfrac{a_s^2\, t_2^2}{r}$

$a_{r2} = \dfrac{v_1^2}{r} \left(\dfrac{t_2}{t_1}\right)^2 = 0{,}52\ \text{m/s}^2$

$a = \sqrt{a_s^2 + a_r^2}$

$a_2 = \sqrt{a_s^2 + a_{r2}^2} = 0{,}55\ \text{m/s}^2$

1.2.8. Schraubenmutter

Eine Schraubenmutter an einem rotierenden Rad bewegt sich auf einem Kreis (Radius r) in vertikaler Ebene nach der Winkel-Zeit-Funktion $\varphi(t) = \frac{\alpha}{2} t^2 + \omega_0 t + \varphi_0$. Zur Zeit t_1 löst sich beim Winkel φ_1 die Mutter vom Rad.

a) Wie groß sind die Winkelbeschleunigung α und die Winkelgeschwindigkeit ω_1 zur Zeit t_1?

b) Welche Gesamtbeschleunigung a_1 hat die Mutter unmittelbar vor dem Ablösen?

c) Bestimmen Sie den Anfangsort (x_1, y_1) und die Anfangsgeschwindigkeit unter Angabe der Richtung (v_1 und β_1) bei der anschließenden Wurfbewegung!

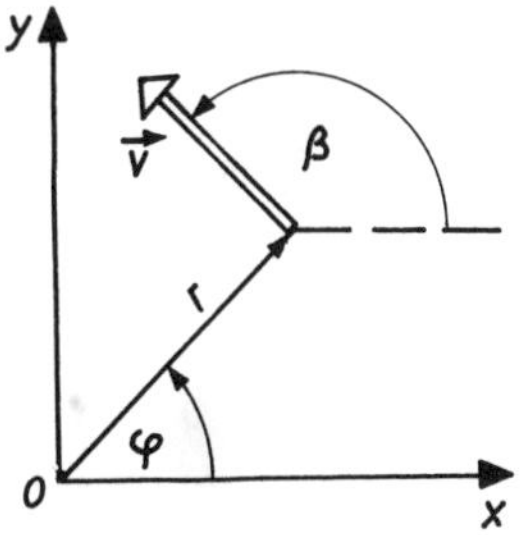

$r = 10$ cm $\quad t_1 = 2{,}0$ s

$\varphi_1 = \frac{125}{3}\pi \; (=7500^\circ)$

$\varphi_0 = \frac{\pi}{2} \; (= 90^\circ)$

$\omega_0 = 10\,\pi\ s^{-1} \quad (f_0 = 5{,}0\ s^{-1})$

---

a) $\varphi_1 = \frac{\alpha}{2} t_1^2 + \omega_0 t_1 + \varphi_0$

$$\alpha = \frac{2}{t_1}\left(\frac{\varphi_1 - \varphi_0}{t_1} - \omega_0\right) = 33\ s^{-2}$$

$\omega(t) = \frac{d\varphi}{dt} = \alpha t + \omega_0$

$\omega_1 = \alpha t_1 + \omega_0$

$$\omega_1 = \frac{2(\varphi_1 - \varphi_0)}{t_1} - \omega_0 = 98\ s^{-1}$$

b) $a_1 = \sqrt{a_s^2 + a_{r1}^2}$ mit $a_s = \alpha r$

und $a_{r1} = \omega_1^2 r$

$$a_1 = \sqrt{\alpha^2 + \omega_1^4}\; r = 9{,}6 \cdot 10^2\ m/s^2$$

c) $x_1 = r \cos \varphi_1 = 5{,}0$ cm

$y_1 = r \sin \varphi_1 = -\ 8{,}7$ cm

$v_1 = \omega_1 r = 9{,}8$ m/s

$\beta_1 = \varphi_1 + 90^\circ = (7590^\circ) = 30^\circ$

1.2.9. Karussell

Ein Karussell beginnt seine Drehbewegung. Für eine Person, die sich im Abstand r von der Drehachse befindet, ist die Beschleunigung $a_s = a_{s0} - bt$.

a) Welche Gesamtbeschleunigung a_1 hat die Person zur Zeit t_1 ?

b) In welcher Zeit t_2 ist die gleichförmige Kreisbewegung erreicht?

c) Wie groß ist die Bahngeschwindigkeit v_2 der gleichförmigen Kreisbewegung?

$r = 8,5$ m $\quad t_1 = 20$ s $\quad a_{s0} = 0,30$ m/s^2 $\quad b = 10$ mm/s^3

---

a) $a_1 = \sqrt{a_{s1}^2 + a_{r1}^2}$

$$a_{s1} = a_{s0} - bt_1 \qquad\qquad a_{r1} = \frac{v_1^2}{r}$$

$$v_1 = \int_0^{t_1} (a_{s0} - bt)dt \qquad (v_0 = 0)$$

$$v_1 = a_{s0}t_1 - \frac{b}{2} t_1^2 = (a_{s0} - \frac{bt_1}{2})t_1$$

$$a_{r1} = \left(a_{s0} - \frac{bt_1}{2}\right)^2 \frac{t_1^2}{r}$$

$$a_1 = \sqrt{(a_{s0} - bt_1)^2 + (a_{s0} - \frac{bt_1}{2})^4 \frac{t_1^4}{r^2}} = 1,9 \text{ m/s}^2$$

b) $a_{s2} = 0 = a_{s0} - bt_2$

$$t_2 = \frac{a_{s0}}{b} = 30 \text{ s}$$

c) $v_2 = (a_{s0} - \frac{bt_2}{2}) t_2$

$$v_2 = \frac{a_{s0}^2}{2b} = 4,5 \text{ m/s}$$

1.2.10. Pendel

Die Ort-Zeit-Funktion eines Pendelkörpers ist für kleine Ausschläge $s(t) = s_m \cos \omega t$.
Man bestimme die Radialbeschleunigung a_r und die Bahnbeschleunigung a_s zu den Zeiten t_1 und t_2! T ist die Schwingungsdauer des Pendels: $T = 2\pi \sqrt{\frac{l}{g}}$. $\omega = 2\pi/T$

$l = 100$ cm $s_m = 2{,}0$ cm $t_1 = 0$ $t_2 = T/4$

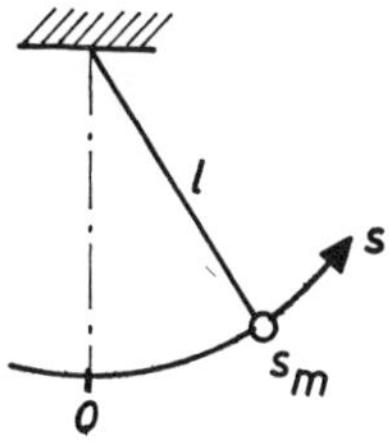

$$a_r = \frac{v^2}{l}$$

$$v = \dot{s} = -\omega\, s_m \sin \omega t \qquad \omega = \frac{2\pi}{T} = \sqrt{\frac{g}{l}}$$

$$a_s = \ddot{s} = -\omega^2 s_m \cos \omega t$$

$t_1 = 0$: $v_1 = \dot{s}_1 = 0$ $a_{r1} = 0$

$a_{s1} = \ddot{s}_1 = -\omega^2 s_m$ $a_{s1} = -g\frac{s_m}{l} = -20\ \text{cm/s}^2$

$t_2 = \frac{T}{4}$: $v_2 = \dot{s}_2 = -\omega\, s_m$ $a_{r2} = g\left(\frac{s_m}{l}\right)^2 = 0{,}39\ \text{cm/s}^2$

$a_{s2} = \ddot{s}_2 = 0$ $a_{s2} = 0$

1.2.11. Beschleunigungen

Der Betrag der Gesamtbeschleunigung a des Körpers ist für jeden der Fälle 1 bis 7 anzugeben, wenn

a) $v = 0$ (d.h., der Körper wird gerade freigegeben) und

b) $v \neq 0$

angenommen wird.

$\alpha = 30^{o}$ (Reibung nicht berücksichtigen.)

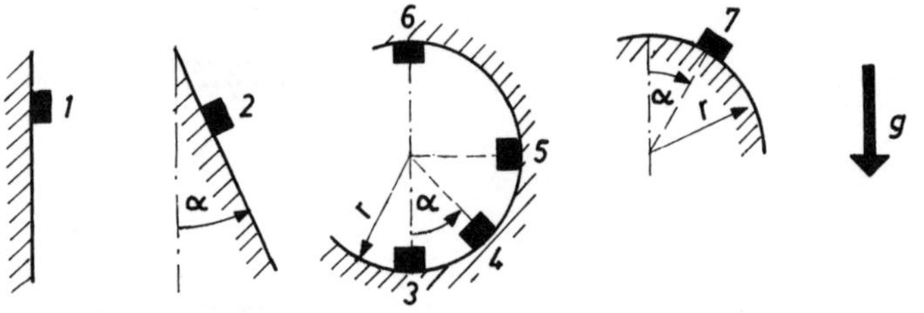

		a) $v = 0$	b) $v \neq 0$
Fall 1		$a = g$	$a = g$
Fall 2	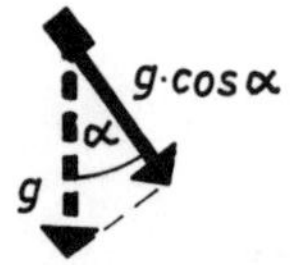	$a = g \cos \alpha$ $a = \frac{g}{2}\sqrt{3}$	$a = \frac{g}{2}\sqrt{3}$
Fall 3		$a = 0$	$a = \frac{v^2}{r}$

		a) $v = 0$	b) $v \neq 0$
Fall 4		$a = g \sin \alpha$ $\underline{\underline{a = \frac{g}{2}}}$	$a = \sqrt{g^2 \sin^2\alpha + a_r^2}$ $\underline{\underline{a = \sqrt{\frac{g^2}{4} + \frac{v^4}{r^2}}}}$
Fall 5	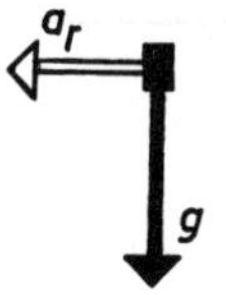	$\underline{\underline{a = g}}$	$a = \sqrt{g^2 + a_r^2}$ $\underline{\underline{a = \sqrt{g^2 + \frac{v^4}{r^2}}}}$
Fall 6	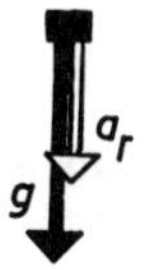	$\underline{\underline{a = g}}$	$\underline{\underline{a = \frac{v^2}{r}}}$ $\quad (\frac{v^2}{r} > g)$ $\underline{\underline{a = g}}$ $\quad (\frac{v^2}{r} \leqq g)$
Fall 7	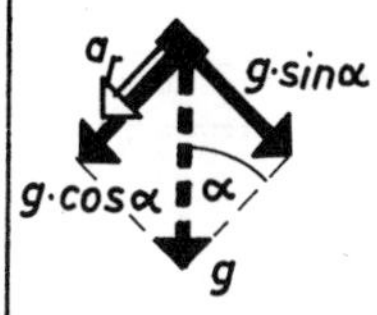	$a = g \sin \alpha$ $\underline{\underline{a = \frac{g}{2}}}$	$a = \sqrt{g^2 \sin^2\alpha + a_r^2}$ $(a_r < g \cos \alpha)$ $\underline{\underline{a = \sqrt{\frac{g^2}{4} + \frac{v^4}{r^2}}}}$ $\quad (\frac{v^2}{r} < \frac{g}{2} \sqrt{3})$ $\underline{\underline{a = g}}$ $\quad (\frac{v^2}{r} \geqq \frac{g}{2} \sqrt{3})$

1.3.1. Ungleichmäßig beschleunigte Bewegung

Eine Punktmasse bewegt sich unter dem Einfluß der Kraft $F_x = bt$ auf einer Geraden. b ist eine Konstante. Die Bewegung beginnt zur Zeit $t_0 = 0$ am Ort x_0 mit der Geschwindigkeit v_{x0}. Gesucht: Beschleunigung a_{x1}, Geschwindigkeit v_{x1} und Ort x_1 zur Zeit t_1

$m = 2,0$ kg $\quad b = 20$ N/s $\quad t_1 = 2,0$ s $\quad x_0 = 0$

$v_{x0} = 0$

$$m\, a_x = bt$$

$$a_x(t) = \frac{b}{m}\, t \quad \Longrightarrow \quad \underline{a_{x1} = \frac{b}{m}\, t_1} = \underline{\underline{20 \text{ m/s}^2}}$$

$$v_x(t) = \int a_x(t)\, dt$$

$$v_x(t) = \frac{b}{2m}\, t^2 \quad (v_{x0}=0) \quad \Longrightarrow \quad \underline{v_{x1} = \frac{b}{2m}\, t_1^2} = \underline{\underline{20 \text{ m/s}}}$$

$$x(t) = \int v_x(t)\, dt$$

$$x(t) = \frac{b}{6m}\, t^3 \quad (x_0 = 0) \quad \Longrightarrow \quad \underline{x_1 = \frac{b}{6m}\, t_1^3} = \underline{\underline{13 \text{ m}}}$$

1.3.2. Frontalaufprall

Beim Frontalaufprall eines Straßenfahrzeuges der Masse m mit der Geschwindigkeit v_0 auf ein festes Hindernis kommt das Fahrzeug innerhalb der Zeit Δt zur Ruhe. Welche Kraft F muß das Hindernis während des Aufpralls mindestens aufnehmen?

$m = 800\ kg \qquad v_0 = 90\ km/h \qquad \Delta t = 0{,}02\ s$

$$\Delta p = \int F\, dt$$

$$mv_0 = F\, \Delta t$$

$$\underline{F = \frac{mv_0}{\Delta t}} = \underline{\underline{10^6\ N}}$$

1.3.3. Kraftstoß

Ein Körper der Masse m hat die Geschwindigkeit v_0 und bewegt sich kräftefrei.
Wie groß wird seine Geschwindigkeit v_1, wenn von der Zeit $t_0 = 0$ an bis zur Zeit t_1

a) eine konstante Kraft des Betrages F_0 entgegen der Bewegungsrichtung auf ihn einwirkt?

b) die Kraft $F = -(F_0 + bt)$ wirksam wird?

$F_0 = 400$ N $b = -5{,}0 \cdot 10^4$ N/s $v_0 = 2{,}0$ m/s $m = 1{,}0$ kg

$t_1 = 0{,}010$ s

$$\Delta p = mv_1 - mv_0 = \int_0^{t_1} F(t)\,dt$$

$$v_1 = \frac{1}{m} \int_0^{t_1} F(t)\,dt + v_0$$

a) $$v_1 = \frac{1}{m} \left[-F_0 t \right]_0^{t_1} + v_0$$

$$v_1 = -\frac{F_0}{m} t_1 + v_0 = \underline{\underline{-2\ \text{m/s}}}$$

b) $$v_1 = \frac{1}{m} \left[-F_0 t - \frac{b}{2} t^2 \right]_0^{t_1} + v_0$$

$$v_1 = -\frac{t_1}{m} \left(F_0 + \frac{b}{2} t_1\right) + v_0 = \underline{\underline{+0{,}5\ \text{m/s}}}$$

1.3.4. Schnellzug

Ein Schnellzug besteht aus einer Lokomotive der Masse m_L und N Wagen der Masse m_W. Der Haftreibungskoeffizient (Räder, Schienen) ist μ_0. Alle Achsen der Lokomotive werden angetrieben. Berechnen Sie

a) die maximal mögliche Beschleunigung a_m auf waagerechter Strecke,
b) die maximale Steigung ($\tan\alpha$), die der Zug mit konstanter Geschwindigkeit überwinden kann!

$m_L = 82{,}5$ t $\quad m_W = 43$ t $\quad N = 8 \quad \mu_0 = 0{,}15$

---

a) $(m_L + N\,m_W)a = F$

$$F = \mu_0 m_L g$$

$$a = \frac{\mu_0 m_L}{m_L + N\,m_W}\,g = 0{,}28\ \text{m/s}^2$$

b) $m\,a = F \quad ; \quad m = m_L + N\,m_W$

$v = \text{const} \Longrightarrow a = 0 \Longrightarrow F = 0$

$\Longrightarrow F = F_H - F_R = 0$

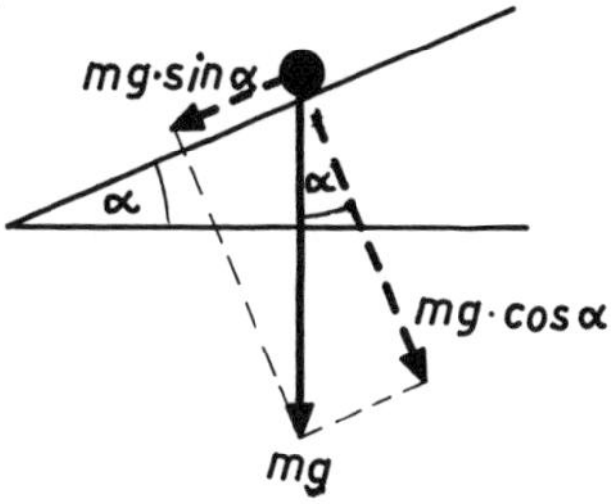

$$F_H = (m_L + N\,m_W)g\sin\alpha$$

$$F_R = \mu_0 m_L g\cos\alpha$$

$$(m_L + N\,m_W)g\sin\alpha = \mu_0 m_L g\cos\alpha$$

$$\tan\alpha = \frac{\mu_0 m_L}{m_L + N\,m_W} = 0{,}029 = 2{,}9\ \%$$

1.3.5. U-Rohr

In einem U-Rohr steht eine Quecksilbersäule in beiden Schenkeln im Augenblick der Beobachtung ungleich hoch. Die Abmessungen des U-Rohres sind der Skizze zu entnehmen. Welche Beschleunigung a hat die Quecksilbersäule im dargestellten Augenblick?

$h_1 = 100$ mm $\quad h_2 = 150$ mm $\quad r = 30$ mm $\quad d \ll r$

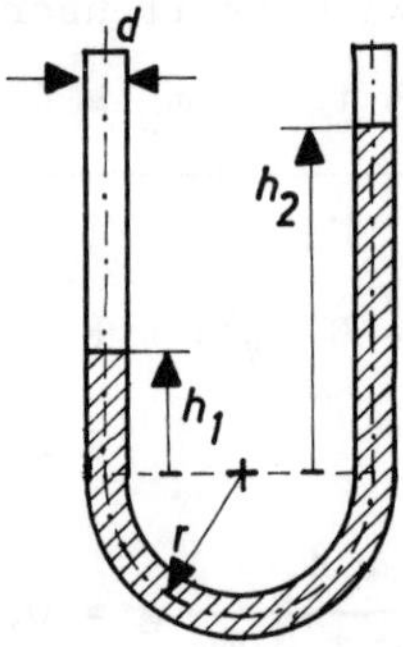

$ma = F$

$$m = \varrho A(h_1 + h_2 + \pi r)$$

$$F = \varrho g A(h_2 - h_1)$$

$$a = \frac{F}{m} = \frac{h_2 - h_1}{h_1 + h_2 + \pi r}\, g = 1{,}4 \text{ m/s}^2$$

1.3.6. Kegelpendel

Eine Kugel der Masse m hängt an einem Faden der Länge l und bewegt sich auf einer horizontalen Kreisbahn mit dem Radius r (Kegelpendel).

a) Wie groß ist die Winkelgeschwindigkeit ω der Kugel?

b) Welche Kraft F wirkt im Faden?

m = 20 g l = 50 cm r = 40 cm

Komponentenzerlegung der Gewichtskraft:

$$\vec{F}_G = \vec{F}_r + \vec{F}$$

$$F_G = mg$$

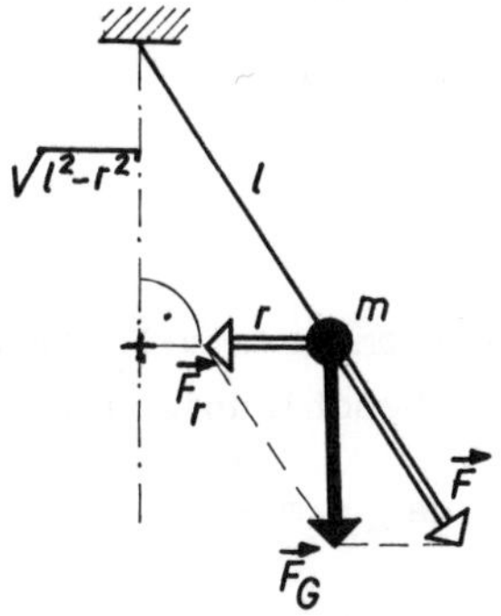

a) $ma_r = F_r$

$$a_r = \omega^2 r$$

Aus der Skizze:

$$\frac{F_r}{mg} = \frac{r}{\sqrt{l^2 - r^2}}$$

$$m\omega^2 r = \frac{r}{\sqrt{l^2 - r^2}}\, mg$$

$$\omega = \sqrt{\frac{g}{\sqrt{l^2 - r^2}}} = 5{,}7\ s^{-1}$$

b) $\frac{F}{mg} = \frac{l}{\sqrt{l^2 - r^2}}$ (ähnl. Dreiecke)

$$F = \frac{l}{\sqrt{l^2 - r^2}}\, mg = 0{,}33\ N$$

1.3.7. Schräglage

a) Welche Schräglage (Winkel α_R gegenüber der Vertikalen) hat ein Radfahrer, der eine Kreisbahn (Radius r_R) mit der Geschwindigkeit v_R durchfährt?

b) Ein Flugzeug soll mit gleicher Schräglage $\alpha_F = \alpha_R$, aber mit der Geschwindigkeit v_F fliegen. Wie groß ist der Kurvenradius r_F ?

(Die Bewegungen finden in einer horizontalen Ebene statt.)

$v_R = 36$ km/h $\quad r = 20$ m $\quad v_F = 900$ km/h

---

a) Komponentenzerlegung der Gewichtskraft:

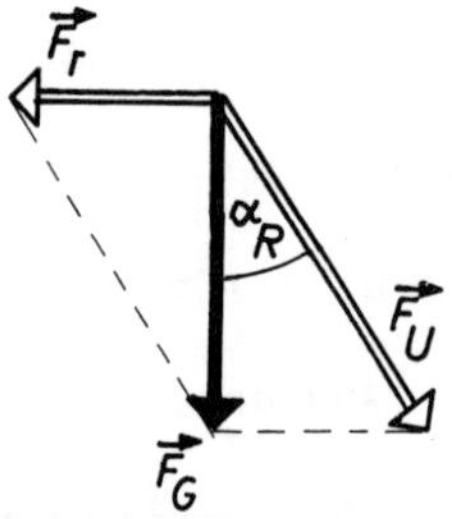

$$\vec{F}_G = \vec{F}_r + \vec{F}_U$$

$$F_G = mg$$

Radialkomponente $\vec{F}_r$ erzeugt Radialbeschleunigung:

$$F_r = ma_r = m\,\frac{v_R^2}{r_R}$$

Unterlagekraft $\vec{F}_U$ wird durch die Straße aufgenommen (Kräftegleichgewicht).

$$\tan \alpha_R = \frac{F_r}{F_G}$$

$$\tan \alpha_R = \frac{v_R^2}{r_R g} \qquad \alpha_R = 27^\circ$$

b) $\tan \alpha_F = \tan \alpha_R$

$$\frac{v_F^2}{r_F g} = \frac{v_R^2}{r_R g}$$

$$r_F = r_R\left(\frac{v_F}{v_R}\right)^2 = 12{,}5 \text{ km}$$

1.3.8. Talsenke

Ein PKW fährt auf einem kurvenfreien Streckenabschnitt mit der Geschwindigkeit v_0 durch eine Talsenke (Krümmungsradius r_1) und danach über eine Bergkuppe (krümmungsradius r_2). Der Fahrer hat die Masse m.

a) Wie groß ist das Gewicht G des Fahrers?

b) Wie groß sind Radialkraft F_{r1} und Zwangskraft F_{Z1} für den Fahrer in der Talsenke?

c) Wie groß sind Radialkraft F_{r2} und Zwangskraft F_{Z2} für den Fahrer auf der Bergkuppe?

d) Bei welcher Geschwindigkeit v_1 verliert der PKW auf der Bergkuppe die Bodenhaftung?

$r_1 = 135$ m $m = 80$ kg $r_2 = 68$ m $v_0 = 72$ km/h

---

a) $G = mg = 0{,}78$ kN

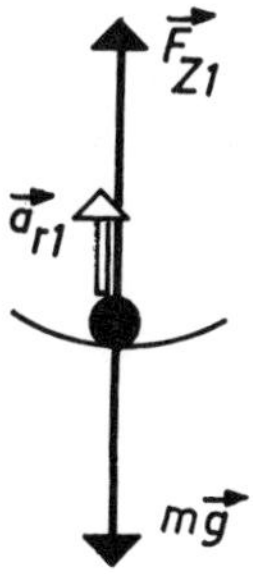

b) $F_{r1} = ma_{r1}$

$$F_{r1} = m \frac{v_0^2}{r_1} = 0{,}24 \text{ kN}$$

$$ma_{r1} = F_{Z1} - G$$

$$F_{Z1} = F_{r1} + G = 1{,}02 \text{ kN}$$

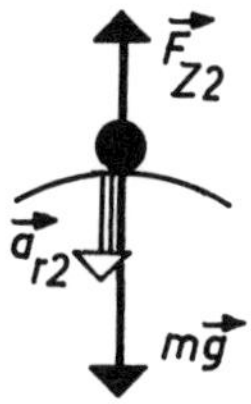

c) $F_{r2} = ma_{r2}$

$$F_{r2} = m \frac{v_0^2}{r_2} = 0{,}47 \text{ kN}$$

$$ma_{r2} = G - F_{Z2}$$

$$F_{Z2} = G - F_{r2} = 0{,}31 \text{ kN}$$

d) $F_{Z3} = mg - m \frac{v_1^2}{r_2} = 0$

$$v_1 = \sqrt{gr_2} = 93 \text{ km/h}$$

1.3.9. Erdmasse

Man berechne mit Hilfe des Gravitationsgesetzes die Masse m_E der Erde!

Gegeben sind: Mittlerer Erdradius $r_E = 6370$ km
Fallbeschleunigung $g = 9{,}81$ m/s^2
Gravitationskonstante $\gamma = 6{,}67\cdot 10^{-11}$ m^3/(kg$\cdot$s^2)

$$F = \gamma \frac{mm_E}{r_E^2} = mg$$

$$\underline{m_E = \frac{gr_E^2}{\gamma}} = \underline{\underline{5{,}97\cdot 10^{24}\ \text{kg}}}$$

1.3.10. Synchronsatellit

In welcher Höhe h über einem festen Ort auf dem Äquator muß ein Satellit gebracht werden, wenn er über diesem Ort bleiben soll (Synchronsatellit)?

$$F_r = F_{Gr}$$

$$m\omega^2 r = \gamma \frac{m m_E}{r^2}$$

$$r = r_E + h$$

$$\omega = \frac{2\pi}{d^*} \qquad (d^* = \text{mittlerer Sterntag})$$

$$r^3 = \frac{\gamma m_E}{\omega^2}$$

$$h = \sqrt[3]{\frac{\gamma m_E d^{*2}}{4\pi^2}} - r_E = 35800 \text{ km}$$

1.3.11. Seilkräfte

Die Körper der Masse m_1, m_2 und m_3 können sich reibungsfrei bewegen; Rollenmasse und Seilmasse werden vernachlässigt.

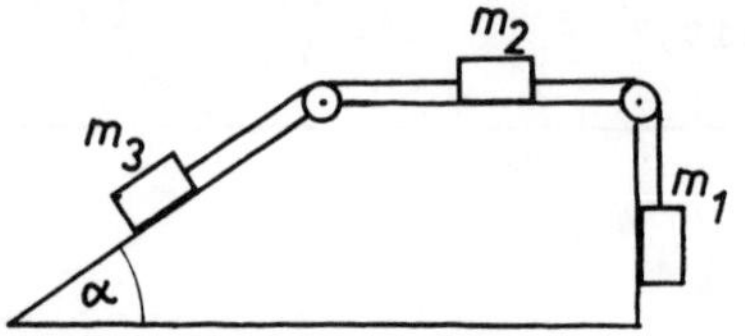

a) Mit welcher Beschleunigung a bewegen sich die Körper?

b) Wie groß sind die Seilkräfte F_{12} und F_{32} während der Bewegung?

$m_1 = 250$ g $\quad m_2 = 250$ g $\quad m_3 = 300$ g $\quad \alpha = 30^\circ$

---

a) $ma = F$

$$m = m_1 + m_2 + m_3$$
(Gesamtmasse)

$$F = m_1 g - m_3 g \sin\alpha$$
(Summe der äußeren Kräfte)

$$(m_1 + m_2 + m_3)a = m_1 g - m_3 g \sin\alpha$$

$$a = \frac{m_1 - m_3 \sin\alpha}{m_1 + m_2 + m_3} g = 1{,}23 \text{ m/s}^2$$

b) Bewegungsgleichung für m_1:

$$m_1 a = m_1 g - F_{12}$$

$$F_{12} = m_1(g - a) = 2{,}15 \text{ N}$$

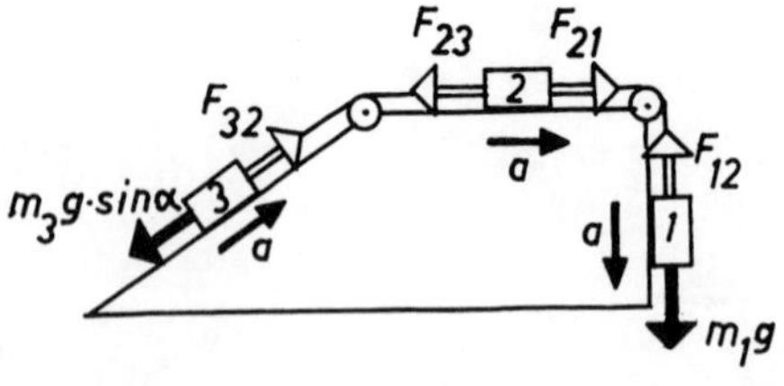

Bewegungsgleichung für m_3:

$$m_3 a = F_{32} - m_3 g \sin\alpha$$

$$F_{32} = m_3(g \sin\alpha + a) = 1{,}84 \text{ N}$$

1.3.12. Förderanlage

Bei einer Förderanlage hat der leere Förderkorb die Masse m_l, der beladene die Masse m_v und das Förderseil die Masse m_S. Die Masse des Förderrades wird vernachlässigt.

a) Welche Kraft F_A muß im Augenblick des Anfahrens vom Förderrad auf das Seil übertragen werden, um den beladenen Korb anzuheben (Anfahrbeschleunigung a) und gleichzeitig den leeren Korb hinabzubefördern?

b) Aus Sicherheitsgründen darf die Seilkraft den Betrag F_{Sm} nicht überschreiten. Überprüfen Sie, ob diese Bedingung während des Anfahrens erfüllt ist!

$m_l = 10$ t $\quad m_v = 12$ t

$m_S = 12{,}8$ t $\quad a = 1{,}2\ \mathrm{m/s^2}$

$F_{Sm} = 280$ kN

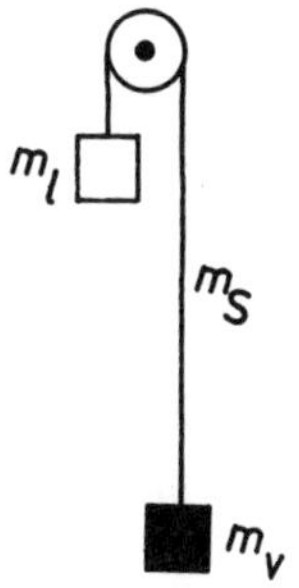

---

a) Das Förderrad bringt die Differenz der Seilkräfte auf:

$$F_A = F_v - F_l$$

Ermittlung der Seilkräfte mit der Bew.-Gleichung:

$$m_l a = m_l g - F_l$$

$$F_l = m_l(g - a)\ ;$$

$$(m_S + m_v)a = F_v - (m_S + m_v)g$$

$$F_v = (m_S + m_v)(a + g)$$

$$\underline{F_A = (m_S + m_v)(a + g) + m_l(a - g) = 187\ \text{kN}}$$

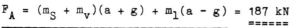

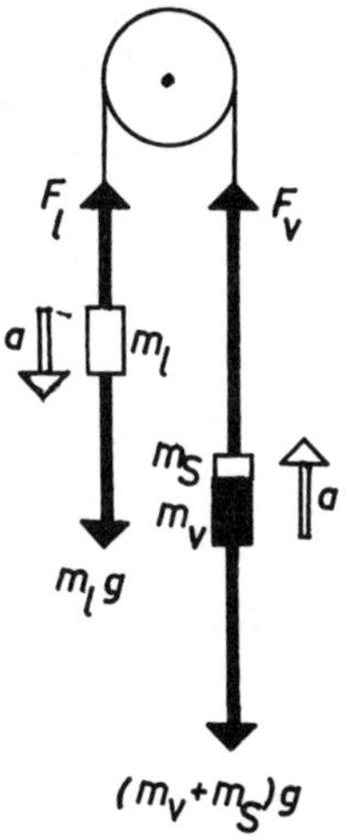

b) Die größte Seilkraft F_S tritt am Förderrad auf der Seite des vollen Förderkorbes auf:

$$\underline{F_S = F_v = (m_S + m_v)(a + g) = 273\ \text{kN} < F_{Sm}}$$

1.3.13. Fadenkraftdifferenz

Ein auf einer horizontalen Platte gleitender Körper (Masse m_1) wird durch einen Faden über eine Rolle von einem frei herabhängenden Körper (Masse m_2) gezogen. (Rollen- und Fadenmasse nicht berücksichtigen.)

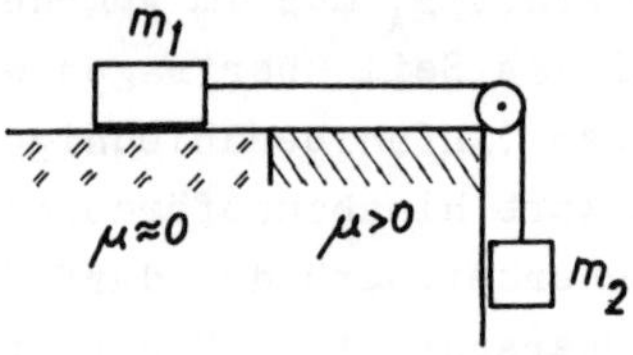

Um welchen Wert ΔF ändert sich die Fadenkraft, wenn der gleitende Körper von einer Glasplatte (Gleitreibungzahl $\mu \approx 0$) auf rauhes Holz ($\mu > 0$) gelangt?

$m_1 = 12$ g $\quad m_2 = 30$ g $\quad \mu = 0{,}6$

Körper 1 auf dem Holz:
(Bewegungsgleichungen)

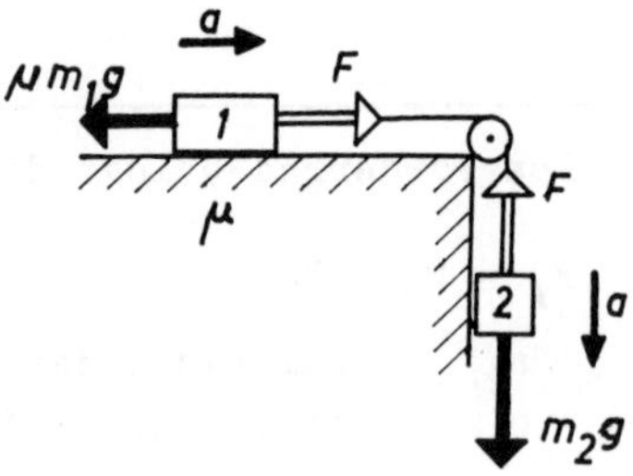

$$m_1 a = F - \mu m_1 g$$

$$m_2 a = m_2 g - F$$

$$\Longrightarrow \frac{F}{m_1} - \mu g = g - \frac{F}{m_2}$$

$$F\left(\frac{1}{m_1} + \frac{1}{m_2}\right) = g(1 + \mu)$$

$$F = \frac{m_1\, m_2}{m_1 + m_2}(1 + \mu)g$$

Körper 1 auf Glas ($\mu = 0$):

$$F_0 = \frac{m_1\, m_2}{m_1 + m_2}\, g$$

Fadenkraftdifferenz:

$$\Delta F = F - F_0$$

$$\Delta F = \mu \frac{m_1\, m_2}{m_1 + m_2}\, g = 0{,}050 \text{ N}$$

1.3.14. Kette

Eine Kette der Masse m und der Gesamtlänge l liegt gestreckt auf einer Tischplatte, so daß ein Stück der Länge x überhängt. Die Gleitreibungszahl ist μ.

a) Man stelle die Bewegungsgleichung für das Abrutschen der Kette vom Tisch auf!

b) Welche Zugkraft muß die Kette an der Tischkante übertragen?

c) Welches Stück x_0 der Kette muß anfangs mindestens überhängen, wenn die Kette von selbst ins Rutschen kommen soll (Haftreibungszahl μ_0)?

---

a) $ma_x = F_x$

$$ma_x = m_x g - \mu(m - m_x)g$$

m_x ist die Masse des überhängenden Kettenteils.

$$\frac{m_x}{m} = \frac{x}{l}$$

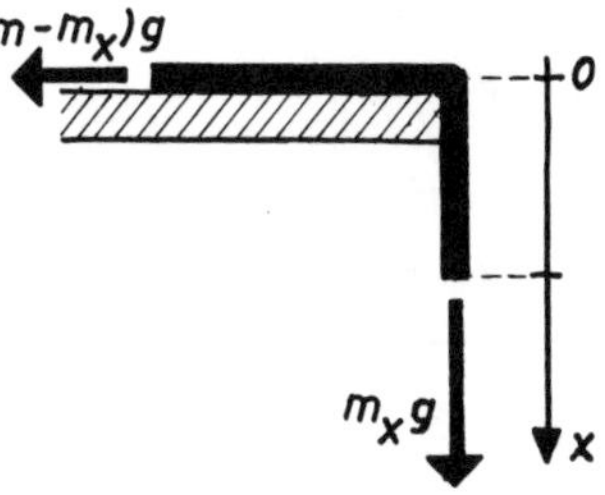

$$ma_x = mg\frac{x}{l} - \mu mg\left(1 - \frac{x}{l}\right)$$

$$\underline{ma_x = (1 + \mu)\frac{x}{l}\,mg - \mu mg}$$

b) Bewegungsgleichung des überhängenden Kettenteils:

$$m_x a_x = m_x g - F$$

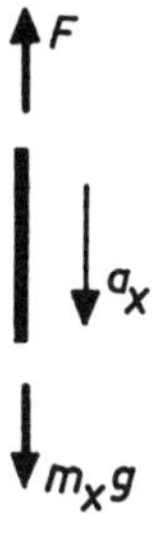

$$F = m_x(g - a_x)$$

$$F = mg\,\frac{x}{l}\left[1 + \mu - (1 + \mu)\,\frac{x}{l}\right]$$

$$\underline{F = \frac{x}{l}\left(1 - \frac{x}{l}\right)(1 + \mu)mg}$$

c) Bewegungsgleichung mit $\mu \rightarrow \mu_0$ und $a_x \geqq 0$:

$$0 = (1 + \mu_0)\frac{x_0}{l}\,gm - \mu_0 mg$$

$$\frac{x_0}{l}\,(1 + \mu_0) = \mu_0 \qquad \underline{x_0 = \frac{\mu_0\,l}{1 + \mu_0}}$$

1.4.1. Verschiebungsarbeit

Welche Arbeit muß aufgewendet werden, um eine Feder der Federkonstanten k

a) ohne Vorspannung, d. h. von $x_1 = 0$,

b) von der Vorspannlänge $x_1 = 5{,}0$ cm

um Δx zusammenzudrücken?

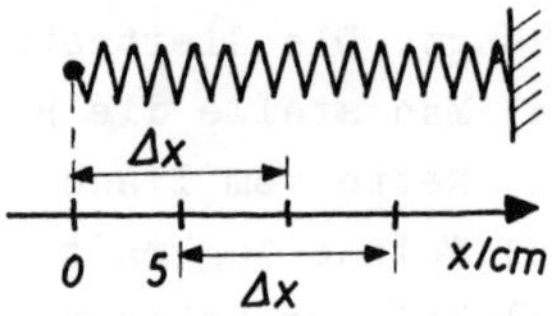

$k = 300$ N/m $\qquad \Delta x = 10{,}0$ cm

$$W = \int_{x_1}^{x_2} F_x \, dx \qquad F_x = -kx$$

$$W = \left[-\frac{k}{2} x^2 \right]_{x_1}^{x_2} = -\frac{k}{2}(x_2^2 - x_1^2)$$

$$W' = -W \qquad x_2 = x_1 + \Delta x$$

$$\underline{W' = k(x_1 + \frac{\Delta x}{2})\Delta x}$$

a) $W' = 1{,}5$ J

==========

b) $W' = 3{,}0$ J

==========

1.4.2. Feder I

Ein Körper der Masse m wird in der Höhe z_1 losgelassen und trifft bei $z = 0$ auf das Ende einer senkrecht stehenden Feder mit der Federkonstanten k, die den Fall bremst.
(Die Masse der Feder wird vernachlässigt.)

a) Bis zu welchem Ort z_2 wird die Feder maximal zusammengedrückt?

b) Welche Geschwindigkeit v_{z3} hat der Körper, wenn die Feder bis zur Stelle z_3 zusammengedrückt ist?

c) Welche Leistung P_3 entwickelt die Feder bei z_3 ?

d) Stellen Sie die gesamte potentielle Energie des Systems als Funktion von z grafisch dar im Bereich $-0{,}3\ \text{m} \leqq z \leqq 0{,}6\ \text{m}$.
Lösen Sie an Hand dieses Diagramms grafisch:
Der Körper der Masse m fällt aus der Höhe z_4 auf die Feder. Bis zu welcher Stelle z_5 wird die Feder zusammengedrückt?
Überprüfen Sie außerdem das Ergebnis von Aufgabenteil a an diesem Diagramm!

$m = 10{,}0\ \text{kg} \qquad z_1 = 0{,}60\ \text{m} \qquad z_3 = -0{,}10\ \text{m} \qquad z_4 = 0{,}40\ \text{m}$
$k = 1{,}96 \cdot 10^3\ \text{N} \cdot \text{m}$

---

a) $E(1) = E(2)$

mit $E = mgz_K + \frac{k}{2} z_F^2 + \frac{m}{2} v_z^2$

(Ort von Körper und Feder sind zu unterscheiden)

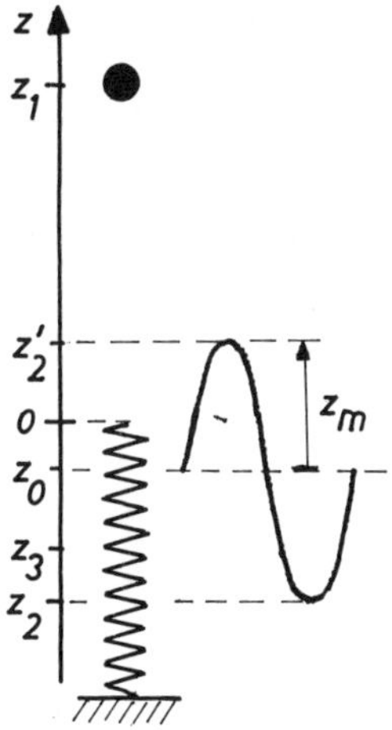

$$mgz_1 = mgz_2 + \frac{k}{2} z_2^2 \qquad (v_{z2} = 0) \text{ Umkehrpunkt}$$

$$z_2^2 + \frac{2mg}{k} z_2 - \frac{2mgz_1}{k} = 0$$

$$z_2 = -\frac{mg}{k} (\underline{+}) \sqrt{\left(\frac{mg}{k}\right)^2 + \frac{2mgz_1}{k}}$$

$z_2 = -0{,}30\ \text{m}$

Diskussion:
$z_0 = -\frac{mg}{k}$ ist Gleichgewichtslage und $z_m = \sqrt{\left(\frac{mg}{k}\right)^2 + \frac{2mgz_1}{k}}$ ist Amplitude der Federschwingung. Bei $z_2' = z_0 + z_m$ ist $z_K = z_F$ nicht erfüllt.

b) $mgz_3 + \frac{k}{2} z_3^2 + \frac{m}{2} v_{z3}^2 = mgz_1$

$$v_{z3} = \pm\sqrt{2g(z_1 - z_3) - \frac{k}{m} z_3^2} = \pm\ 3{,}4\ \text{m/s}$$

c) $P = F_z v_z$

$$P_3 = -\ kz_3 v_{z3} = \pm\ 0{,}67\ \text{kW}$$

d)

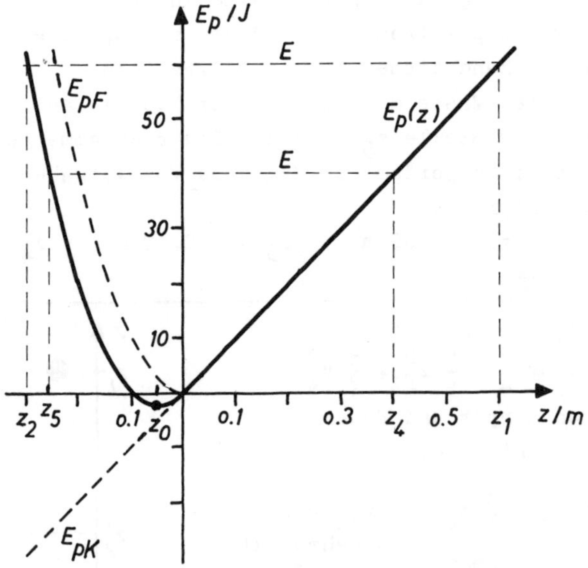

$z_5 = -\ 0{,}26$ m

Diskussion: z_0 - 0,05 m , die Gleichgewichtslage, ist das Minimum von $E_p(z)$.

1.4.3. Feder II

Das Ende einer vertikal aufgestellten Feder befindet sich im entspannten Zustand bei $z = 0$. Beim Auflegen eines Körpers der Masse m wird die Feder bis zum Ort z_0 zusammengedrückt. (z_0 ist die Ruhelage des Körpers auf der Feder.)
Bis zu welchem Ort z_1 muß die Feder weiter zusammengedrückt werden, damit der Körper nach dem Loslassen an der Stelle z_2 die Geschwindigkeit v_{z2} hat? (Die Federmasse wird vernachlässigt.)

$z_0 = -40$ mm $\quad z_2 = 135$ mm $\quad v_{z2} = 88$ cm/s

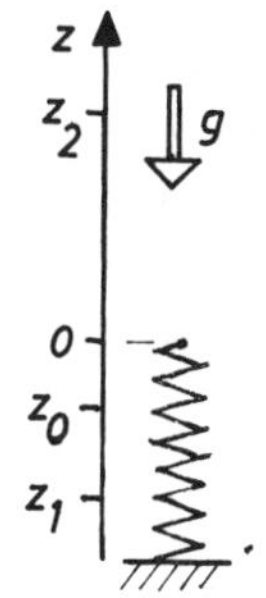

Bestimmung der Federkonstanten:

$F_z(z_0) = -mg - kz_0 = 0$ $\quad$ ($a_z = 0$; Gleichgewicht)

$$\Longrightarrow \quad k = -\frac{mg}{z_0}$$

Bestimmung von z_1:

$E(1) = E(2)$

$$E = mgz + \frac{k}{2} z^2 + \frac{m}{2} v_z^2$$

$$mgz_1 + \frac{k}{2} z_1^2 = mgz_2 + \frac{m}{2} v_{z2}^2$$

(Die Feder bleibt bei $z = 0$ zurück.)

$$z_1^2 + \frac{2mg}{k} z_1 = \frac{2mg}{k} z_2 + \frac{m}{k} v_{z2}^2$$

$$z_1^2 - 2z_0 z_1 + (2z_2 + \frac{v_{z2}^2}{g}) z_0 = 0$$

$$z_1 = z_0 \pm \sqrt{z_0^2 - z_0(2z_2 + \frac{v_{z2}^2}{g})}$$

$$z_1 = z_0(1 + \sqrt{1 - (\frac{2z_2 + v_{z2}^2/g}{z_0})})$$

(z_1 ist der untere Umkehrpunkt der Federschwingung, daher $+\sqrt{\ }$.)

$z_1 = -165$ mm

1.4.4. Talfahrt

Ein Lastkraftwagen der Masse m fährt bergab. Der Neigungswinkel der Straße ist α.

a) Welche mechanische Leistung P_1 müssen die Bremsen in Wärme umwandeln, wenn seine Geschwindigkeit den konstanten Wert v_1 hat?

b) Auf welchen Wert v_2 muß die Geschwindigkeit reduziert werden, wenn die abfallende Strecke sehr lang ist und deswegen die Bremsleistung P_2 nicht überschritten werden darf?

(Die Wirkung zusätzlicher Bremswiderstände soll außer acht gelassen werden.)

$m = 20\ \text{t}$ $\alpha = 7{,}0^\circ$ $v_1 = 50\ \text{km/h}$ $P_2 = 150\ \text{kW}$

---

a) $P = F_s\, v$

$$\underline{P_1 = mg(\sin\alpha)v_1} = \underline{\underline{0{,}33\ \text{MW}}}$$

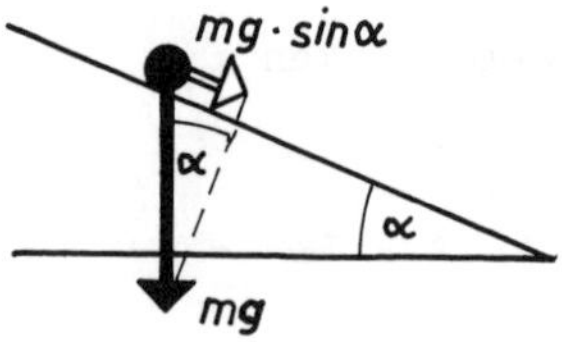

b) $$\underline{v_2 = \frac{P_2}{mg\sin\alpha}} = \underline{\underline{23\ \text{km/h}}}$$

1.4.5. Handwagen

Eine Person zieht einen beladenen Handwagen mit konstanter Geschwindigkeit v_1 bergauf und bringt dabei die Zugkraft F' in Deichselrichtung auf. Die Straße hat den Neigungswinkel α. Deichsel und Bewegungsrichtung schließen den Winkel β ein. Während der Bewegung tritt die Rollreibungskraft F_R auf.

a) Welche Arbeit W' wird von der Person in der Zeit t_1 verrichtet?

b) Welche Leistung P' wird dabei aufgebracht?

c) Welche Masse m hat der beladene Handwagen?

d) Welche Höhe h_1 wird in der Zeit t_1 überwunden?

$F' = 0{,}16$ kN $\quad \alpha = 5{,}0^\circ \quad t_1 = 125$ s $\quad v_1 = 1{,}1$ m/s

$\beta = 30^\circ \quad F_R = 40$ N

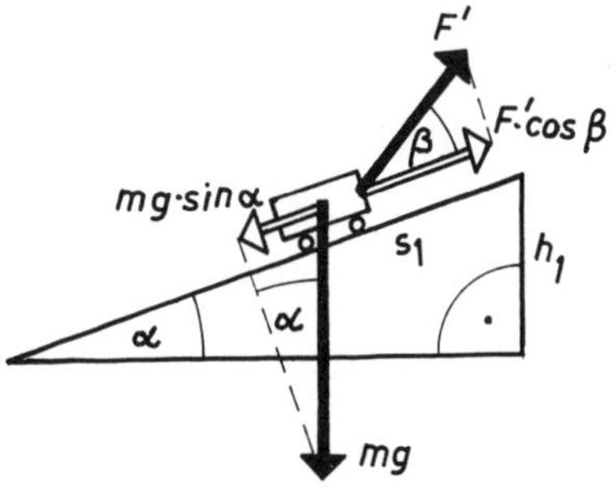

a) $W' = F'_s\, s_1 \qquad s_1 = v_1 t_1$

$$\underline{W' = F'(\cos\beta) v_1 t_1} = \underline{\underline{19\ \text{kJ}}}$$

b) $P' = \frac{W'}{t_1}$

$$\underline{P' = F' v_1 \cos\beta} = \underline{\underline{0{,}15\ \text{kW}}}$$

c) Kräftevergleich in Bewegungsrichtung bei v_1 = const:

$$F' \cos\beta = F_R + mg \sin\alpha$$

$$\underline{m = \frac{F' \cos\beta - F_R}{g \sin\alpha}} = \underline{\underline{115\ \text{kg}}}$$

d) $\frac{h_1}{s_1} = \sin\alpha$

$$\underline{h_1 = v_1 t_1 \sin\alpha} = \underline{\underline{12\ \text{m}}}$$

1.4.6. Pumpe

Aus einem Salzbergwerk soll eine Pumpe Salzsole der Dichte ϱ auf die Höhe h heben. Mit welcher Leistung P muß die Pumpe betrieben werden, wenn sie die Stromstärke I (Volumen durch Zeit) erzeugen soll?

$\varrho = 1{,}15\ g/cm^3$ $\quad h = 50\ m$ $\quad I = 3{,}6\ hl/min$

$$P = \frac{dW}{dt}$$

$$W = mgh\ ;\ dW = gh\ dm$$

$$m = \varrho V\ ;\ dm = \varrho\ dV$$

$$I = \frac{dV}{dt}$$

$$\underline{P = \varrho g h I} = \underline{\underline{3{,}4\ kW}}$$

Oder:

P = const, I = const

$$\Longrightarrow \quad P = \frac{W}{t}$$

$$W = mgh$$

$$m = \varrho V$$

$$I = \frac{V}{t}$$

$$P = \varrho g h I$$

1.4.7. Bus

Ein vollbesetzter Bus hat die Masse m.

a) Welche Arbeit W_1 bringt der Motor bei jedem Anfahren bis zum Erreichen der Geschwindigkeit v_1 auf ebener Straße auf?

b) Welche Leistung P_1 und welche durchschnittliche Leistung $\overline{P}$ wären erforderlich, wenn das Anfahren auf einer ebenen Strecke s_1 gleichmäßig beschleunigt erfolgen würde?

$m = 10\ \text{t} \qquad v_1 = 30\ \text{km/h} \qquad s_1 = 100\ \text{m}$

---

a) $W = \Delta E_k$

$$\underline{\frac{m}{2} v_1^2} = \underline{\underline{0{,}10\ \text{kWh}}}$$

b) Momentanleistung:

$$P_1 = Fv_1 \qquad (F = \text{const})$$

Mit $Fs_1 = W_1 = \frac{m}{2} v_1^2$ folgt

$$\underline{P_1 = \frac{mv_1^3}{2s_1}} = \underline{\underline{29\ \text{kW}}}$$

Durchschnittsleistung (Definition):

$$\overline{P} = \frac{W_1}{t_1}$$

Bestimmung von t_1 aus der Kinematik:

$$\left.\begin{aligned} v_1 &= at_1 \\ s_1 &= \frac{a}{2} t_1^2 \end{aligned}\right\} \Longrightarrow t_1 = \frac{2s_1}{v_1}$$

(oder über Kraftstoß:

$$Ft_1 = \Delta p = p_1$$

$$\frac{W_1 t_1}{s_1} = mv_1 \quad)$$

$$\overline{P} = \frac{m}{2} v_1^2 \frac{v_1}{2s_1}$$

$$\underline{\overline{P} = \frac{mv_1^3}{4s_1} = \frac{P_1}{2}} = \underline{\underline{15\ \text{kW}}}$$

1.4.8. Schleifenbahn

Ein Körper (Masse m) soll, nachdem er von einer Feder (Federkonstante k) abgeschossen wurde, eine Schleifenbahn vom Radius r reibungsfrei durchlaufen.

a) Um welches Stück x_0 muß man die Feder spannen, damit der Körper die Schleifenbahn gerade noch durchläuft, ohne herunterzufallen?

b) Wie groß ist die Zwangskraft der Schiene, wenn der Körper gerade in die Kreisbahn eingelaufen ist (F_1) bzw. die Kreisbahn gerade verlassen hat (F_0) ?

$m = 20$ g $\quad k = 4{,}8$ N/cm $\quad r = 0{,}50$ m

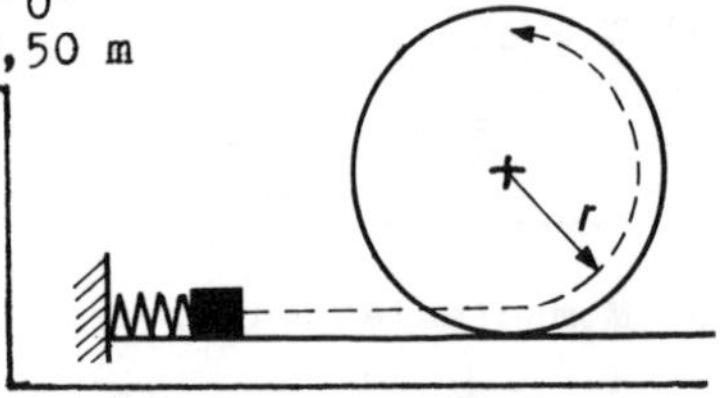

a) Bedingung für das Einhalten der Kreisbahn (Bewegungsgleichung im Punkt 2):

$ma_r = mg$

$\frac{mv_2^2}{r} = mg \implies v_2^2 = gr$

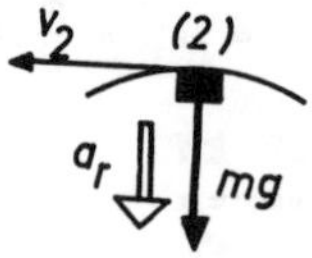

Energiesatz:

$E(0) = E(2)$

$\frac{k}{2} x_0^2 = mg(2r) + \frac{m}{2} v_2^2 = \frac{5}{2} mgr$

$x_0 = \sqrt{\frac{5mgr}{k}} = 3{,}2$ cm

b) Herauslaufen aus der Kreisbahn (Kräftegleichgewicht in der geraden Bahn):

$\underline{F_0 = mg} = 0{,}2$ N

Einlaufen in die Kreisbahn (Bewegungsgleichung im Punkt 1):

$ma_r = F_1 - mg$

$F_1 = m(g + \frac{v_1^2}{r})$

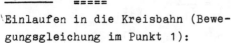

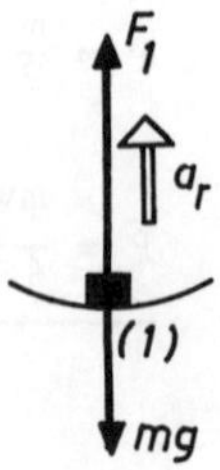

Berechnung von v_1: $\quad E(1) = E(2)$

$\frac{m}{2} v_1^2 = \frac{5}{2} mgr$

$v_1^2 = 5gr$

$\underline{F_1 = 6mg} = 1{,}2$ N

1.4.9. Vertikaler Kreis

Eine Punktmasse (m) bewegt sich auf einem vertikalen Kreis vom Radius r und wird dabei von einem undehnbaren Faden gehalten. Am oberen Punkt ist die Fadenkraft F_1. Von Reibungseinflüssen und Luftwiderstand ist abzusehen. Wie groß ist die Fadenkraft F_2 am tiefsten Punkt der Bahn?

$m = 20$ g $F_1 = 0{,}20$ N

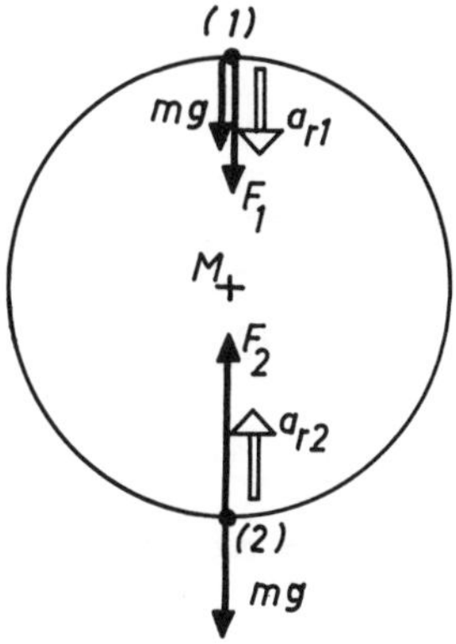

Bewegungsgleichungen:

$$ma_{r1} = F_1 + mg$$

$$m\frac{v_1^2}{r} = F_1 + mg$$

$$\Longrightarrow \quad \frac{v_1^2}{r} = \frac{F_1}{m} + g \qquad (1)$$

$$ma_{r2} = F_2 - mg$$

$$m\frac{v_2^2}{r} = F_2 - mg$$

$$\Longrightarrow \quad F_2 = m\left(\frac{v_2^2}{r} + g\right) \qquad (2)$$

Energiesatz:

$$E(1) = E(2)$$

$$\frac{m}{2}v_1^2 + 2mgr = \frac{m}{2}v_2^2$$

$$\Longrightarrow \quad \frac{v_2^2}{r} = \frac{v_1^2}{r} + 4g \qquad (3)$$

(2) mit (3) und (1) liefert:

$$F_2 = m\left(\frac{v_1^2}{r} + 5g\right)$$

$$\underline{F_2 = F_1 + 6mg} = \underline{\underline{1{,}4\ \text{N}}}$$

1.4.10 Kugelrutsch

Vom höchsten Punkt einer Kugel (Radius r) gleitet eine Punktmasse reibungsfrei und löst sich an einer bestimmten Stelle von der Kugeloberfläche. Um welchen Höhenunterschied h liegt diese Stelle tiefer als der höchste Punkt?

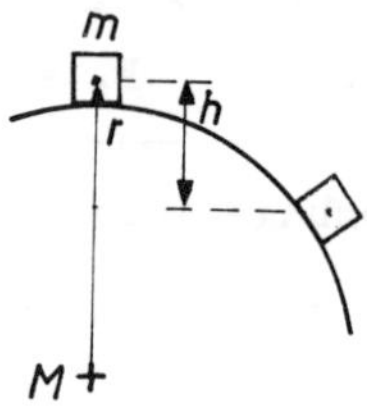

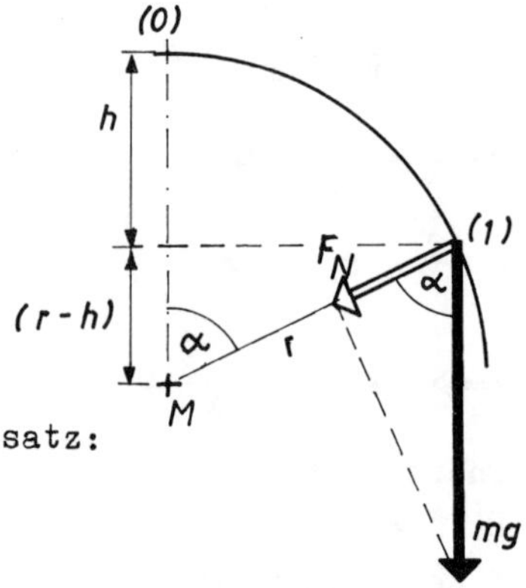

Bedingung für das Ablösen an der Stelle (1):

$$\frac{m\,v^2}{r} = F_N$$

$$F_N = mg\cos\alpha$$

$$\cos\alpha = \frac{r-h}{r}$$

Geschwindigkeit v aus Energiesatz:

E(0) = E(1)

$$mgh = \frac{m}{2}v^2$$

$$v^2 = 2gh$$

$$\frac{m\,2gh}{r} = mg\,\frac{r-h}{r}$$

$$\underline{h = \frac{r}{3}}$$

1.4.11. Satellit

a) Welche Bahngeschwindigkeit v muß ein Erdsatellit haben, der eine kreisförmige Bahn in der Höhe h über der Erdoberfläche beschreiben soll?

b) Welche Arbeit W' muß aufgebracht werden, um diesen Satelliten der Masse m gegen die Wirkung der Schwerkraft auf seine Bahn zu heben und ihm die erforderliche Geschwindigkeit zu verleihen? (Bremswirkung der Lufthülle vernachlässigen; Rotation der Erde nicht berücksichtigen.)

$m = 200$ kg $h = 1000$ km

---

a) $ma_r = F$

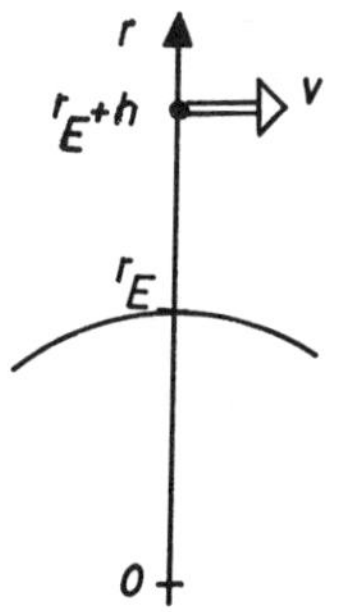

$$- m \frac{v^2}{r} = - \gamma \frac{mm_E}{r^2}$$

$$v^2 = \frac{\gamma m_E}{r}$$

$$v = \sqrt{\frac{\gamma m_e}{r_E + h}} = 7{,}35 \text{ km/s}$$

b) $W' = \Delta E_k + \Delta E_p$

$$E_p(r) = - \frac{\gamma mm_E}{r}$$

$$W' = \frac{m}{2} v^2 - \gamma mm_E\left(\frac{1}{r_E + h} - \frac{1}{r_E}\right)$$

Mit v^2 aus Teilaufgabe a:

$$W' = \gamma mm_E\left(\frac{1}{2(r_E + h)} - \frac{1}{r_E + h} - \frac{1}{r_E}\right)$$

$$W' = \frac{\gamma mm_E}{r_E}\left(1 - \frac{r_E}{2(r_E + h)}\right) = 7{,}1 \text{ GJ}$$

Bei Verwendung der Beziehung $\gamma m_E = gr_E^2$ erhält man $W' = mgr_E \left[1 - r_E/2(r_E + h)\right]$.

1.4.12. Orbitalstation

Eine Orbitalstation wird auf eine kreisförmige Umlaufbahn in der Höhe h gebracht. Die zugeführte Energie verteilt sich auf ΔE_p und E_k. (ΔE_p zum Heben auf die Bahn, E_k zum Beschleunigen auf die Bahngeschwindigkeit)

a) Berechnen Sie das Verhältnis $\Delta E_p/E_k$!

b) In welcher Höhe h' sind ΔE_p und E_k gleichgroß?

---

a) $E_k = \frac{m}{2} v^2$

Bedingung für die Kreisbahn:

$$\frac{m\ v^2}{r} = \gamma \frac{mm_E}{r^2} \quad |:2 \qquad \frac{mv^2}{2r} = \gamma \frac{mm_E}{2r^2}$$

$$\Longrightarrow \quad E_k = \gamma \frac{mm_E}{2r} \qquad \frac{mv^2}{2} = \gamma \frac{mm_E}{2r}$$

$$E_p = -\gamma \frac{mm_E}{r}$$

$$\Delta E_p = E_p(r) - E_p(r_E)$$

$$\Longrightarrow \quad \Delta E_p = \gamma mm_E \left(\frac{1}{r_E} - \frac{1}{r}\right)$$

$$\frac{\Delta E_p}{E_k} = 2\left(\frac{r}{r_E} - 1\right) \qquad \frac{r_E + h - r_E}{r_E} = \frac{h}{r_E}$$

Mit $r = r_E + h$ wird

$$\frac{\Delta E_p}{E_k} = 2\,\frac{h}{r_E}$$

b) $\frac{\Delta E_p}{E_k} = 1 = \frac{2h'}{r_E}$

$$h' = \frac{r_E}{2}$$

1.4.13. 2. kosmische Geschwindigkeit

Man berechne die zweite kosmische Geschwindigkeit! (Mit anderen Worten: Mit welcher Geschwindigkeit v muß ein Körper die Erdoberfläche verlassen, wenn er die Erdanziehung gerade noch überwinden soll?)

Energiesatz:

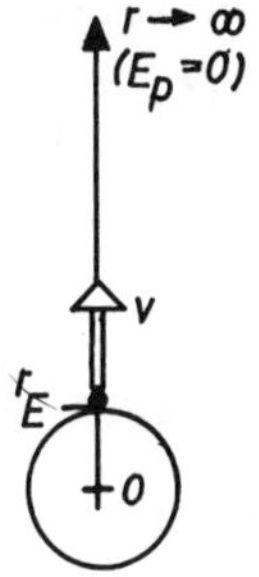

$$E_k(r_E) + E_p(r_E) = E_k(\infty) + E_p(\infty)$$

$$\frac{m}{2} v^2 - \frac{\gamma m m_E}{r_E} = 0 + 0$$

$$v = \sqrt{\frac{2\gamma m_E}{r_E}} = 11{,}2 \text{ km/s}$$

1.5.1. Gerader Stoß

Leiten Sie für den geraden Stoß zweier Körper die Formeln für die Geschwindigkeiten

a) nach dem vollkommen elastischen Stoß

$$\left(v_1' = \frac{(m_1 - m_2)v_1 + 2m_2v_2}{m_1 + m_2} \text{ und } v_2' = \frac{(m_2 - m_1)v_1 + 2m_1v_1}{m_1 + m_2}\right),$$

b) nach dem vollkomen unelastischen Stoß

$$\left(v' = \frac{m_1v_1 + m_2v_2}{m_1 + m_2}\right) \text{ her!}$$

---

a) Impulssatz: $m_1v_1 + m_2v_2 = m_1v_1' + m_2v_2'$

Energiesatz: $\frac{m_1}{2} v_1^2 + \frac{m_2}{2} v_2^2 = \frac{m_1}{2} v_1'^2 + \frac{m_2}{2} v_2'^2$

Umformen der Gleichungen:

$$m_1(v_1 - v_1') = m_2(v_2' - v_2)$$

$$m_1(v_1^2 - v_1'^2) = m_2(v_2'^2 - v_2^2)$$

Division Energiesatz durch Impulssatz unter Berücksichtigung, daß $a^2 - b^2 = (a + b)(a - b)$ ist:

$$v_1 + v_1' = v_2 + v_2'$$

Lösung des Gleichungssystems (diese Gleichung und der Impulssatz):

$$v_2' = v_1 - v_2 + v_1'$$

$$m_1(v_1 - v_1') = m_2(v_1 - 2v_2 + v_1')$$

$$v_1'(m_1 + m_2) = m_1v_1 + m_2(2v_2 - v_1)$$

$$\underline{v_1' = \frac{(m_1 - m_2)v_1 + 2m_2v_2}{m_1 + m_2}}$$

v_2' durch Vertauschen der Indizes 1 und 2, da auch in Ausgangsgleichungen vertauschbar

b) Impulssatz: $m_1v_1 + m_2v_2 = (m_1 + m_2)v'$ $\qquad v_1' = v_2' = v'$

$$\underline{v' = \frac{m_1v_1 + m_2v_2}{m_1 + m_2}}$$

1.5.2. Zwei Kugeln

Zwei Kugeln mit den Massen $m_1 = m$ und $m_2 = 2m$ bewegen sich mit gleichem Geschwindigkeitsbetrag aufeinander zu. Welche Geschwindigkeiten v_1' und v_2' ergeben sich nach dem Zusammenstoß, wenn dieser

a) elastisch,

b) unelastisch erfolgt?

c) Wie groß ist im Fall b) der Energieverlust ΔE ?

---

a) $v_1 = +v$ $\qquad m_1 = m$

$v_2 = -v$ $\qquad m_2 = 2m$

$$v_1' = \frac{(m - 2m)v - 4mv}{3m}$$

$$\underline{v_1' = -\frac{5}{3}\,v}$$

$$v_2' = \frac{-(2m - m)v + 2mv}{3m}$$

$$\underline{v_2' = +\frac{1}{3}\,v}$$

b) $$v' = \frac{mv - 2mv}{3m}$$

$$\underline{v' = -\frac{1}{3}\,v}$$

c) $\Delta E = E_k(\text{vor}) - E_k(\text{nach})$

$$\Delta E = \frac{m}{2}\,v^2 + \frac{2m}{2}\,v^2 - \frac{3m}{2}\,v'^2 = \frac{m}{2}\,v^2(1 + 2 - \frac{1}{3})$$

$$\underline{\Delta E = \frac{4}{3}\,mv^2}$$

Diskussion: $\frac{\Delta E}{E(\text{vor})} = \frac{8}{9}$

1.5.3. Güterwagen

Beim Rangieren läuft ein Güterwagen der Masse m_1 mit der Geschwindigkeit v_1 auf einen ruhenden Güterwagen der Masse m_2. Der Stoß ist nur zum Teil elastisch. Nach dem Stoß läuft der zweite Wagen mit der Geschwindigkeit v_2' weg. Berechnen Sie

a) die Geschwindigkeit v_1' des ersten Wagens nach dem Stoß,

b) den Bruchteil η der mechanischen Energie, der in Wärme umgewandelt worden ist!

$m_1 = 25$ t $\quad m_2 = 20$ t $\quad v_1 = 1{,}2$ m/s $\quad v_2' = 0{,}9$ m/s

---

a) $m_1 v_1 = m_1 v_1' + m_2 v_2'$

$$\underline{v_1' = v_1 - \frac{m_2}{m_1} v_2'} = \underline{\underline{0{,}48 \text{ m/s}}}$$

b) $\frac{m_1}{2} v_1^2 = \frac{m_1}{2} v_1'^2 + \frac{m_2}{2} v_2'^2 + \Delta E$

$$\eta = \frac{\Delta E}{\frac{m_1}{2} v_1^2}$$

$$\underline{\eta = 1 - \frac{m_1 v_1'^2 + m_2 v_2'^2}{m_1 v_1^2}} = \underline{\underline{0{,}39}}$$

Hinweis: Einsetzen von v_1' in η liefert

$$\eta = \frac{m_2}{m_1} \frac{v_2'}{v_1} \left[2 - \left(1 + \frac{m_2}{m_1}\right) \frac{v_2'}{v_1}\right].$$

1.5.4. Stoßpendel

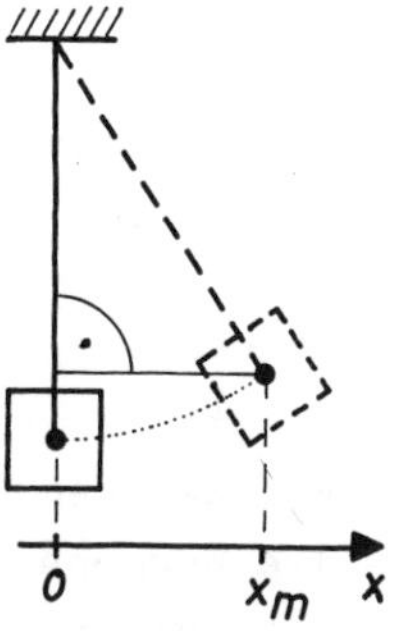

Ein Stoßpendel besteht aus einer dünnen Stange der Länge l, die am unteren Ende einen Holzklotz mit der Masse m_H trägt. Wird eine Kugel der Masse m_K in den Holzklotz geschossen, so schlägt das vorher ruhende Pendel um die Strecke x_m aus. Wie groß war die Geschwindigkeit des Geschosses?

$l = 2{,}0$ m $\quad m_H = 0{,}80$ kg $\quad m_K = 5{,}0$ g $\quad x_m = 20$ cm

---

Unelastischer Stoß:

$$m_K v = (m_K + m_H)v'$$

$$v = \frac{m_K + m_H}{m_K} v'$$

Berechnung von v' mit dem Energiesatz:

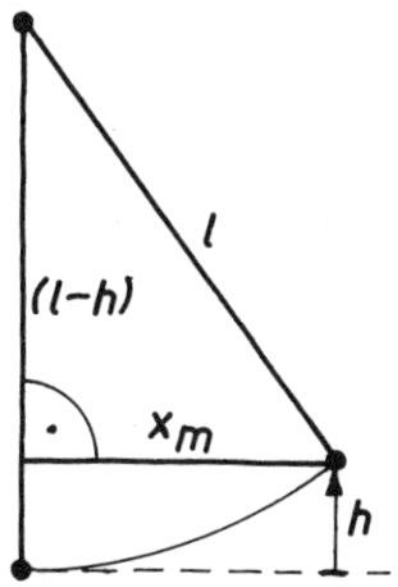

$$\frac{m_K + m_H}{2} v'^2 = (m_K + m_H)gh$$

$$v' = \sqrt{2gh}$$

h erhält man aus

$$l^2 = x_m^2 + (l - h)^2 \qquad \text{(Pythagoras):}$$

$$h = l - \sqrt{l^2 - x_m^2}$$

$$v = (1 + \frac{m_H}{m_K}) \sqrt{2g(l - \sqrt{l^2 - x_m^2})} = \underline{\underline{71 \text{ m/s}}}$$

Mit der Näherung $h \ll l$ liefert der Pythagoras

$$0 \approx x_m^2 - 2lh$$

und $$v \approx (1 + \frac{m_H}{m_K})\sqrt{\frac{g}{l}}\, x_m .$$

Hinweis: Dieses Ergebnis folgt auch aus der harmonischen Schwingung mit $v' = v_m = \omega x_m$ und $\omega = \sqrt{l/g}$

1.5.5. Rangieren

Beim Rangieren stößt ein Waggon der Masse $m_A = m$ mit der Geschwindigkeit v_0 auf zwei einzeln stehende Waggons der Massen $m_B = m/2$ und $m_C = \frac{3}{4}\,m$.

a) Wieviele Zusammenstöße finden insgesamt statt, wenn diese elastisch ablaufen?
   Mit welchen Geschwindigkeiten v_A, v_B und v_C bewegen sich die Waggons nach dem letzten Zusammenstoß?

b) Wie ändert sich das Ergebnis, wenn die beiden stehenden Waggons vertauscht sind?

In den allgemeinen Formeln für v_1' und v_2',

$$v_1' = \frac{(m_1 - m_2)v_1 + 2m_2v_2}{m_1 + m_2},$$

$$v_2' = \frac{(m_2 - m_1)v_2 + 2m_1v_1}{m_1 + m_2},$$

werden m_1, m_2, v_1 und v_2 dem jeweiligen Stoß entsprechend ersetzt:

a) <u>1. Stoß</u>: Waggon A → Waggon B

$m_1 = m \qquad m_2 = \frac{m}{2} \qquad v_1 = v_0 \qquad v_2 = 0$

$$\text{A:}\quad v_1' = \frac{(m - \frac{m}{2})v_0}{m + \frac{m}{2}} = \frac{v_0}{3}\ ;\quad \text{B:}\quad v_2' = \frac{2mv_0}{m + \frac{m}{2}} = \frac{4}{3}\,v_0$$

<u>2. Stoß</u>: Waggon B → Waggon C

$m_1 = \frac{m}{2} \qquad m_2 = \frac{3}{4}\,m \qquad v_1 = \frac{4}{3}\,v_0 \qquad v_2 = 0$

$$\text{B:}\quad v_1' = \frac{(\frac{m}{2} - \frac{3}{4}\,m)\frac{4}{3}\,v_0}{\frac{m}{2} + \frac{3}{4}\,m} = -\frac{4}{15}\,v_0$$

$$\text{C:}\quad v_2' = \frac{2\,\frac{m}{2}\,\frac{4}{3}\,v_0}{\frac{m}{2} + \frac{3}{4}\,m} = +\frac{16}{15}\,v_0$$

<u>3. Stoß</u>: Waggon A → Waggon B

$m_1 = m \qquad m_2 = \frac{m}{2} \qquad v_1 = \frac{v_0}{3} \qquad v_2 = -\frac{4}{15}\,v_0$

$$A:\quad v_1' = \frac{(m - \frac{m}{2})\,\frac{1}{3}\,v_0 + 2\,\frac{m}{2}\,(-\frac{4}{15})v_0}{m + \frac{m}{2}} = -\frac{1}{15}\,v_0$$

$$B:\quad v_2' = \frac{(\frac{m}{2} - m)(-\frac{4}{15})v_0 + 2m\,\frac{1}{3}\,v_0}{m + \frac{m}{2}} = \frac{8}{15}\,v_0$$

Vergleich der Geschwindigkeiten:

$v_A = v_1'$(n.d.3.Stoß) $v_B = v_2'$(n.d.3.Stoß) $v_C = v_2'$(n.d.2.Stoß)

Nach dem 3. Stoß ist $v_A < v_B < v_C$, daher finden keine weiteren Stöße statt, und die Waggons bewegen sich mit den Geschwindigkeiten

$v_A = -\frac{1}{15}\,v_0$ $\qquad v_B = \frac{8}{15}\,v_0$ $\qquad v_C = \frac{16}{15}\,v_0$

b) 1. Stoß: Waggon A → Waggon B

$m_1 = m \qquad m_2 = \frac{3}{4}\,m \qquad v_1 = v_0 \qquad v_2 = 0$

$$A:\quad v_1' = \frac{(m - \frac{3}{4}\,m)v_0}{m + \frac{3}{4}\,m} = \frac{1}{7}\,v_0\ ;\quad B:\quad v_2' = \frac{2mv_0}{m + \frac{3}{4}\,m} = \frac{8}{7}\,v_0$$

2. Stoß: Waggon B → Waggon C

$m_1 = \frac{3}{4}\,m \qquad m_2 = \frac{m}{2} \qquad v_1 = \frac{8}{7}\,v_0 \qquad v_2 = 0$

$$B:\quad v_1' = \frac{(\frac{3}{4}\,m - \frac{m}{2})\,\frac{8}{7}\,v_0}{\frac{3}{4}\,m + \frac{m}{2}} = \frac{8}{35}\,v_0$$

$$C:\quad v_2' = \frac{\frac{6}{4}\,m\,\frac{8}{7}\,v_0}{\frac{3}{4}\,m + \frac{m}{2}} = \frac{48}{35}\,v_0$$

Vergleich der Geschwindigkeiten:

$v_A = v_1'$(n.d.1.Stoß) $< v_B = v_1'$(n.d.2.Stoß) $< v_C = v_2'$(n.d.2.Stoß)

Es finden nur 2 Stöße statt.

$v_A = \frac{1}{7}\,v_0$ $\qquad v_B = \frac{8}{35}\,v_0$ $\qquad v_C = \frac{48}{35}\,v_0$

1.5.6. Schmieden

Beim Schmieden sollen 95 Prozent ($f = 0{,}95$) der Energie des Hammers (m_H) zur plastischen Verformung eines Werkstücks ($m_W \ll m_H$) verwendet werden. Der Amboß hat die Masse $m_A = 95$ kg. Welche Masse m_H muß der verwendete Hammer haben? (Die Wechselwirkung mit der Unterlage braucht nicht berücksichtigt zu werden.)

Energiebilanz:

$$\frac{m_H + m_A}{2} v'^2 = (1 - f) \frac{m_H}{2} v^2 \qquad (1)$$

Unelastischer Stoß zwischen Hammer und Amboß:

$$m_H v = (m_H + m_A) v'$$

$$v' = \frac{m_H}{m_H + m_A} v \qquad (2)$$

(2) in (1):

$$\frac{m_H^2}{2(m_H + m_A)} v^2 = (1 - f) \frac{m_H}{2} v^2$$

$$\frac{m_H}{m_H + m_A} = 1 - f$$

$$m_H = m_H(1 - f) + m_A(1 - f)$$

$$\underline{m_H = m_A \frac{1 - f}{f}} = \underline{\underline{5 \text{ kg}}}$$

1.5.7. Zwei Fahrzeuge

Zwei aneinandergekoppelte Fahrzeuge mit den Massen m_1 und m_2 bewegen sich mit konstanter Geschwindigkeit v_0 auf gerader Bahn. Zwischen beiden Fahrzeugen befindet sich eine (nicht befestigte) um die Länge x zusammengedrückte Feder der Federkonstanten k. Nach Lösen der Kopplung entspannt sich die Feder.

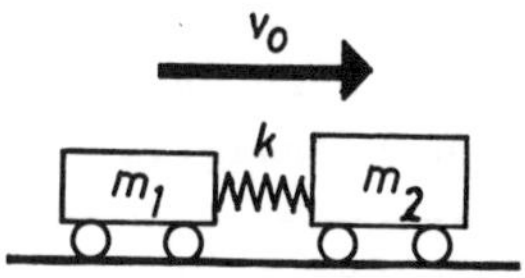

a) Welche Geschwindigkeiten v_1 und v_2 besitzen danach die beiden Fahrzeuge? (Man betrachte Energie und Impuls in einem System, das sich mit dem Schwerpunkt bewegt.)

b) Es sei $m_1 = m_2$ sowie $v_1 = 0$. Wie groß ist dann v_2, und um welche Länge x war die Feder gespannt? Wo ist die Energie des zur Ruhe gekommenen Fahrzeuges geblieben?

$v_0 = 1{,}00$ m/s $\quad m_1 = m_2 = 500$ kg $\quad k = 40$ kN/m

---

a) Lösung wesentlich einfacher, wenn Stoß im (mit v_0) bewegten Bezugssystem behandelt wird.

Impulssatz: $0 = m_1 v_1' + m_2 v_2' \implies v_2' = -\frac{m_1}{m_2} v_1'$

Energiesatz: $\frac{k}{2} x^2 = \frac{m_1}{2} v_1'^2 + \frac{m_2}{2} v_2'^2$

$$\frac{k}{2} x^2 = \frac{m_1}{2} v_1'^2 + \frac{m_1^2}{2m_2} v_1'^2 \implies v_1'^2 = \frac{kx^2}{m_1\left(1 + \frac{m_1}{m_2}\right)}$$

Vorzeichenfestlegung:

$$v_1' = -\sqrt{\frac{m_2 k}{m_1(m_1 + m_2)}}\, x \qquad v_2' = +\sqrt{\frac{m_1 k}{m_2(m_1 + m_2)}}\, x$$

Übergang zum ruhenden System (Addition von v_0):

$$\underline{v_1 = v_0 - \sqrt{\frac{m_2 k}{m_1(m_1 + m_2)}}\, x} \qquad \underline{v_2 = v_0 + \sqrt{\frac{m_1 k}{m_2(m_1 + m_2)}}\, x}$$

b) $m_1 = m_2$, $v_1 = 0$:

$$\left.\begin{aligned} 0 &= v_0 - \sqrt{\frac{k}{2m_1}}\, x \\ v_2 &= v_0 + \sqrt{\frac{k}{2m_1}}\, x \end{aligned}\right\} \implies \left\{\begin{aligned} &\underline{x = v_0 \sqrt{\frac{2m_1}{k}}} = \underline{\underline{0{,}16\ \text{m}}} \\ &\underline{v_2 = 2v_0} = \underline{\underline{2{,}00\ \text{m/s}}} \end{aligned}\right.$$

Die Energie ist auf das bewegte Fahrzeug übertragen worden.

1.5.8. Reflexion

Eine Kugel bewegt sich in einer waagerechten Ebene und stößt unter dem Winkel $\alpha = 45^\circ$ gegen eine starre ebene Wand. Der Stoß ist nicht vollkommen elastisch, vielmehr verliert die Kugel 20 Prozent ihrer kinetischen Energie. Unter welchem Winkel β zur Wandfläche wird sie reflektiert? (Reibung wird vernachlässigt.)

Energiebilanz:

$$\frac{m}{2} v'^2 = 0{,}8 \frac{m}{2} v^2$$

$$v' = \sqrt{0{,}8}\; v$$

Tangentialkomponente des Impulses $p_t = m\, v_t$ bleibt erhalten (keine Reibung), also auch v_t:

$$m v_{t1} = m v_{t2}$$

$$v \cos \alpha = v' \cos \beta$$

$$\cos \beta = \frac{\cos \alpha}{\sqrt{0{,}8}}$$

$$\beta = 38^\circ$$

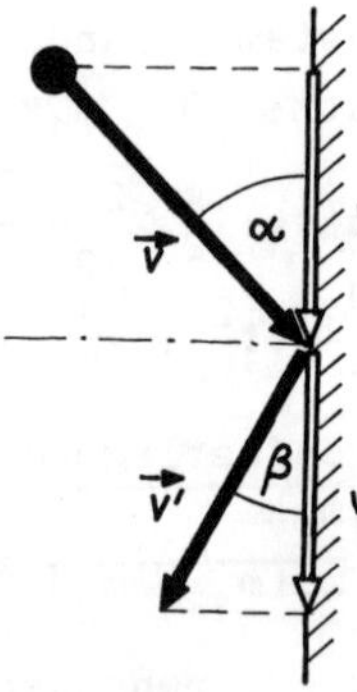

1.5.9. Schiefer Stoß

Eine Kugel mit dem Radius r bewegt sich mit der Geschwindigkeit v_0 so auf eine gleichartige ruhende Kugel zu, daß ein schiefer, vollkommen elastischer Stoß stattfindet. Die Gerade, auf der sich die erste Kugel der zweiten nähert, führt im Abstand d an deren Zentrum vorbei.

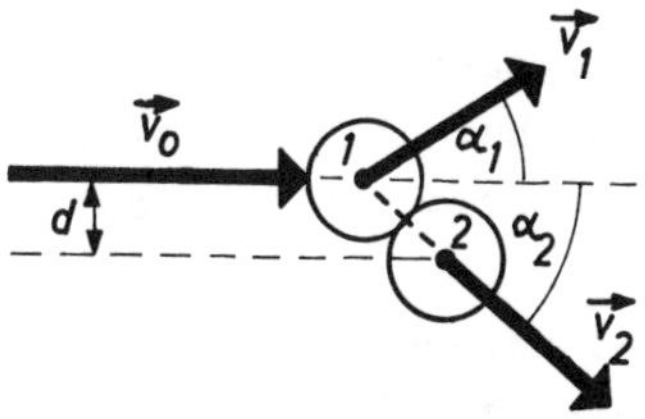

a) Unter welchem Winkel α_2 wird die zweite Kugel gestoßen?

b) Stellen Sie die Aussage des Impulserhaltungssatzes in vektorieller Form zeichnerisch dar!

c) Wie groß ist der Winkel α_1 , unter dem sich die erste Kugel nach dem Stoß weiterbewegt?

d) Wie groß sind die Geschwindigkeiten v_1 und v_2 der Kugeln nach dem Stoß?

$d = 12$ mm $\quad r = 10$ mm $\quad v_0 = 10$ cm/s

---

a) Beim Stoß ist der Mittelpunktsabstand 2r :

$$\sin \alpha_2 = \frac{d}{2r}$$

$$\alpha_2 = 37^\circ$$

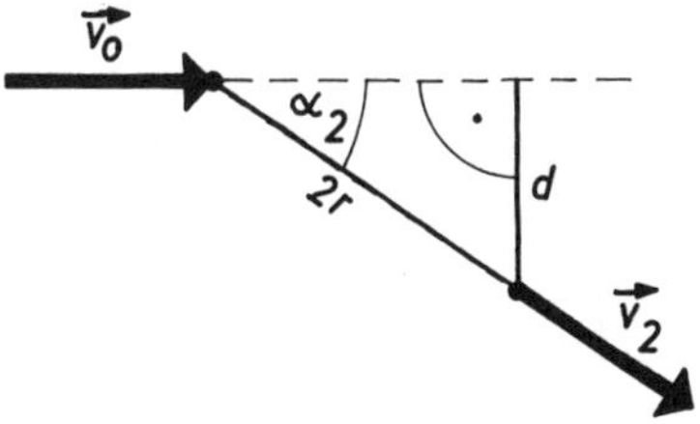

b) $\vec{p}_0 = \vec{p}_1 + \vec{p}_2$

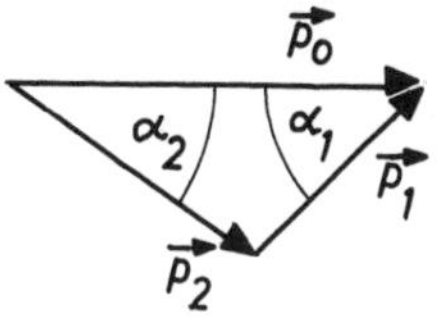

c) Energiesatz:

$E_0 = E_1 + E_2$ mit $E = \frac{m}{2} v^2 = \frac{p^2}{2m}$ (weil $p = mv$)

Wegen $m_1 = m_2 = m$ folgt

$p_0^2 = p_1^2 + p_2^2$, d.h., es gilt der Pythagoras und $\vec{p}_1 \perp \vec{p}_2$.

$$\alpha_1 = 90^\circ - \alpha_2 = 53^\circ$$

d) $\frac{v_1}{v_0} = \sin \alpha_2 \qquad \frac{v_2}{v_0} = \cos \alpha_2$

$$v_1 = v_0 \sin \alpha_2 = 6 \text{ cm/s}$$

$$v_2 = v_0 \cos \alpha_2 = 8 \text{ cm/s}$$

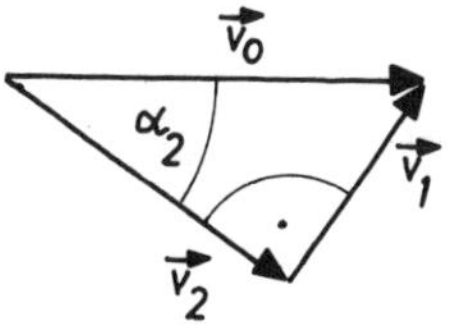

1.5.10. Rakete I

Eine Rakete hat die Startmasse m_0 und hebt sich mit der Anfangsbeschleunigung a_0 senkrecht vom Boden ab. Die Ausströmgeschwindigkeit der Gase ist u. Der Massenausstoß je Sekunde ist zeitlich konstant. Die Leermasse der Rakete hat den Wert m_1.

a) Berechnen Sie die Brenndauer t_B des Triebwerkes!

Stellen Sie

b) die Beschleunigung-Zeit-Funktion,

c) die Geschwindigkeit-Zeit-Funktion

für diese Rakete auf, wobei nur der Zeitbereich $0 \leqq t \leqq t_B$ in Betracht kommen soll!

$m_0 = 2{,}2 \cdot 10^5$ kg $\quad m_1 = 3{,}0 \cdot 10^4$ kg $\quad a_0 = 6{,}0$ m/s^2

$u = 2500$ m/s

---

a) $ma_x = F_x + u_x \frac{dm}{dt}$

Bewegungsgleichung beim Start ($q = -\frac{dm}{dt} > 0$; $u_x = -u$):

$m_0 a_0 = -m_0 g + uq$ (q als konstanter Massenausstoß)

$q = \frac{m_0}{u}(a_0 + g)$

Massenänderung während der Brennphase:

$m_1 = m_0 - qt_B$

$t_B = \dfrac{m_0 - m_1}{q}$

$$\underline{t_B = \left(1 - \frac{m_1}{m_0}\right) \frac{u}{a_0 + g}} = \underline{\underline{137 \text{ s}}}$$

b) Bewegungsgleichung während der Brennphase:

$ma = -mg + uq$

$a = -g + \frac{uq}{m}$ mit $m = m_0 - qt = m_0 - \frac{m_0}{u}(a_0 + g)t$

$$\underline{a(t) = -g + \frac{a_0 + g}{1 - \frac{a_0 + g}{u} t}}$$

c) $$v(t) = \int_0^t a(t)\, dt = -gt + (a_0 + g) \int_0^t \frac{dt}{1 - \frac{a_0 + g}{u} t} \qquad (v_0 = 0)$$

Substitution:

$$A = 1 - \frac{a_0 + g}{u} t$$

$$(a_0 + g)\, dt = - u\, dA$$

$$v = - gt - u \int_1^{1 - \frac{a_0 + g}{u} t} \frac{dA}{A}$$

$$\underline{v(t) = - gt - u \ln(1 - \frac{a_0 + g}{u} t)}$$

1.5.11. Rakete II

Eine Rakete hat die Startmasse m_0 und den zeitlich konstanten Masseausstoß $q = -\frac{dm}{dt}$. Die Ausströmgeschwindigkeit der Gase ist u.

a) Mit welcher Beschleunigung a_0 hebt sich die Rakete senkrecht vom Boden ab?

b) Welchen Wert a_1 hat ihre Beschleunigung zur Zeit t_1 ?

c) Wie groß ist die Schubkraft F_S der Rakete?

$m_0 = 2{,}5 \cdot 10^5$ kg $u = 3000$ m/s $t_1 = 10$ s

$q = 1000$ kg/s

---

a) $ma_x = F_x + u_x \frac{dm}{dt}$ $u_x = -u$

$$m_0 a_0 = -m_0 g + uq$$

$$\underline{a_0 = -g + \frac{uq}{m_0}} = \underline{\underline{2{,}2 \text{ m/s}^2}}$$

b) $m_1 a_1 = -m_1 g + uq$ mit $m_1 = m_0 - qt_1$

$$\underline{a_1 = -g + \frac{uq}{m_0 + qt_1}} = \underline{\underline{2{,}7 \text{ m/s}^2}}$$

c) $\underline{F_S = uq} = \underline{\underline{3{,}0 \text{ MN}}}$

1.5.12. Landesektion

Eine Landesektion (Startmasse m_0) soll von der Mondoberfläche aus auf eine Mondumlaufbahn gebracht werden. Die dazu erforderliche Geschwindigkeit v_1 wird durch Raktentriebwerke mit der Schubkraft F_0 erzeugt. Die Geschwindigkeit der aus dem Triebwerk ausströmenden Gase ist u.

a) Wie groß ist der Massenausstoß $q = -\frac{dm}{dt}$ der Triebwerke?

b) Welche Leistung P ist für die Erzeugung des Triebwerkstrahles erforderlich?

c) Wie groß ist die Restmasse m_1 der Landesektion im Orbit?

d) Wie lange (t_1) dauert die Beschleunigungsphase?

e) Wie groß sind die höchste und die niedrigste Beschleunigungen a_1 und a_0 ?

f) Welcher Anteil der von den Triebwerken gelieferten Energie ist der Landesektion zugeführt worden (Wirkungsgrad ε)?

v_1 = 1,73 km/s m_0 = 13,6 t u = 2,90 km/s

F_0 = 260 kN

(Die Gravitationswirkung des Mondes kann bei der Lösung dieser Aufgabe unberücksichtigt bleiben. Die angegebene Startgeschwindigkeit reicht aus, um eine Kreisbahn in 90 km Höhe einzunehmen.)

---

a) $F_0 = u_x \frac{dm}{dt} = qu$ $(u_x = - u)$

$$q = \frac{F_0}{u} = 90 \text{ kg/s}$$

b) Kinetische Energie der Gase: $E_G = \frac{1}{2} m_G u^2$

$$P = \frac{dE_G}{dt} = \frac{1}{2} u^2 \frac{dm_G}{dt} = \frac{1}{2} u^2 q$$

(dm_G ist die Massenzunahme des Strahles)

$$P = \frac{1}{2} F_0 u = 377 \text{ MW}$$

c) $ma = F_0$

$$m = m_0 - qt = m_0 - \frac{F_0}{u}\, t$$

$$a = \frac{F_0}{m_0 - \frac{F_0}{u}\, t}$$

$$v_1 = \int_0^{t_1} a\, dt = \int_0^{t_1} \frac{F_0\, dt}{m_0 - \frac{F_0}{m}\, t}$$

Substitution: $m = m_0 - \frac{F_0}{u}\, t$

$F_0\, dt = -\, u\, dm$

$$v_1 = -\int_{m_0}^{m_1} \frac{u\, dm}{m} = -\, u \ln \frac{m_1}{m_0}$$

$$\underline{m_1 = m_0\, e^{-\frac{v_1}{u}}} = \underline{\underline{7{,}5\ t}}$$

d) $m_1 = m_0 - \frac{F_0}{u}\, t_1$

$$t_1 = \frac{(m_0 - m_1)\, u}{F_0}$$

$$\underline{t_1 = \frac{m_0 u}{F_0} \left(1 - e^{-\frac{v_1}{u}}\right)} = \underline{\underline{68\ s}}$$

e) $\underline{a_0 = \frac{F_0}{m_0}} = \underline{\underline{19\ m/s^2}}$

$$a_1 = \frac{F_0}{m_1}$$

$$\underline{a_1 = \frac{F_0}{m_1} = \frac{F_0}{m_0}\, e^{\frac{v_1}{u}}} = \underline{\underline{35\ m/s^2}}$$

f) $\varepsilon = \frac{E_{k1}}{Pt_1} = \frac{m_1 v_1^2}{2Pt_1}$

$$\underline{\varepsilon = \frac{\left(\frac{v_1}{u}\right)^2}{e^{\frac{v_1}{u}} - 1}} = \underline{\underline{0{,}44}}$$

1.6.1. Meteorit

Ein Meteorit nähert sich der Erde und bewegt sich im kürzesten Abstand r_P vom Erdmittelpunkt mit der Geschwindigkeit v_P. Welche Geschwindigkeit v_0 hatte er in sehr großer Entfernung von der Erde?

$r_P = 7000$ km $\qquad v_P = 20{,}0$ km/s

Energiesatz:

$$E_k(r_P) + E_p(r_P) = E_k(\infty) + E_p(\infty)$$

$$\frac{m}{2} v_P^2 - \frac{\gamma m m_E}{r_P} = \frac{m}{2} v_0^2 + 0$$

$$v_0 = \sqrt{v_P^2 - 2 \frac{\gamma m_E}{r_P}} = 16{,}9 \text{ km/s}$$

1.6.2. Satellit I

Ein Satellit bewegt sich in der Höhe h über der Erdoberfläche mit einer Geschwindigkeit v_1, wobei $\vec{r}_1$ und $\vec{v}_1$ einen rechten Winkel bilden.

a) Welche Geschwindigkeit v_A hat der Satellit in maximaler Entfernung r_A vom Erdmittelpunkt? Wie groß ist r_A?

b) Welche Geschwindigkeit v_2 hat er an einer anderen Stelle r_2 der Bahn? Welchen Winkel α_2 bildet dort der Geschwindigkeitsvektor $\vec{v}_2$ mit dem Ortsvektor $\vec{r}_2$?

h = 200 km v_1 = 8,30 km/s r_2 = 7670 km

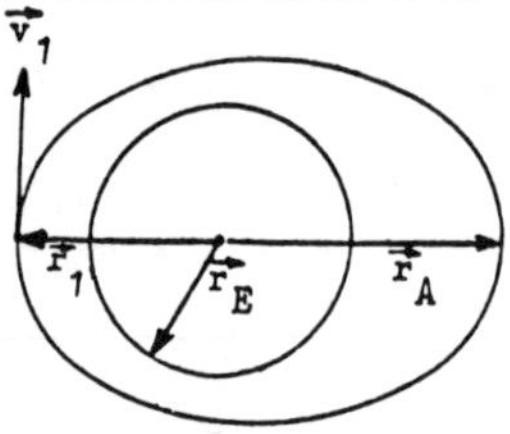

a) Energiesatz:

$$\frac{m}{2} v_1^2 - \gamma \frac{mm_E}{r_1} = \frac{m}{2} v_A^2 - \gamma \frac{mm_E}{r_A}$$

Drehimpulssatz (mit $\alpha_1 = \alpha_A = 90^o$):

$$mv_1r_1 = mv_Ar_A \quad \Longrightarrow \quad \frac{1}{r_A} = \frac{v_A}{v_1r_1}$$

Einsetzen in den Energiesatz:

$$v_A^2 - \frac{2\gamma m_E}{v_1r_1} v_A = v_1^2 - \frac{2\gamma m_E}{r_1}$$

$$v_A = \frac{\gamma m_E}{v_1r_1} \pm \sqrt{v_1^2 - 2\frac{\gamma m_E}{v_1r_1} v_1 + \left(\frac{\gamma m_E}{v_1r_1}\right)^2}$$

$$v_A = 2\frac{\gamma m_E}{v_1r_1} - v_1 = 6,32 \text{ km/s}$$

($r_1 = r_E + h = 6570$ km)

($v_A = v_1$ ist ohne Bedeutung.)

$$r_A = r_1 \frac{v_1}{v_A} = 8630 \text{ km}$$

b) $$\frac{m}{2} v_1^2 - \gamma \frac{mm_E}{r_1} = \frac{m}{2} v_2^2 - \gamma \frac{mm_E}{r_2}$$

$$v_2 = \sqrt{v_1^2 - 2\gamma m_E\left(\frac{1}{r_1} - \frac{1}{r_2}\right)} = 7,18 \text{ km/s}$$

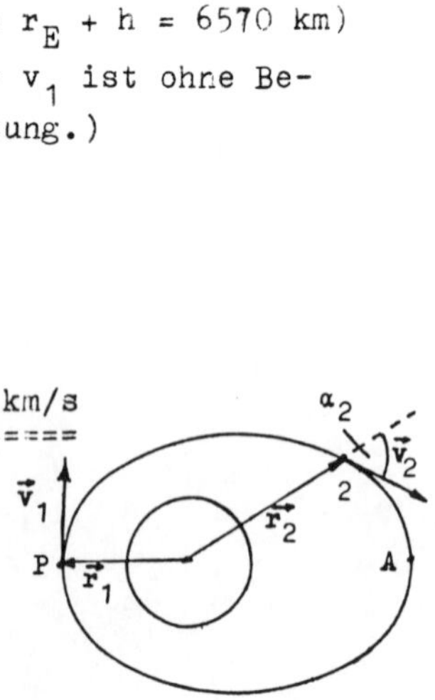

$$mv_1r_1 = mv_2r_2 \sin\alpha_2$$

$$\sin\alpha_2 = \frac{v_1r_1}{v_2r_2} \qquad \alpha_2 = 82^o$$

1.6.3. Satellit II

Ein Satellit hat im Apozentrum seiner Bahn die Geschwindigkeit v_A und im Perizentrum die Geschwindigkeit v_P.

a) Wie weit sind Apozentrum und Perizentrum vom Erdmittelpunkt entfernt?

b) Welche Umlaufdauer hat der Satellit?

$v_A = 4{,}13$ km/s $\qquad v_P = 6{,}82$ km/s

---

a) Energiesatz:

$$\frac{m}{2} v_A^2 - \gamma \frac{mm_E}{r_A} = \frac{m}{2} v_P^2 - \gamma \frac{mm_E}{r_P}$$

Drehimpulssatz:

$$mv_A r_A = mv_P r_P \qquad \Longrightarrow \qquad r_P = \frac{v_A r_A}{v_P}$$

$$v_A^2 - \frac{2\gamma m_E}{r_A} = v_P^2 - 2\gamma m_E \frac{v_P}{v_A r_A}$$

$$\frac{1}{r_A} 2\gamma m_E \left(\frac{v_P}{v_A} - 1 \right) = v_P^2 - v_A^2$$

$$r_A = \frac{2\gamma m_E}{v_A(v_P + v_A)} = 17600 \text{ km}$$

Auf Grund der Symmetrie der Ausgangsgleichung kann man r_P durch Vertauschen der Indizes erhalten:

$$r_P = \frac{2\gamma m_E}{v_P(v_P + v_A)} = 10700 \text{ km}$$

b) 3. Keplersches Gesetz ($m \ll m_E$):

$$\frac{a^3}{T^2} = \frac{\gamma m_E}{4\pi^2} \qquad a = \frac{r_P + r_A}{2}$$

und mit r_P und r_A aus Teillösung a):

$$a = \frac{\gamma m_E}{v_P + v_A} \left(\frac{1}{v_A} + \frac{1}{v_P} \right) = \frac{\gamma m_E}{v_A v_P}$$

$$T = \frac{2\pi\gamma m_E}{\sqrt{v_A v_P}^{\,3}} = 4 \text{ h } 39 \text{ min}$$

1.6.4. Merkur

Der Merkur hat den Perihelabstand r_P und der Aphelabstand r_A zur Sonne.

a) Wie groß ist seine Umlaufdauer um die Sonne?

b) Wie groß sind seine Bahngeschwindigkeiten v_P und v_A im Perihel und Aphel?

Die Umlaufzeit T_0 der Erde und der Erdbahnradius r_0 werden als bekannt vorausgesetzt.

$r_P = 46{,}0 \cdot 10^6$ km $\quad r_A = 69{,}8 \cdot 10^6$ km

---

a) 3. Keplersches Gesetz (Vergleich mit der Erde):

$$\left(\frac{T}{T_0}\right)^2 = \left(\frac{a}{r_0}\right)^3 \qquad a = \frac{r_A + r_P}{2}$$

$$\Longrightarrow \quad T = T_0 \sqrt{\left(\frac{r_P + r_A}{2r_0}\right)^3} = \underline{\underline{88\ \text{d}}}$$

b) Energiesatz:

$$\frac{m}{2} v_P^2 - \frac{\gamma m m_S}{r_P} = \frac{m}{2} v_A^2 - \frac{\gamma m m_S}{r_A}$$

$$v_P^2 - v_A^2 = 2\gamma m_S \frac{r_A - r_P}{r_A r_P}$$

Drehimpulssatz

$$m v_P r_P = m v_A r_A$$

$$v_A = v_P \frac{r_P}{r_A}$$

$$\Longrightarrow \quad v_P^2 \left[1 - \left(\frac{r_P}{r_A}\right)^2\right] = 2\gamma m_S \frac{r_A - r_P}{r_A r_P}$$

$$v_P = \sqrt{\frac{2\gamma m_S r_A}{r_P(r_A + r_P)}} = \underline{\underline{59\ \text{km/s}}}$$

$$v_A = v_P \frac{r_P}{r_A} = \underline{\underline{39\ \text{km/s}}}$$

1.6.5. Raumschiff

Ein Raumschiff hat bei Brennschluß der letzten Raketenstufe die Höhe h_1 und die Geschwindigkeit v_1 erreicht. In der Höhe h_2 bewegt es sich in der Richtung α_2 gegenüber dem Ortsvektor vom Erdmittelpunkt.

a) Welche Geschwindigkeit v_2 hat es in der Höhe h_2?

b) In welcher Richtung α_1 hat es sich bei Brennschluß bewegt?

$h_1 = 1000$ km $\quad h_2 = 20000$ km $\quad v_1 = 9{,}60$ km/s $\quad \alpha_2 = 45^\circ$

---

a) Energiesatz:

$$\frac{m}{2} v_1^2 - \frac{\gamma m m_E}{r_1} = \frac{m}{2} v_2^2 - \frac{\gamma m m_E}{r_2}$$

$$v_2^2 = v_1^2 - 2\gamma m_E\left(\frac{1}{r_1} - \frac{1}{r_2}\right)$$

$$r_1 = r_E + h_1$$

$$r_2 = r_E + h_2$$

$$v_2 = \sqrt{v_1^2 - 2\gamma m_E\left(\frac{1}{r_E + h_1} - \frac{1}{r_E + h_2}\right)} = 3{,}77 \text{ km/s}$$

b) Drehimpulssatz:

$$m v_1 r_1 \sin\alpha_1 = m v_2 r_2 \sin\alpha_2$$

$$\sin\alpha_1 = \frac{v_2\,(r_E + h_2)}{v_1\,(r_E + h_1)} \sin\alpha_2 \qquad \alpha_1 = 84^\circ$$

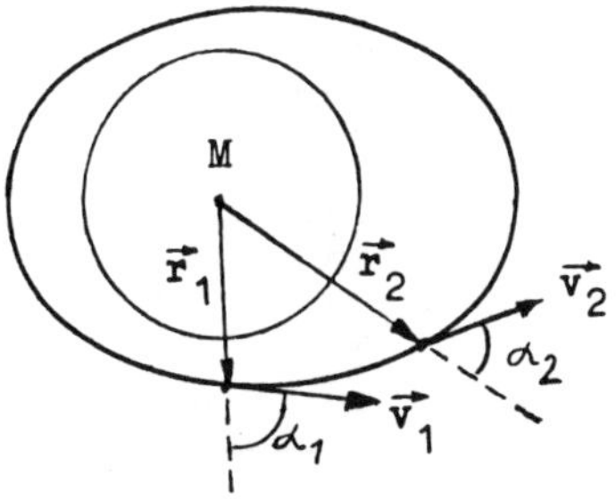

1.6.6. Mondmeteorit

Ein Meteorit trifft mit der Geschwindigkeit v_1 und unter dem Winkel β_1 auf der Mondoberfläche auf.

a) Auf was für einer Bahn hat sich der Meteorit dem Mond genähert?

b) In welcher Entfernung vom Mondmittelpunkt befindet sich das Perizentrum seiner Bahnkurve?

Die Gravitationswirkung von Erde und Sonne soll unberücksichtigt bleiben.

Masse des Mondes: $m_M = 7{,}35 \cdot 10^{22}$ kg

Mondradius: $r_M = 1740$ km $\quad v_1 = 3{,}00$ km/s $\quad \beta_1 = 30^\circ$

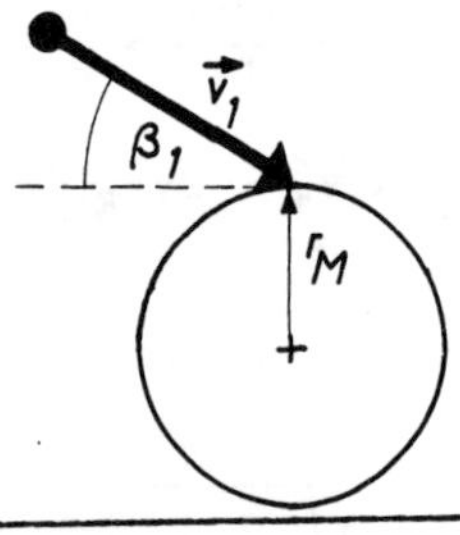

a) Das Vorzeichen der Energie gibt Auskunft über die Bahnkurve:

$$E = \frac{m}{2} v_1^2 - \frac{\gamma m m_M}{r_M}$$

$$E = \frac{m}{2}\left(v_1^2 - \frac{2\gamma m_M}{r_M}\right) = \frac{m}{2}\left(1{,}83\ \frac{\text{km}}{\text{s}}\right)^2 > 0$$

$\Longrightarrow$ Hyperbel

b) Energiesatz:

$$\frac{m}{2} v_P^2 - \frac{\gamma m m_M}{r_P} = \frac{m}{2} v_1^2 - \frac{\gamma m m_M}{r_M}$$

$$v_P^2 - 2\gamma m_M \frac{1}{r_P} = v_1^2 - 2\gamma m_M \frac{1}{r_M}$$

Drehimpulssatz:

$$m v_P r_P = m v_1 r_M \cos\beta_1$$

$$v_P = \frac{1}{r_P} v_1 r_M \cos\beta_1$$

$$\Longrightarrow \left(\frac{1}{r_P}\right)^2 - \frac{2\gamma m_M}{v_1^2 r_M^2 \cos^2\beta_1}\left(\frac{1}{r_P}\right) - \frac{v_1^2 - \frac{2\gamma m_M}{r_M}}{v_1^2 r_M^2 \cos^2\beta_1} = 0$$

$$\frac{1}{r_P} = \frac{\gamma m_M}{v_1^2 r_M^2 \cos^2\beta_1} \overset{+}{(-)} \sqrt{\left(\frac{\gamma m_M}{v_1^2 r_M^2 \cos^2\beta_1}\right)^2 + \frac{v_1^2 - \frac{2\gamma m_M}{r_M}}{v_1^2 r_M^2 \cos^2\beta_1}}$$

Negatives Vorzeichen der Wurzel entfällt wegen $v_1^2 - \frac{2\gamma m_M}{r_M} > 0$ und $r_P > 0$. Mit $A = \frac{v_1^2 r_M}{\gamma m_M} = 3{,}193$ wird

$$r_P = r_M \frac{A\cos^2\beta_1}{1 + \sqrt{1 + (A-2)A\cos^2\beta_1}} = 1400\ \text{km}$$

1.6.7. Erdbahn

Wie kann man

a) die Geschwindigkeit v_0 der Erde auf ihrer Bahn um die Sonne und

b) die Masse m_S der Sonne

aus dem Erdbahnradius r_0 und der Umlaufdauer T_0 der Erde um die Sonne bestimmen?

---

a) $v_0 = \omega_0 r_0$ $\qquad \omega_0 = \frac{2\pi}{T_0}$ $\qquad T_0 = 1\ \mathrm{a} = 365\ \mathrm{d}$

$$\underline{v_0 = \frac{2\pi r_0}{T_0}} = \underline{\underline{29{,}8\ \mathrm{km/s}}}$$

b) Bewegungsgleichung:

$$m_E a_r = F_r$$

$$m_E \omega_0^2 r_0 = \gamma \frac{m_E m_S}{r_0^2}$$

$$m_S = \frac{\omega_0^2 r_0^3}{\gamma}$$

$$\underline{m_S = \frac{4\pi^2 r_0^3}{\gamma T_0^2}} = \underline{\underline{1{,}99 \cdot 10^{30}\ \mathrm{kg}}}$$

1.6.8. Kosmische Geschwindigkeiten

Ein Raumflugkörper soll gestartet werden.

a) Welche Geschwindigkeit v_2 muß er an der Erdoberfläche besitzen, um außerhalb des Gravitationsfeldes der Erde auf die Erdbahn um die Sonne zu gelangen (2. kosmische Geschwindigkeit)?

b) Welche Geschwindigkeit v_F muß er im Erdbahnabstand r_0 von der Sonne haben, um das Sonnensystem verlassen zu können (Fluchtgeschwindigkeit)?

c) Welche Geschwindigkeit v_3 an der Erdoberfläche würde zum Verlassen des Sonnensystems ausreichen (3. kosmische Geschwindigkeit)?

Bahngeschwindigkeit der Erde: $v_0 = \frac{2\pi r_0}{T_0}$ $(T_0 = 365\ \text{d})$

---

a) Die potentielle Energie im Gravitationsfeld der Sonne ändert sich auf der Erdbahn nicht.

Energiesatz im System der Erde:

$$E_k(r_E) + E_p(r_E) = E_k(r') + E_p(r') \qquad r' \gg r_E \text{ (jedoch Abstand } r_0 \text{ von d. Sonne)}$$

$$\frac{m}{2} v_2^2 - \frac{\gamma m m_E}{r_E} = 0 + 0 \implies \underline{v_2 = \sqrt{\frac{2\gamma m_E}{r_E}}} = \underline{\underline{11{,}2\ \text{km/s}}}$$

b) Energiesatz im System der Sonne:

$$E_k(r_0) + E_p(r_0) = E_k(\infty) + E_p(\infty)$$

$$\frac{m}{2} v_F^2 - \frac{\gamma m m_S}{r_0} = 0 + 0 \implies \underline{v_F = \sqrt{\frac{2\gamma m_S}{r_0}}} = \underline{\underline{42{,}1\ \text{km/s}}}$$

c) Energiesatz für das Verlassen des Gravitationsfeldes der Erde (im Erdsystem):

$$E_k(r_E) + E_p(r_E) = E_k(r') + E_p(r') \qquad r' \text{ wie in a)}$$

$$\frac{m}{2} v_3^2 - \gamma \frac{m m_E}{r_E} = \frac{m}{2} v_3'^2 + 0$$

$$v_3^2 = v_2^2 + v_3'^2$$

v_3' ist die Relativgeschwindigkeit zur Erde, wenn sich die pot. Energie im Grav.-Feld der Sonne noch <u>nicht</u> geändert hat (Abstand r_0 von der Sonne).

Übergang zum Bezugssystem der Sonne: $v_0 + v_3' = v_F$

$$\implies \underline{v_3 = \sqrt{v_2^2 + (v_F - v_0)^2}} = \underline{\underline{16{,}7\ \text{km/s}}}$$

1.6.9. Marssonde

Eine Marssonde wird von der Erdbahn aus in Bewegungsrichtung der Erde gestartet und soll den Mars im sonnennächsten Punkt seiner Bahn gerade (sonnenfernster Punkt der Sonde) erreichen.

a) Welche Anfangsgeschwindigkeit v_1 muß die Marssonde (außerhalb des Erdschwerefeldes) haben?

b) Mit welcher Geschwindigkeit v_2 erreicht die Sonde die Marsbahn? (Die Gravitationswirkung des Mars bleibe bis dahin unberücksichtigt.)

c) Welche Zeit τ dauert der Flug der Sonde zum Mars?

Kleinster Abstand Sonne - Mars: $r_2 = 207 \cdot 10^6$ km

---

a) Die Ellipsenbahn der Sonde hat ihr Perihel bei der Erdbahn $(\vec{r}_0, \vec{v}_1)$ und ihr Aphel bei der Marsbahn $(\vec{r}_2, \vec{v}_2)$.

Energiesatz:

$$\frac{m}{2} v_1^2 - \gamma \frac{m m_S}{r_0} = \frac{m}{2} v_2^2 - \gamma \frac{m m_S}{r_2}$$

$$v_1^2 - \frac{2\gamma m_S}{r_0} = v_2^2 - \frac{2\gamma m_S}{r_2}$$

Impulssatz:

$$m v_1 r_0 = m v_2 r_2$$

$$v_2 = v_1 \frac{r_0}{r_2}$$

$$v_1^2 \left[1 - \left(\frac{r_0}{r_2}\right)^2\right] = 2\gamma m_S \left(\frac{1}{r_0} - \frac{1}{r_2}\right)$$

$$v_1 = \sqrt{\frac{2\gamma m_S r_2}{r_0(r_2 + r_0)}} = 32{,}1 \text{ km/s}$$

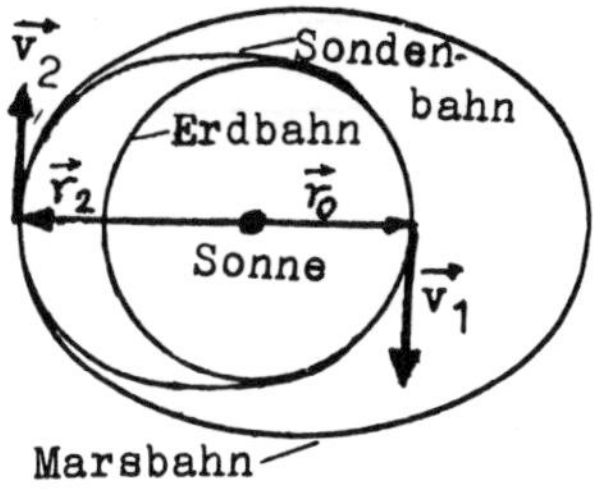

b) $$v_2 = v_1 \frac{r_0}{r_2} = 23{,}2 \text{ km/s}$$

c) $$\tau = \frac{T}{2}$$

Ermittlung von T mit dem dritten Keplerschen Gesetz durch Vergleich mit der Erde $(m \ll m_S)$:

$$\left(\frac{T}{T_0}\right)^2 = \left(\frac{a}{r_0}\right)^3 \qquad a = \frac{r_2 + r_0}{2}$$

$$T = T_0 \sqrt{\left(\frac{r_2 + r_0}{2 r_0}\right)^3} \qquad T_0 = 365 \text{ d}$$

$$\tau = \frac{T_0}{4\sqrt{2}} \sqrt{1 + \frac{r_2}{r_0}}^{\,3} = 237 \text{ d}$$

1.6.10. Halleyscher Komet

Der Halleysche Komet nähert sich der Sonne bis auf 0,587 Erdbahnradien. Er wurde am 20. April 1910 zum 29. Mal im sonnennächsten Punkt beobachtet und hat diesen am 30. April 1986 zum 30. Mal erreicht. Wieviele Erdbahnradien beträgt seine Apheldistanz r_A ?

Drittes Keplersches Gesetz; Vergleich Erde (T_0, r_0) mit Komet Halley (T, a):

$$\left(\frac{T}{T_0}\right)^2 = \left(\frac{a}{r_0}\right)^3 \qquad a = \frac{r_A + r_P}{2}$$

$$a = r_0 \sqrt[3]{\frac{T}{T_0}}^{\,2} \qquad r_A = 2a - r_P$$

$$\Longrightarrow \quad r_A = 2r_0 \sqrt[3]{\frac{T}{T_0}}^{\,2} - r_P \qquad T_0 = 1\ a$$

$$T = 76{,}03\ a$$

$$\frac{r_A}{r_0} = 2 \sqrt[3]{\frac{T}{T_0}}^{\,2} - \frac{r_P}{r_0} = 35{,}3$$

1.6.11. Doppelstern

Ein Doppelstern hat die Umlaufzeit T und das Massenverhältnis $\mu = m_1/m_2$. Der maximale Sternabstand ist a.

a) In welcher maximalen Entfernung r_1 vom ersten Stern liegt das Zenrum der Bewegung?

b) Wie groß sind m_1 und m_2 im Verhältnis zur Sonnenmasse?

T = 9 h 48 min $\mu = 2{,}36$ $a = 2{,}02 \cdot 10^6$ km

---

a) Zentrum der Bewegung = Massenmittelpunkt

$$\frac{r_1}{r_2} = \frac{m_2}{m_1} \qquad r_1 + r_2 = a$$

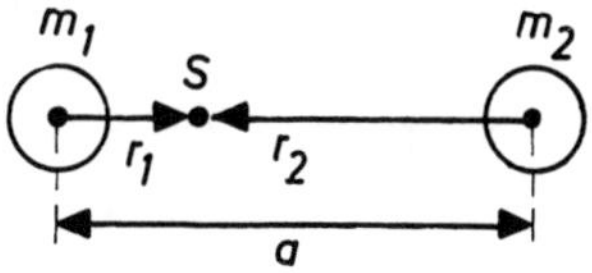

$$\Longrightarrow \quad r_1\left(1 + \frac{m_1}{m_2}\right) = a$$

$$\underline{r_1 = \frac{a}{1 + \mu}} = \underline{\underline{0{,}60 \cdot 10^6 \text{ km}}}$$

b) Drittes Keplersches Gesetz:

$$\frac{a^3}{T^2} = \frac{\gamma}{4\pi^2}(m_1 + m_2) = \frac{\gamma}{4\pi^2}(\mu + 1)m_2$$

$$\underline{m_2 = \left(\frac{2\pi}{T}\right)^2 \frac{a^3}{\gamma(1 + \mu)}} = 1{,}17 \cdot 10^{30} \text{ kg} = \underline{\underline{0{,}59\ m_S}}$$

$$\underline{m_1 = \mu\, m_2} = \underline{\underline{1{,}39\ m_S}}$$

1.7.1. Laterne

Eine Straßenlaterne der Masse m hängt in der Mitte eines zwischen zwei Häusern gespannten Drahtseiles der Länge l. Die beiden gleichhohen Befestigungspunkte des Seiles haben den Abstand $b < l$. Wie groß ist die im Seil auftretende Kraft F ?

$l = 10{,}5\ \text{m}$ $b = 10{,}0\ \text{m}$ $m = 8{,}00\ \text{kg}$

$$\sin\alpha = \frac{mg}{2F}$$

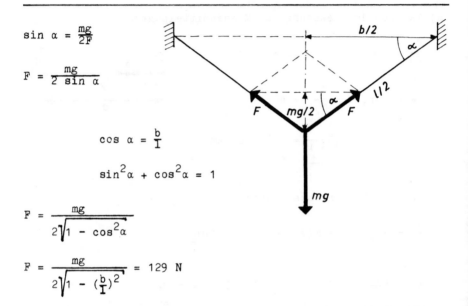

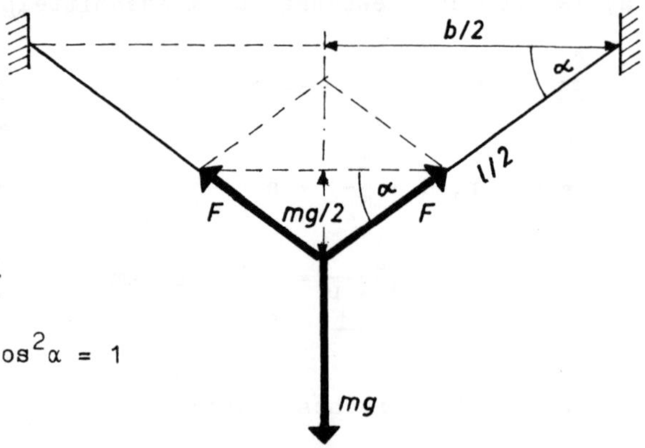

$$F = \frac{mg}{2\sin\alpha}$$

$$\cos\alpha = \frac{b}{l}$$

$$\sin^2\alpha + \cos^2\alpha = 1$$

$$F = \frac{mg}{2\sqrt{1-\cos^2\alpha}}$$

$$F = \frac{mg}{2\sqrt{1-\left(\frac{b}{l}\right)^2}} = 129\ \text{N}$$

1.7.2. Lampe

Ein schwenkbarer Lampenhalter hat die Masse m_1. Der Abstand seines Massenmittelpunktes S von der Drehachse ist s und h der Abstand der Stützstellen A und B.

Die Lampe der Masse m_2 ist in der Entfernung l von der Achse angebracht.

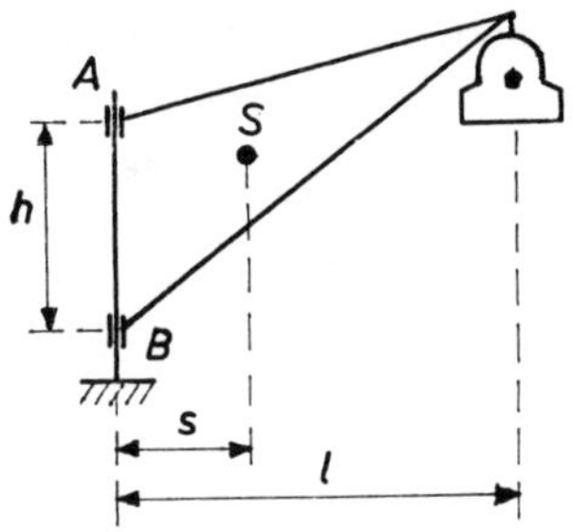

Welche Stützkräfte greifen horizontal (x-Richtung) und vertikal (y-Richtung) in den Punkten A und B an?

$m_1 = 1{,}5$ kg $\qquad m_2 = 1{,}2$ kg

$s = 0{,}40$ m $\qquad l = 1{,}00$ m

$h = 0{,}25$ m

Kräftegleichgewicht:

$$F_{Ax} + F_{Bx} = 0$$

$$F_{By} - (m_1 + m_2)g = 0$$

Momentengleichgewicht im Punkt B :

$$m_1 gs + m_2 gl + F_{Ax} h = 0$$

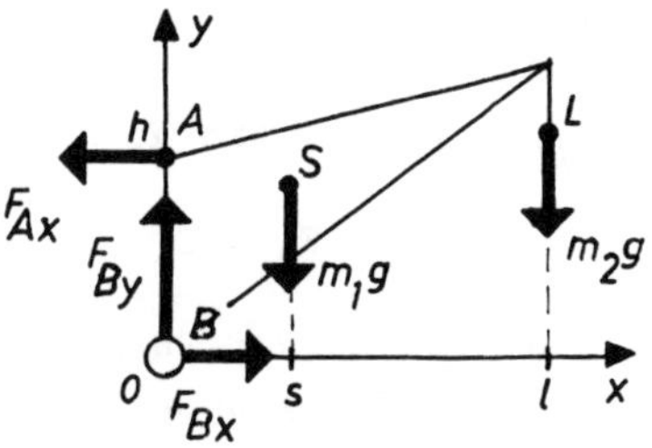

$$\Longrightarrow \quad F_{Ax} = -\frac{m_1 s + m_2 l}{h} g = -71 \text{ N}$$

$$F_{Bx} = -F_{Ax} = +71 \text{ N}$$

$$F_{By} = (m_1 + m_2)g = 26 \text{ N}$$

1.7.3. Träger

Ein Träger ist im Punkt A durch ein festes Lager und im Punkt B durch ein Gleitlager gestützt.
Welche Stützkräfte sind wirksam, wenn die in der Figur angegebenen Kräfte F_1, F_2 und F_3 angreifen?

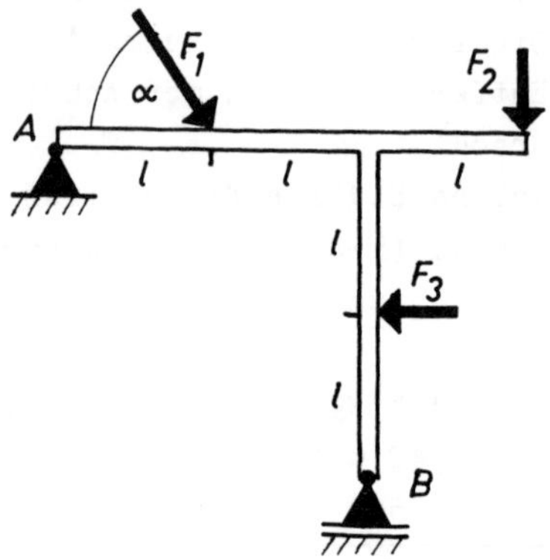

$F_1 = F_3 = 1000$ N

$F_2 = 500$ N $\qquad \alpha = 60^\circ$

Gleichgewichtsbedingungen:

$$F_{Ax} + F_1 \cos\alpha - F_3 = 0$$

$$F_{Ay} + F_B - F_1 \sin\alpha - F_2 = 0$$

Drehmomente auf Punkt A bezogen, ergeben:

$$F_1\, l \sin\alpha + F_2\, 3l + F_3\, l - F_B\, 2l = 0$$

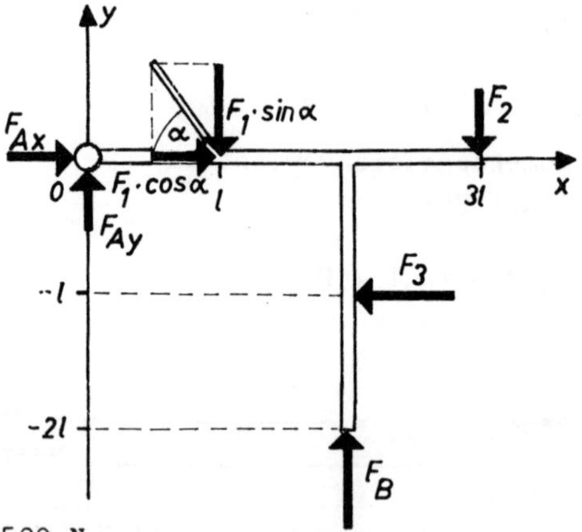

$\Longrightarrow$ $\underline{F_{Ax} = F_3 - F_1 \cos\alpha} = \underline{\underline{500 \text{ N}}}$

$\underline{F_B = \frac{1}{2} F_1 \sin\alpha + \frac{3}{2} F_2 + \frac{1}{2} F_3} = \underline{\underline{1683 \text{ N}}}$

$F_{Ay} = F_1 \sin\alpha + F_2 - F_B$

$\underline{F_{Ay} = \frac{1}{2} F_1 \sin\alpha - \frac{1}{2} F_2 - \frac{1}{2} F_3} = \underline{\underline{-\ 317 \text{ N}}}$

1.7.4. Stabkräfte

Eine homogene Scheibe (Eigengewichtskraft G) wird durch drei Stäbe gehalten.
Man berechne die Stabkräfte F_1, F_2 und F_3 !

$\alpha = 30^\circ$ $\beta = 45^\circ$

$G = 1000$ N

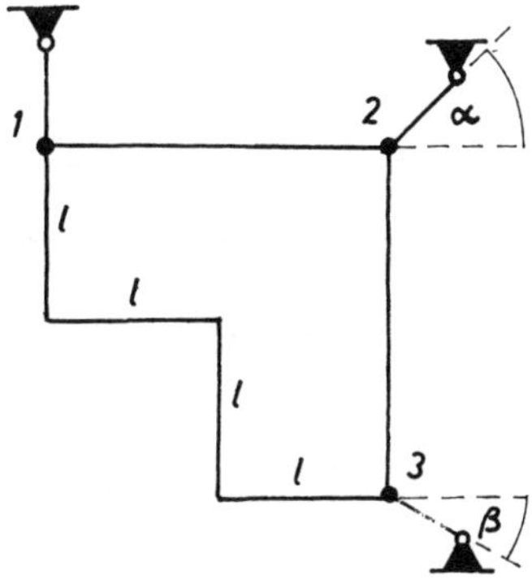

Zugkräfte werden positiv bewertet.
Scheibe wird ersetzt durch "positives" und "negatives" Quadrat.

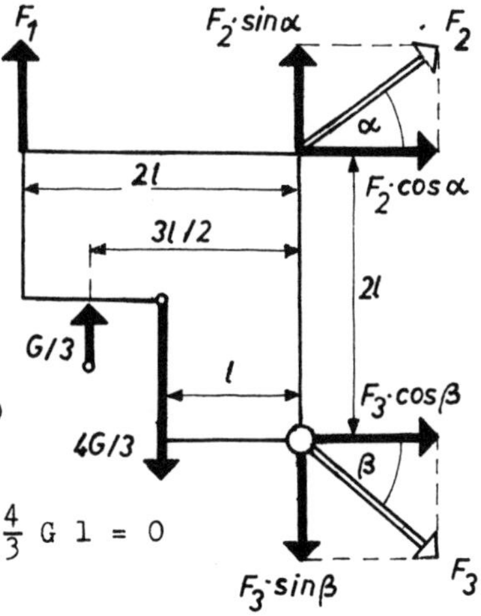

Gleichgewichtsbedingungen:

$$F_2 \cos\alpha + F_3 \cos\beta = 0$$

$$F_1 + F_2 \sin\alpha - F_3 \sin\beta - G = 0$$

Drehmomente auf Punkt 3 bezogen

$$F_1\, 2l + (F_2 \cos\alpha)2l + \frac{1}{3}\, G\, \frac{3}{2} l - \frac{4}{3}\, G\, l = 0$$

Geordnetes Gleichungssystem:

$$F_2 \cos\alpha + F_3 \cos\beta = 0 \qquad \cdot \sin\beta$$

$$F_1 + F_2 \sin\alpha - F_3 \sin\beta = G \qquad \cdot \cos\beta$$

$$F_1 + F_2 \cos\alpha \qquad = \frac{5}{12}\, G \qquad \cdot(-\cos\beta)$$

$$F_2(\cos\alpha \sin\beta + \sin\alpha \cos\beta - \cos\alpha \cos\beta) = \frac{7}{12}\, G \cos\beta$$

$$\Longrightarrow \quad \underline{F_2 = \frac{7}{\sin\alpha + \cos\alpha\,(\tan\beta - 1)}\,\frac{G}{12}} = \underline{\underline{1167\ N}}$$

$$F_1 = \frac{5}{12}\,G - F_2\cos\alpha$$

$$\underline{F_1 = \left(5 - \frac{7}{\tan\alpha + \tan\beta - 1}\right)\frac{G}{12}} = \underline{\underline{-\ 574\ N}}$$

$$F_3 = -\,F_2\,\frac{\cos\alpha}{\cos\beta}$$

$$\underline{F_3 = \frac{-7}{\sin\beta + \cos\beta\,(\tan\alpha - 1)}\,\frac{G}{12}} = \underline{\underline{-\ 1429\ N}}$$

1.7.5. Quadratische Platte

Eine quadratische Platte mit der Gewichtskraft G ist an drei Stäben aufgehängt. An ihr greift zusätzlich die Kraft F an. Berechnen Sie die Stabkräfte F_1, F_2 und F_3!

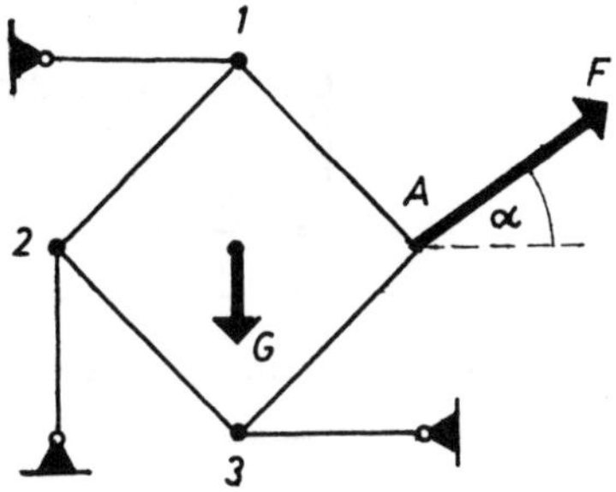

G = 800 N F = 1000 N

$\alpha = 30^{\circ}$

Zugkräfte sind positiv.

Gleichgewichtsbedingungen:

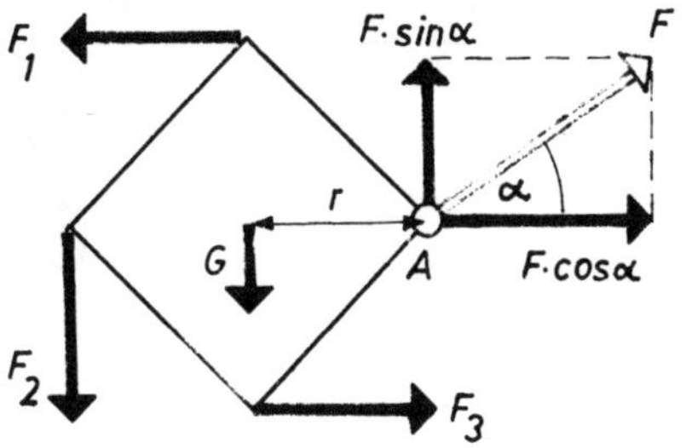

$$F_3 + F \cos\alpha - F_1 = 0$$

$$F \sin\alpha - F_2 - G = 0$$

Drehmomente auf Punkt A bezogen:

$$F_1\, r + F_2\, 2r + F_3\, r + G\, r = 0$$

$$\Longrightarrow \quad \underline{F_2 = F \sin\alpha - G} = \underline{\underline{-\,300\ \text{N}}}$$

$$F_3 + F\cos\alpha + 2(F\sin\alpha - G) + F_3 + G = 0$$

$$\underline{F_3 = \frac{G}{2} - F\left(\frac{1}{2}\cos\alpha + \sin\alpha\right)} = \underline{\underline{-\,533\ \text{N}}}$$

$$\underline{F_1 = \frac{G}{2} + F\left(\frac{1}{2}\cos\alpha - \sin\alpha\right)} = \underline{\underline{+\,333\ \text{N}}}$$

1.7.6. Waagerechter Träger

Ein waagerechter Träger der Länge l ist in eine Stahlsäule mit einem Kastenprofil (Kantenlänge b) eingeschweißt.

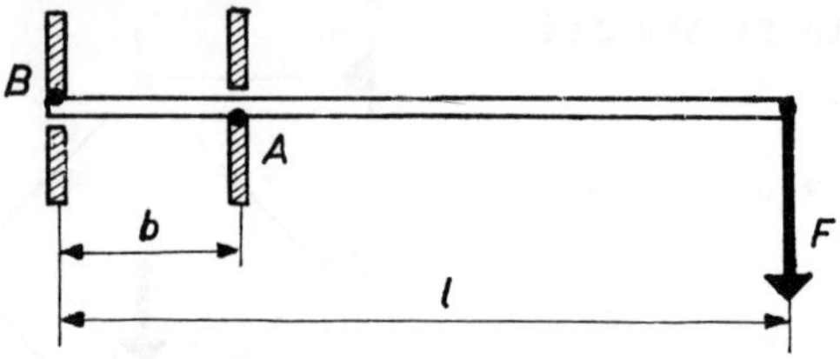

Die Eigenmasse des Trägers ist m. An seinem Ende hängt eine Last (F). Wie groß sind die Stützkräfte in den Punkten A und B ?

$l = 4{,}00$ m $F = 18{,}0$ kN $b = 0{,}36$ m $m = 520$ kg

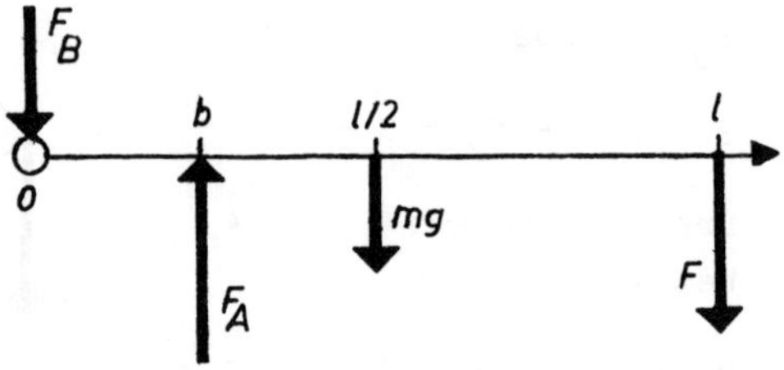

Gleichgewichtsbedingungen:

$$F_A - F_B - mg - F = 0$$

Drehmomente auf Punkt B bezogen:

$$F_A\, b - mg\,\frac{l}{2} - F\, l = 0$$

$$\Longrightarrow \quad F_A = \frac{l}{b}\left(F + \frac{1}{2}\,mg\right) = 228 \text{ kN}$$

$$F_B = F_A - (F + mg) = 205 \text{ kN}$$

1.7.7. Malerleiter

Eine Malerleiter wird als Bockgerüst verwendet. Die Leiterschenkel schließen den Winkel β ein. Eine Last (G) wird mit konstanter Geschwindigkeit gehoben. Das Seil ist über eine Rolle gelegt, deren Achse an einer um den Punkt P schwenkbaren Lasche befestigt ist. Die Wirkungslinie der Seilkraft F_S bildet mit der Vertikalen den Winkel α .

Berechnen Sie die Stützkräfte F_{1x} , F_{1y} , F_{2x} , F_{2y} an den Fußpunkten der Leiterschenkel!
(Die Eigengewichte von Leiter, Seil und Rolle bleiben unberücksichtigt.)

$G = 1500$ N $\alpha = 45^{\circ}$

$\beta = 70^{\circ}$

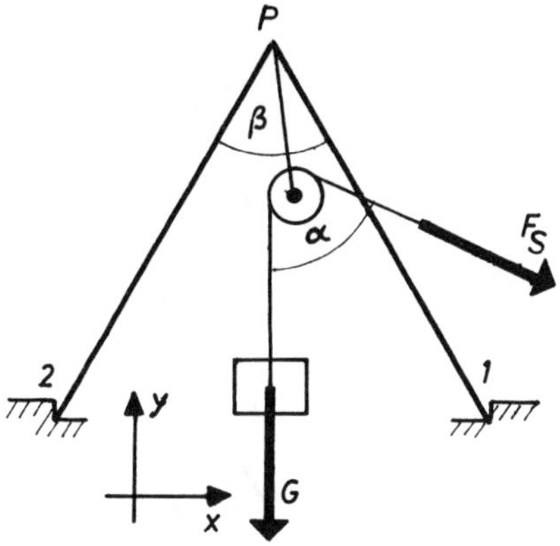

$F_S = G$ (actio = reactio)

Kräftegleichgewicht an der Rolle:

$F_R = 2G \cos \frac{\alpha}{2}$

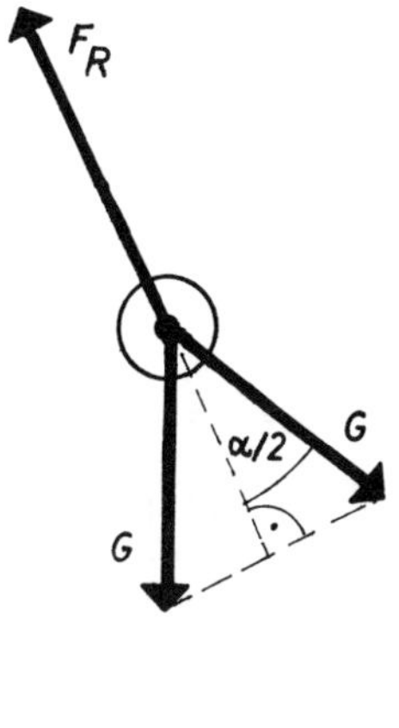

Gleichgewicht im Punkt P :

$$F_2 \cos \frac{\beta}{2} + F_1 \cos \frac{\beta}{2} - F_R \cos \frac{\alpha}{2} = 0$$

$$F_2 \sin \frac{\beta}{2} + F_R \sin \frac{\alpha}{2} - F_1 \sin \frac{\beta}{2} = 0$$

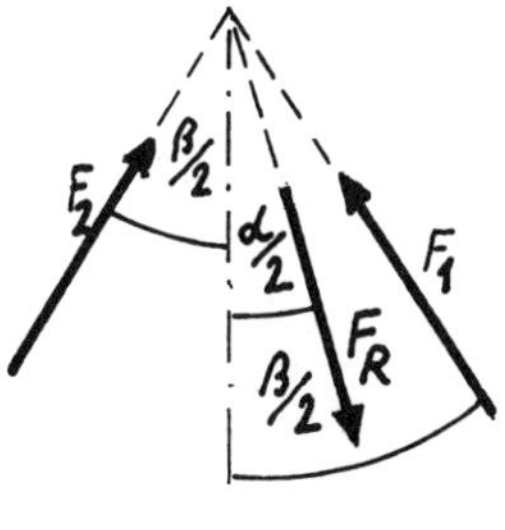

$$\Longrightarrow \quad F_1 + F_2 = 2G \frac{\cos^2 \frac{\alpha}{2}}{\cos \frac{\beta}{2}}$$

$$F_1 - F_2 = 2G \frac{\sin \frac{\alpha}{2} \cos \frac{\alpha}{2}}{\sin \frac{\beta}{2}}$$

$$F_1 = G \cos \frac{\alpha}{2} \left(\frac{\cos \frac{\alpha}{2}}{\cos \frac{\beta}{2}} + \frac{\sin \frac{\alpha}{2}}{\sin \frac{\beta}{2}} \right)$$

$$F_2 = G \cos \frac{\alpha}{2} \left(\frac{\cos \frac{\alpha}{2}}{\cos \frac{\beta}{2}} - \frac{\sin \frac{\alpha}{2}}{\sin \frac{\beta}{2}} \right)$$

Komponentenzerlegung bei 1 und 2:

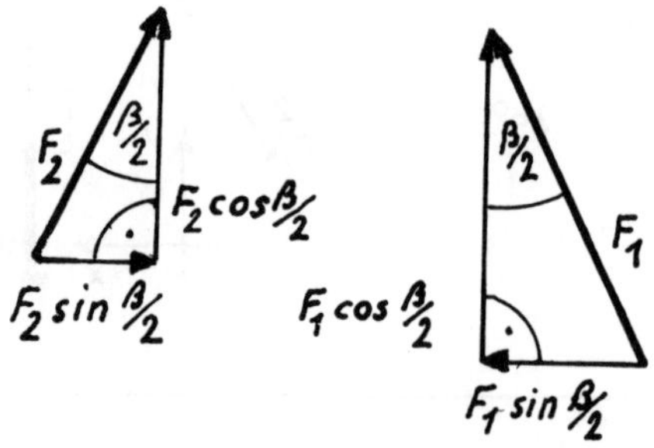

Stützkräfte:

$$F_{1x} = - F_1 \sin \frac{\beta}{2} \qquad F_{2x} = F_2 \sin \frac{\beta}{2}$$

$$F_{1y} = F_1 \cos \frac{\beta}{2} \qquad F_{2y} = F_2 \cos \frac{\beta}{2}$$

$$\underline{F_{1x} = - G \cos \frac{\alpha}{2} (\cos \frac{\alpha}{2} \tan \frac{\beta}{2} + \sin \frac{\alpha}{2})} = \underline{\underline{- 1427 \text{ N}}}$$

$$\underline{F_{1y} = G \cos \frac{\alpha}{2} (\cos \frac{\alpha}{2} + \sin \frac{\alpha}{2} / \tan \frac{\beta}{2})} = \underline{\underline{2038 \text{ N}}}$$

$$\underline{F_{2x} = G \cos \frac{\alpha}{2} (\cos \frac{\alpha}{2} \tan \frac{\beta}{2} - \sin \frac{\alpha}{2})} = \underline{\underline{366 \text{ N}}}$$

$$\underline{F_{2y} = G \cos \frac{\alpha}{2} (\cos \frac{\alpha}{2} - \sin \frac{\alpha}{2} / \tan \frac{\beta}{2})} = \underline{\underline{523 \text{ N}}}$$

1.7.8. Balkenwaage

Der Waagebalken einer Balkenwaage hat die Länge c. Seine Aufhängepunkte bilden die Ecken eines gleichschenkligen Dreiecks mit der Höhe h. Bei Gleichgewicht befindet sich auf beiden Waagschalen die gleiche Masse m. (Die Eigenmasse von Waagebalken und Waagschalen bleibt unberücksichtigt.)
Um welchen Winkel α neigt sich der Waagebalken, wenn auf der einen Seite ein Massestück Δm zugelegt wird?

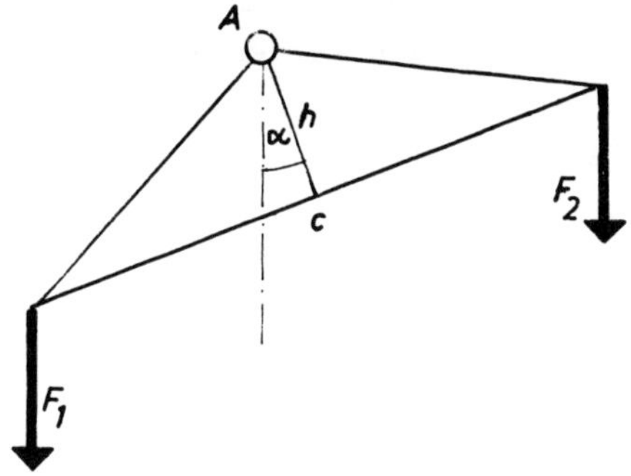

Momentengleichgewicht auf Punkt A bezogen:

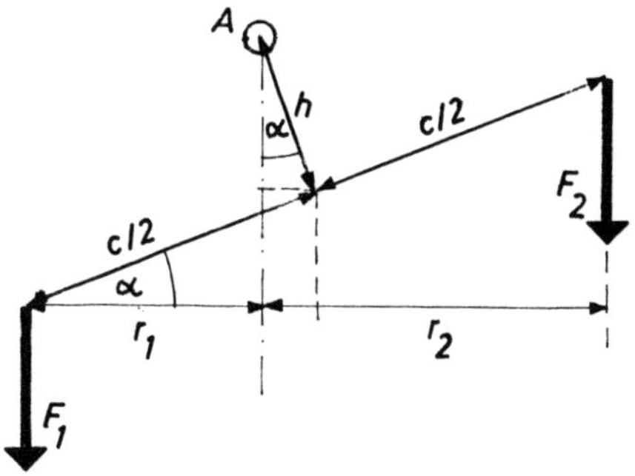

$$F_1 r_1 = F_2 r_2$$

$$r_1 = \frac{c}{2} \cos \alpha - h \sin \alpha$$

$$r_2 = \frac{c}{2} \cos \alpha + h \sin \alpha$$

$$F_1 = (m + \Delta m)g$$

$$F_2 = mg$$

$$(m + \Delta m)\left(\frac{c}{2} \cos \alpha - h \sin \alpha\right) = m\left(\frac{c}{2} \cos \alpha + h \sin \alpha\right)$$

$$\Delta m \frac{c}{2} \cos \alpha = (2m + \Delta m)\, h \sin \alpha$$

$$\underline{\alpha = \arctan \frac{c\, \Delta m}{2h(2m + \Delta m)}}$$

1.7.9. Bremsvorgang

Bei einem PKW mit dem Radabstand s befindet sich der Massenmittelpunkt in der Mitte zwischen den beiden Achsen und in der Höhe h über der Straße. Die Haftreibungszahl der Reifen auf der Straße ist μ_0 . Welcher maximaler Betrag der Bremsbeschleunigung $\vec{a}$ kann erreicht werden, wenn der PKW

a) nur an den Hinterrädern,

b) nur an den Vorderrädern und

c) an allen vier Rädern

gebremst wird? $\mu_0 = 0{,}70$

$h = 50$ cm $s = 250$ cm

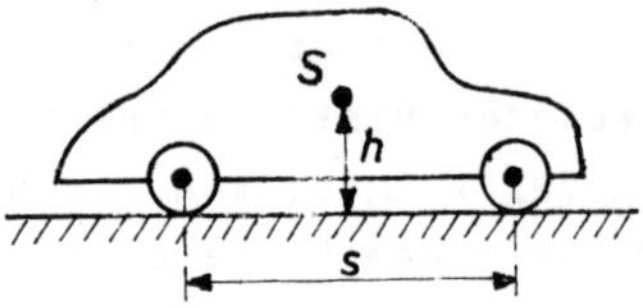

Bewegungsgleichung:

$m\vec{a} = \vec{F}_R \qquad |\vec{a}| = a$

$$a = \frac{F_R}{m} \tag{1}$$

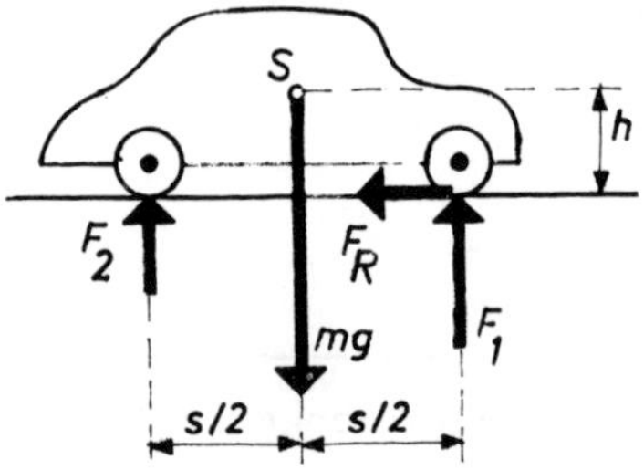

Gleichgewichtsbedingungen (Drehmomente auf S bezogen):

$$F_1 + F_2 = mg \tag{2}$$

$$F_R h + F_2 \frac{s}{2} = F_1 \frac{s}{2} \quad \Longrightarrow \quad F_1 - F_2 = \frac{2h}{s} F_R \tag{3}$$

(3) und (2) ergeben

$$F_1 = \frac{1}{2} mg + \frac{h}{s} F_R \quad (4) \quad \text{und} \quad F_2 = \frac{1}{2} mg - \frac{h}{s} F_R \,. \quad (5)$$

a) $F_R = \mu_0 F_2$

Damit wird (5):

$$F_2 = \frac{1}{2} mg - \frac{h}{s} \mu_0 F_2 \quad \text{bzw.} \quad F_2 = \frac{mg}{2(1 + \mu_0 \frac{h}{s})}$$

Mit (1) erhalten wir:

$$a = \frac{\mu_0 F_2}{m}$$

$$a = \frac{\mu_0 g}{2(1 + \mu_0 \frac{h}{s})} = 3{,}0 \text{ m/s}^2$$

b) $F_R = \mu_0 F_1$

Damit wird (4):

$$F_1 = \frac{mg}{2(1 - \mu_0 \frac{h}{s})}$$

Mit (1) erhalten wir:

$$a = \frac{\mu_0 F_1}{m}$$

$$a = \frac{\mu_0 g}{2(1 - \mu_0 \frac{h}{s})} = 4,0 \text{ m/s}^2$$

c) $F_R = \mu_0 mg$

Damit wird(1):

$$a = \mu_0 g = 6,9 \text{ m/s}^2$$

1.7.10 Stehauf

Man untersuche bei dem dargestellten System mit Hilfe einer Energiebetrachtung, für welche Werte der Schwerpunktlage s
stabiles,
indifferentes
und labiles
Gleichgewicht vorliegt?

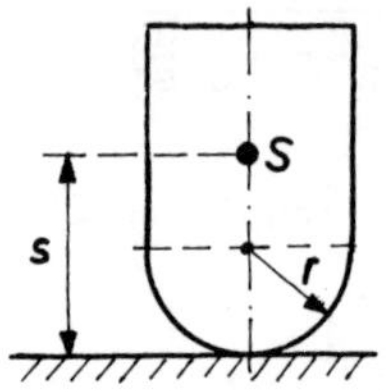

$$E_p = mg\left[r + (s - r)\cos\varphi\right]$$

$$\frac{dE_p}{d\varphi} = -\,mg(s - r)\sin\varphi$$

$$\frac{d^2E_p}{d\varphi^2} = -\,mg(s - r)\cos\varphi$$

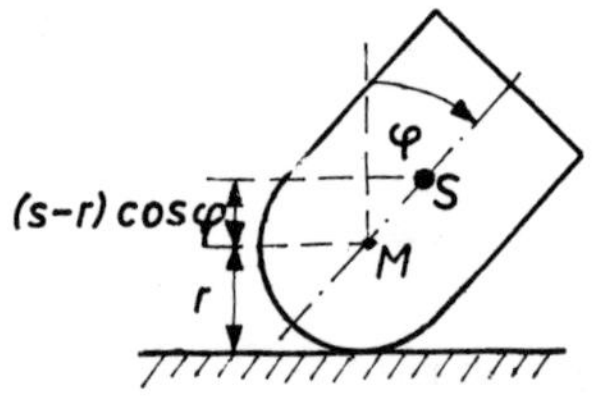

Gleichgewicht:

$$-\,mg(s - r)\sin\varphi = 0$$

$\Longrightarrow$ $s < r$ $\quad \varphi_0 = 0$

$s = r$ $\quad -\frac{\pi}{2} \leq \varphi_0 \leq \frac{\pi}{2}$

$s > r$ $\quad \varphi_0 = 0$

Stabilität:

$$\left(\frac{d^2E_p}{d\varphi^2}\right)_0 = -\,mg(s - r)\cos\varphi_0$$

$\Longrightarrow$ $s < r$ $\quad E''_{p0} > 0$ $\quad$ stabil

$s = r$ $\quad E''_{p0} = 0$ $\quad$ indifferent

$s > r$ $\quad E''_{p0} < 0$ $\quad$ labil

1.7.11. Artisten

Bei einer Balancedarbietung steht ein Artist (Gewichtskraft G_1) auf der Kante einer rohrförmigen Halbschale (Masse m, Außenradius r, Dicke d $\ll$ r), seine Partnerin (Gewichtskraft G_2) auf der anderen Kante.
Der Massenmittelpunkt M der Schale hat vom Krümmungsmittelpunkt A den Abstand s.
Welcher Neigungswinkel α_0 stellt sich im Gleichgewichtsfall ein?

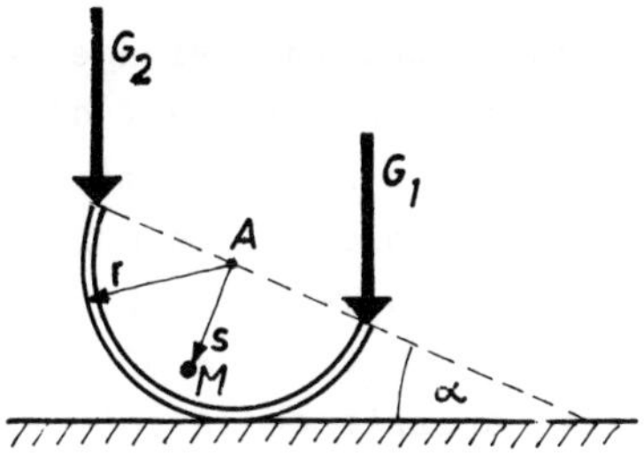

G_1 = 0,78 kN
G_2 = 0,49 kN
m = 60 kg r = 70 cm
s = 51 cm

Nullpunkt von E_p willkürlich in A festgelegt.

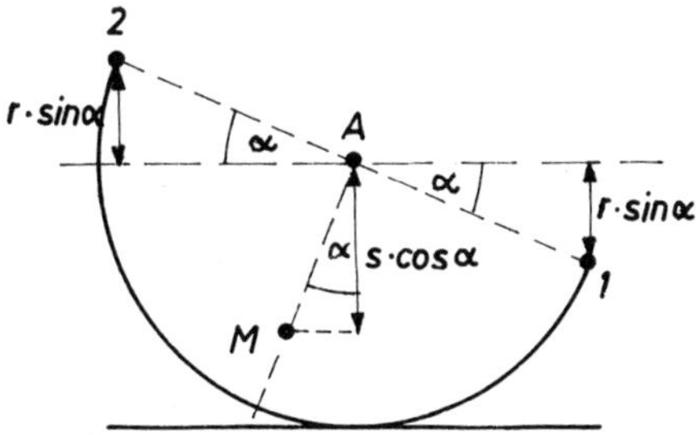

$$E_p = -G_1 r \sin\alpha + G_2 r \sin\alpha - mgs\cos\alpha$$

$$\frac{dE_p}{d\alpha} = (G_2 - G_1) r \cos\alpha + mgs \sin\alpha$$

Gleichgewicht: $(G_2 - G_1) r \cos\alpha_0 + mgs \sin\alpha_0 = 0$

$$\underline{\alpha_0 = \arctan\frac{(G_1 - G_2)r}{mgs}} = \underline{\underline{34^\circ}}$$

1.7.12. Stehpendel

In der abgebildeten Anordnung befindet sich am oberen Ende des masselosen starren Stabes eine Punktmasse m. Bei vertikaler Stellung des Stabes ist die Feder (k) entspannt. Die Feder soll so lang sein, daβ sie für alle vorkommenden Ablenkwinkel α aus der Vertikalen ihre horizontale Richtung nahezu beibehält.

a) Bei welchen Winkeln α befindet sich das System im Gleichgewicht?

b) Welchen Wert m_0 darf die Masse höchstens haben, damit eine stabile Gleichgewichtslage auftritt?
Für diese Teilaufgabe sind $l' = 10$ cm, $l = 30$ cm und $k = 30$ N/m gegeben.

c) Man skizziere die potentielle Energie $E_p(\alpha)$ für die drei Fälle $m \gtreqless m_0$!

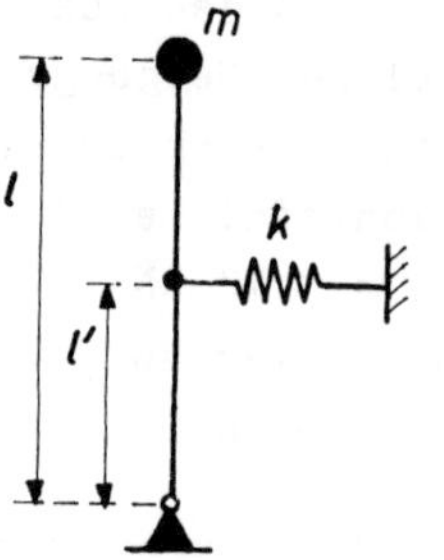

---

a) $E_p = mgl \cos\alpha + \frac{k}{2}(l'\sin\alpha)^2$

Gleichgewicht:

$$\frac{dE_p}{d\alpha} = -mgl\sin\alpha + kl'^2\sin\alpha\cos\alpha$$

$$(-mgl + kl'^2\cos\alpha)\sin\alpha = 0$$

1) $\underline{\sin\alpha_0 = 0}$ 2) $\underline{\cos\alpha_1 = \frac{mgl}{kl'^2}}$

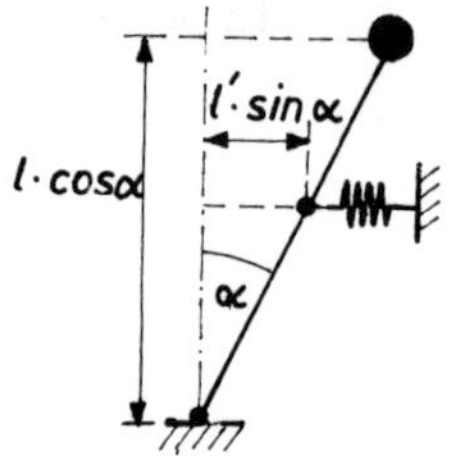

b) Stabilität:

$$\frac{d^2E_p}{d\alpha^2} = -mgl\cos\alpha + kl'^2(\cos^2\alpha - \sin^2\alpha)$$

1) $$\left(\frac{d^2E_p}{d\alpha^2}\right)_0 = -mgl + kl'^2$$

Stabiles Gleichgewicht: $-mgl + kl'^2 > 0$

$$\underline{m_0 = \frac{kl'^2}{gl}} = \underline{\underline{102\ \text{g}}}$$

2) $$\left(\frac{d^2E_p}{d\alpha^2}\right)_1 = -kl'^2\cos^2\alpha_1 + kl'^2(\cos^2\alpha_1 - \sin^2\alpha_1)$$

$$= -kl'^2\sin^2\alpha_1 < 0 \quad \text{labil}$$

c) $\frac{E_p}{m_0 g l} = \frac{m}{m_0} \cos \alpha + \frac{1}{2} \sin^2 \alpha$

$$\Longrightarrow \quad \frac{E_p(0)}{m_0 g l} = \frac{m}{m_0}$$

$$\frac{E_p(\frac{\pi}{2})}{m_0 g l} = \frac{1}{2}$$

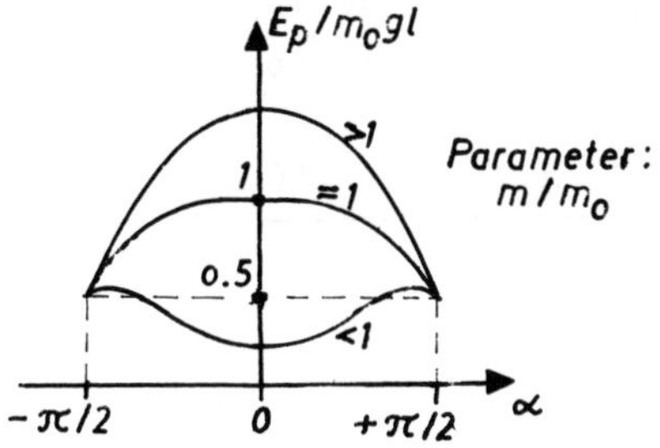

Gleichgewichtslage bei α_1 tritt nur für

$\frac{mgl}{kl'^2} = \frac{m}{m_0} < 1$ auf.

1.8.1. Scheibe

Wie groß ist das Trägheitsmoment einer gleichmäßig dicken, homogenen Kreisscheibe mit der Masse m und dem Radius r_0

a) um eine senkrecht zur Scheibe stehende Achse durch den Schwerpunkt?

b) um eine zur Schwerpunktachse parallele Achse durch einen Randpunkt?

c) um eine Achse wie in b), wenn zusätzlich im Mittelpunkt der Scheibe eine Punktmasse (m') angebracht wird?

d) Wie groß ist die Schwingungsdauer T im Fall c), wenn der Drehkörper in einer vertikalen Ebene um die Achse A schwingt?

$m = 1{,}0$ kg $\quad m' = 0{,}50$ kg $\quad r_0 = 10$ cm

---

a) $J_S = \frac{1}{2} m r_0^2 = 5{,}0 \cdot 10^{-3}\ \mathrm{kg \cdot m^2}$

b) Satz von Steiner:

$$J_A = J_S + m r_0^2$$

$$J_A = \frac{3}{2} m r_0^2 = 15{,}0 \cdot 10^{-3}\ \mathrm{kg \cdot m^2}$$

c) $J_A' = J_A + m' r_0^2$

$$J_A' = \left(\frac{3}{2} m + m'\right) r_0^2 = 20{,}0 \cdot 10^{-3}\ \mathrm{kg \cdot m^2}$$

d) $T = 2\pi \sqrt{\frac{J_A'}{(m + m') g r_0}}$

$$T = 2\pi \sqrt{\frac{\left(\frac{3}{2} m + m'\right) r_0}{(m + m') g}} = 0{,}73\ \mathrm{s}$$

1.8.2. Stabpendel

Ein homogener dünner Stab von überall gleichem Querschnitt und der Länge l wird als Pendel benutzt.
Wie groß ist die Schwingungsdauer T um eine horizontele Achse, die ein Viertel der Länge l vom Stabende entfert ist?
(Das Trägheitsmoment des Stabes ist herzuleiten.)
l = 1,00 m

$$T = 2\pi\sqrt{\frac{J_A}{mgs}}$$

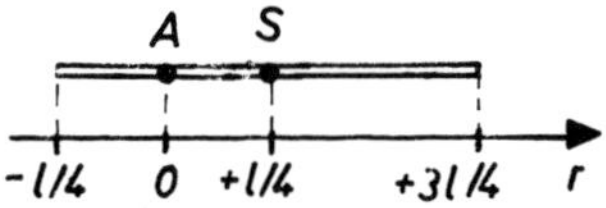

$$J_A = \int r^2\,dm$$

mit $dm = \varrho A\,dr$

$$J_A = \int_{-\frac{1}{4}l}^{+\frac{3}{4}l} r^2 \varrho A\,dr = \left[\varrho A\,\frac{r^3}{3}\right]_{-\frac{1}{4}l}^{+\frac{3}{4}l} = \frac{\varrho A l^3}{3}\left(\frac{27+1}{64}\right)$$

$$m = \varrho A l$$

$$J_A = \frac{7}{48}\,ml^2$$

$$s = \frac{l}{4}$$

$$\underline{T = 2\pi\sqrt{\frac{7}{12}\frac{l}{g}}} = \underline{\underline{1{,}53\ s}}$$

1.8.3 Perpendikel

Das Perpendikel einer Uhr besteht aus einem dünnen Stab der Länge l und der Masse m_1 und aus einer zylindrischen Scheibe mit dem Radius r und der Masse m_2.
Welche Schwingungsdauer T hat das Perpendikel?

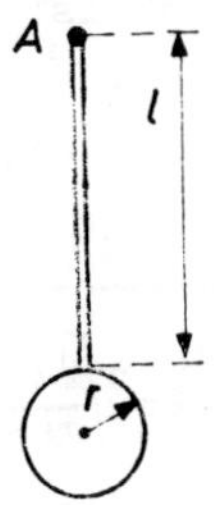

$l = 186$ mm $\qquad r = 64$ mm

$m_1 = 112$ g $\qquad m_2 = 507$ g

$$T = 2\pi\sqrt{\frac{J_A}{mgs}}$$

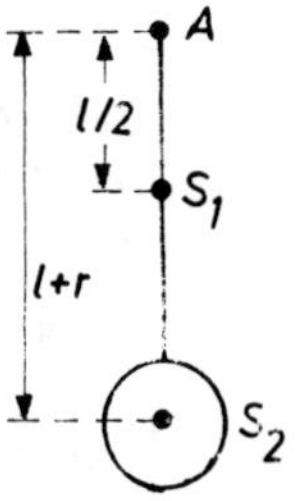

$$J_A = J_{A1} + J_{A2}$$

Satz von Steiner:

$$J_{A1} = \frac{1}{12}\,m_1 l^2 + m_1\left(\frac{l}{2}\right)^2$$

$$J_{A2} = \frac{1}{2}\,m_2 r^2 + m_2(l + r)^2$$

$$J_A = \frac{1}{3}\,m_1 l^2 + m_2\left[\,\frac{1}{2}\,r^2 + (l + r)^2\right]$$

Bestimmung des Massenmittelpunktes des Gesamtpendels:

$$s = \frac{m_1\,\frac{l}{2} + m_2(l + r)}{m_1 + m_2}$$

$$T = 2\pi\sqrt{\frac{l}{g}\cdot\frac{\frac{1}{3}\,m_1 + m_2\left[\,\frac{1}{2}\left(\frac{r}{l}\right)^2 + \left(1 + \frac{r}{l}\right)^2\right]}{\frac{1}{2}\,m_1 + m_2\left(1 + \frac{r}{l}\right)}}$$

$$T = 2\pi\sqrt{\frac{l}{g}\cdot\frac{1 + \frac{m_1}{3m_2} + 2\,\frac{r}{l} + \frac{3}{2}\left(\frac{r}{l}\right)^2}{1 + \frac{m_1}{2m_2} + \frac{r}{l}}} = 1{,}00 \text{ s}$$

1.8.4. Schwungrad

Bei einem Schwungrad (Radius r, Drehfrequenz f_0 , Masse m) befindet sich die Masse im wesentlichen auf dem Radkranz.

a) Welches konstante Bremsmoment M_A muß aufgebracht werden, um das Schwungrad in der Zeit $t_0 = 0$ bis t_1 zum Stillstand zu bringen?

b) Wieviele Umdrehungen (N) macht das Rad während des Bremsvorganges?

$r = 1{,}00$ m $\quad f_0 = 60$ min^{-1} $\quad m = 1{,}0$ t $\quad t_1 = 60$ s

---

a) $M_A = J_A\,\alpha$

$$\alpha = \frac{d\omega}{dt} = \frac{M_A}{J_A} = \text{const}$$

$$\omega = \alpha\int dt = \frac{M_A}{J_A}\,t + \omega_0 \quad ; \quad 0 = \frac{M_A}{J_A}\,t_1 + \omega_0$$

$$M_A = -\frac{J_A\,\omega_0}{t_1}$$

$$J_A = mr^2 \qquad \omega_0 = 2\pi f_0$$

$$M_A = -\frac{2\pi f_0 m r^2}{t_1} = -\ 105\ \text{N·m}$$

b) $N = \dfrac{\varphi_1}{2\pi}$

$$\varphi = \int\omega\,dt = \frac{M_A}{2J_A}\,t^2 + \omega_0 t + \varphi_0 \qquad \varphi_0 = 0$$

$$\varphi_1 = \frac{M_A}{2J_A}\,t_1^2 + \omega_0 t_1 \qquad \frac{M_A}{J_A} = -\frac{\omega_0}{t_1}$$

$$\varphi_1 = -\frac{\omega_0}{2}\,t_1 + \omega_0 t_1 = \frac{\omega_0}{2}\,t_1$$

$$N = \frac{f_0 t_1}{2} = 30$$

1.8.5. Drehkörper

Ein Drehkörper (Trägheitsmoment J_A) rotiert um eine feste Achse A mit der Winkelgeschwindigkeit ω_0. In der Zeit von t_0 bis t_1 wird ein Drehmoment $M_A = M_0 e^{-ct}$ wirksam.
Auf welchen Wert ω_1 erhöht sich dabei die Winkelgeschwindigkeit?

$t_0 = 0$ $\omega_0 = 20\ s^{-1}$ $t_1 = 15\ s$ $M_0 = 520\ N\cdot m$

$c = 1{,}6\cdot 10^{-2}\ s^{-1}$ $J_A = 122\ kg\cdot m^2$

$$J_A \alpha = M_A \qquad \alpha = \frac{d\omega}{dt}$$

$$d\omega = \frac{M_A}{J_A}\, dt$$

$$d\omega = \frac{M_0}{J_A}\, e^{-ct}\, dt$$

$$\int_{\omega_0}^{\omega_1} d\omega = \frac{M_0}{J_A} \int_0^{t_1} e^{-ct}\, dt$$

$$\omega_1 - \omega_0 = \frac{M_0}{J_A} \left[-\frac{1}{c}\, e^{-ct} \right]_0^{t_1}$$

$$\omega_1 = \omega_0 + \frac{M_0}{cJ_A}\left(1 - e^{-ct_1} \right) = \underline{\underline{77\ s^{-1}}}$$

1.8.6. Reibkupplung

Zwei Schwungräder mit den Trägheitsmomenten J_1 und J_2 drehen sich gleichsinnig mit den Winkelgeschwindigkeiten ω_1 und ω_2, wobei $\omega_1 \neq \omega_2$ ist. Durch eine Reibkupplung kommen sie auf eine gemeinsame Winkelgeschwindigkeit ω.

a) Wie groß ist diese Winkelgeschwindigkeit ω ?

b) Wie ändert sich dabei die kinetische Energie des Systems?

c) Wie müßte das Verhältnis $\omega_1 : \omega_2$ sein, wenn nach der Kupplung Stillstand eintreten soll? (Was sagt das Ergebnis über den Drehsinn der Schwungräder vor dem Kupplungsvorgang in diesem Fall aus?)

d) Wie groß ist im Fall c) die in Wärme umgewandelte Energie?

---

a) Unelastischer Drehstoß; Drehimpuls-Erhaltungssatz:

$$J_1\omega_1 + J_2\omega_2 = (J_1 + J_2)\omega$$

$$\omega = \frac{J_1\omega_1 + J_2\omega_2}{J_1 + J_2}$$

b) $\Delta E_k = E_{kn} - E_{kv}$

n = nach dem Kuppl.-Vorg.
v = vor dem Kuppl.-Vorg.

$$\Delta E_k = \frac{(J_1 + J_2)}{2}\omega^2 - \frac{J_1}{2}\omega_1^2 - \frac{J_2}{2}\omega_2^2$$

$$\Delta E_k = \frac{1}{2}\left[\frac{(J_1\omega_1 + J_2\omega_2)^2}{J_1 + J_2} - J_1\omega_1^2 - J_2\omega_2^2\right]$$

$$\Delta E_k = \frac{2J_1J_2\omega_1\omega_2 - J_1J_2\omega_1^2 - J_1J_2\omega_2^2}{2(J_1 + J_2)}$$

$$\Delta E_k = -\frac{J_1J_2}{2(J_1 + J_2)}(\omega_1 - \omega_2)^2$$

c) $\omega = 0$, somit Drehimpulserhaltungssatz:

$$J_1\omega_1 + J_2\omega_2 = 0$$

$$\frac{\omega_1}{\omega_2} = -\frac{J_2}{J_1}$$

Vor dem Kuppeln entgegengesetzter Drehsinn

d) $Q = E_{kv}$

$$Q = \frac{J_1}{2}\omega_1^2 + \frac{J_2}{2}\omega_2^2$$

1.8.7. Stab

Ein Stab (Länge l) ist an einem Ende um eine horizontale Achse drehbar gelagert. Er wird zunächst in waagerechter Lage gehalten.
Welche maximale Geschwindigkeit v erreicht sein freies Ende nach dem Loslassen?
l = 1,0 m

$E_p(0) + E_k(0) = E_p(1) + E_k(1)$

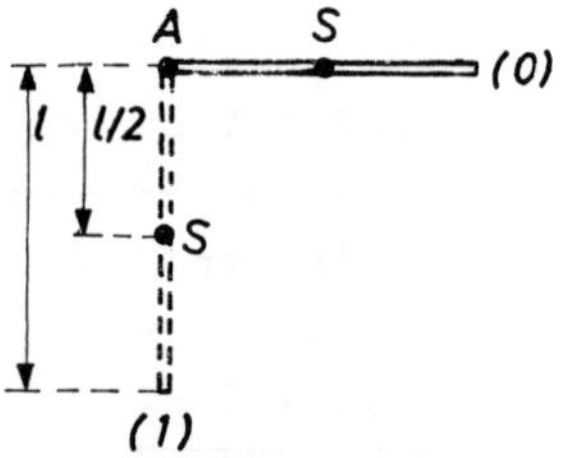

$mg\,\frac{l}{2} + 0 = 0 + \frac{J_A}{2}\,\omega^2$

$\omega^2 = \frac{mgl}{J_A}$

$J_A = J_S + m(\frac{l}{2})^2$

$J_S = \frac{1}{12}\,ml^2$

$J_A = \frac{1}{3}\,ml^2$

$v = \omega l$

$v = \sqrt{\frac{3g}{l}}\;l$

$\underline{v = \sqrt{3gl}} = 5{,}4\ m/s$

1.8.8. Zwei Zylinder

Ein dünnwandiger Hohlzylinder und ein Vollzylinder aus verschiedenem Material und von verschiedenen Abmessungen rollen mit der Geschwindigkeit v_0 auf einer horizontalen Ebene. Anschließend rollen sie einen Hang hinauf.
In welcher Höhe h_1 und h_2 über der Ebene kommen sie zur Ruhe?
$v_0 = 2{,}0$ m/s

Energiesatz:

$$\frac{m}{2} v_0^2 + \frac{J_S}{2} \omega_0^2 = mgh$$

Rollbedingung:

$$v_0 = \omega_0 r$$

$$\Longrightarrow \qquad h = \frac{1}{2mg} \left(mv_0^2 + J_S \frac{v_0^2}{r^2}\right)$$

$$h = \frac{v_0^2}{2g} \left(1 + \frac{J_S}{mr^2}\right) \qquad (+)$$

Hohlzylinder: $J_{S1} = mr^2$

$$\underline{h_1 = \frac{v_0^2}{g}} = \underline{\underline{41 \text{ cm}}}$$

Vollzylinder: $J_{S2} = \frac{1}{2} mr^2$

$$\underline{h_2 = \frac{3}{4} \frac{v_0^2}{g}} = \underline{\underline{31 \text{ cm}}}$$

Anmerkung:
Der Ansatz

$$\frac{J_A}{2} \omega_0^2 = mgh$$

führt mit $J_A = J_S + mr^2$

(A = momentane Drehachse)

und $v_0 = \omega_0 r$ zum gleichen Ergebnis (+).

1.8.9. Wellrad

Ein Schöpfgefäß (Masse m) für einen Brunnen hängt an einem Seil, das um eine Welle (Radius r) eines Handrades gewickelt ist. Das gesamte Wellrad hat das Trägheitsmoment J_A. Die Kurbel am Handrad wird losgelassen.
Welche Geschwindigkeit v hat das Gefäß erreicht, wenn es sich um die Strecke l abwärts bewegt hat? (Auftretende Reibungseinflüsse und die Seilmasse sollen unberücksichtigt bleiben.)

$l = 10{,}5\ m$ $\qquad J_A = 0{,}92\ kg \cdot m^2$

$m = 5{,}2\ kg$ $\qquad r = 11\ cm$

Energiesatz:

$$E_p(1) = E_k(2)$$

$$mgl = \frac{m}{2} v^2 + \frac{J_A}{2} \omega^2$$

$$\Longrightarrow \quad v^2\left(\frac{J_A}{2r^2} + \frac{m}{2}\right) = mgl$$

$$v = \sqrt{\frac{2gl}{1 + \frac{J_A}{mr^2}}} = 3{,}6\ m/s$$

Abwickeln des Seils:

$$\omega = \frac{v}{r}$$

1.8.10. Wagen

Ein Wagen der Masse m hat vier Räder. Jedes Rad hat das Trägheitsmoment J_S und den Radius r. Der Wagen rollt aus der Ruhelage einen Hang der Höhe h hinab.
Berechnen Sie die Geschwindigkeit v_1, die er am Ende des Hanges erreicht hat!
$m = 700$ kg $J_S = 0{,}50$ kg·m² $r = 0{,}25$ m $h = 5{,}0$ m

---

Energiesatz:

$$\frac{m}{2}v_1^2 + 4\,\frac{J_S}{2}\,\omega_1^2 = mgh$$

$$v_1^2 + 4\,\frac{J_S}{m}\left(\frac{v_1}{r}\right)^2 = 2gh$$

$$\underline{v_1 = \sqrt{\frac{2gh}{1 + 4\,\frac{J_S}{mr^2}}}} = \underline{\underline{9{,}7\ \text{m/s}}}$$

Rollbedingung:

$$v_1 = \omega_1 r$$

1.8.11. Spielzeugauto

Ein Spielzeugauto (Gesamtmasse m) mit Schwungrad (Trägheitsmoment J_1) wird mit der Hand angeschoben, so daß das Fahrzeug die Geschwindigkeit v erhält. Das Übersetzungsverhältnis von den Rädern zum Schwungrad ist 1:10. Die vier Räder (Radius r_2) haben je das Trägheitsmoment J_2.
Wie groß ist die mittlere Reibungskraft F_R, wenn das Auto nach dem Loslassen noch die Strecke s rollt?
(Trägheitsmomente der Zahnräder vernachlässigen)

$m = 120$ g $\quad J_1 = 2{,}5\cdot10^{-5}$ kg$\cdot$m^2 $\quad J_2 = 2{,}0\cdot10^{-6}$ kg$\cdot$m^2

$r_2 = 1{,}5$ cm $\quad s = 4{,}0$ m $\quad v = 0{,}5$ m/s

Bremsarbeit:

$$W_B = \Delta E_k$$

$$F_R s = \frac{m}{2} v^2 + 4\,\frac{J_2}{2}\,\omega_2^2 + \frac{J_1}{2}\,\omega_1^2$$

$$\omega_1 = 10\,\omega_2$$

$$v = \omega_2 r_2$$

$$2\,F_R s = mv^2 + 4\,J_2\left(\frac{v}{r_2}\right)^2 + J_1\left(10\,\frac{v}{r_2}\right)^2$$

$$F_R = \frac{v^2}{s}\left(\frac{m}{2} + \frac{2J_2 + 50\,J_1}{r_2^2}\right) = 0{,}35\ \text{N}$$

1.8.12. Puck

Auf eine beim Eishockey verwendete Scheibe (m, J_S) wirkt während der Zeit Δt eine Kraft $\vec{F}$, deren Wirkungslinie vom Schwerpunkt den horizontalen Abstand r hat.
Mit welcher Geschwindigkeit v und Drehfrequenz f bewegt sich die Scheibe nach dem Stoß?
(Reibungseinflüsse werden vernachlässigt.)

$m = 165\ g$ $J_S = 1{,}20\ kg\cdot cm^2$ $F = 11{,}0\ N$ $\Delta t = 0{,}100\ s$

$r = 2{,}60\ cm$

Kraftstoß: $F\ \Delta t = \Delta p$ (1)
und
Drehstoß: $M_S\ \Delta t = \Delta L$ (2)

(1): $m\ v = F\ \Delta t$

$$v = \frac{F}{m}\ \Delta t = 6{,}7\ m/s$$

(2): $J_S \omega = F\ r\ \Delta t$

$$\omega = \frac{Fr}{J_S}\ \Delta t \qquad \omega = 2\pi f$$

$$f = \frac{Fr}{2\pi\ J_S}\ \Delta t = 38\ s^{-1}$$

Gleichzeitige Translation und Rotation (Effet)

1.8.13. Kugel

Eine homogene Kugel rollt eine geneigte Ebene (Neigungswinkel α) hinab.

a) Welche Zeit t_1 benötigt sie vom Stillstand aus für die Strecke s_1 ?

b) Welche Geschwindigkeit v_1 hat der Schwerpunkt zur Zeit t_1?

$\alpha = 20^0 \qquad s_1 = 1{,}0$ m

---

a) Bewegungsgleichung für eine Rotation um die momentane Drehachse A (Rollen, ohne zu gleiten durch Haftreibung):

$$J_A \ddot{\varphi} = M_A$$

$$\text{mit } J_A = J_S + ms^2 = \frac{2}{5} mr^2 + mr^2 = \frac{7}{5} mr^2 ,$$

$$M_A = F_H r = F_G r \sin\alpha = mgr \sin\alpha ,$$

$$\ddot{s} = \ddot{\varphi} r \quad \text{(Rollbedingung)}$$

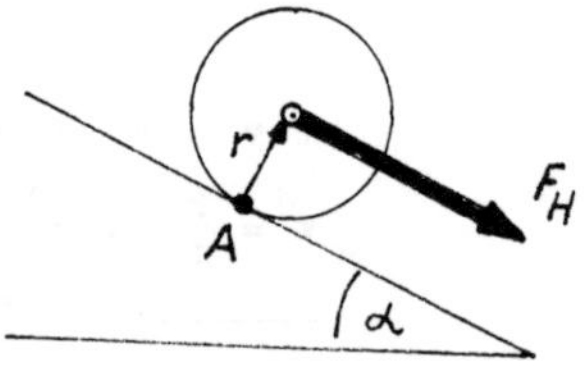

$$a = \ddot{s} = \frac{5}{7} g \sin\alpha = \text{const}$$

$$\Longrightarrow \quad s = \frac{a}{2} t^2$$

$$s_1 = \frac{a}{2} t_1^2 \; ; \; t_1 = \sqrt{\frac{2s_1}{a}}$$

$$t_1 = \sqrt{\frac{14\, s_1}{5g \sin\alpha}} = 0{,}91 \text{ s}$$

Die Bewegungsgleichungen, getrennt für

Translation (des Schwerpunktes) $\quad ma = F_H - F_R \quad$ und

Rotation (um den Schwerpunkt) $\quad J_S \ddot{\varphi} = F_R\, r$,

liefern mit $J_S = \frac{2}{5} mr^2$,

$F_H = mg \sin\alpha$ und $a = \ddot{s} = \ddot{\varphi} r$

nach Eliminieren von F_R das gleiche Ergebnis.

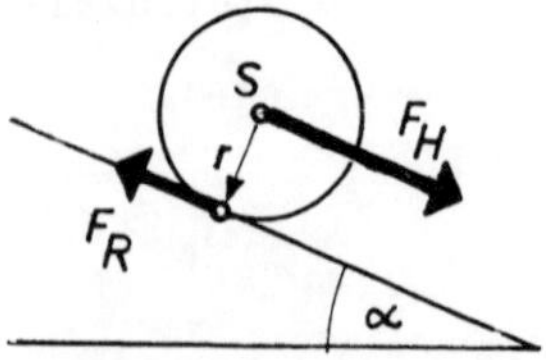

b) $v = at$

$$v_1 = at_1 = \sqrt{2s_1 a}$$

$$v_1 = \sqrt{\frac{10}{7} g\, s_1 \sin\alpha} = 2{,}2 \text{ m/s}$$

1.8.14. Bauaufzug

Der beladene Förderkorb eines Bauaufzuges hat die Masse m, die am Korb befestigte Rolle die Masse m_1, das Trägheitsmoment J_{S1} und den Radius r_1. Die Seiltrommel hat das Trägheitsmoment J_{S2} und den Radius r_2. Der Antriebsmotor überträgt auf die Trommel das Drehmoment M_A.

Berechnen Sie die Beschleunigung a, mit der der Korb aufwärts bewegt wird!

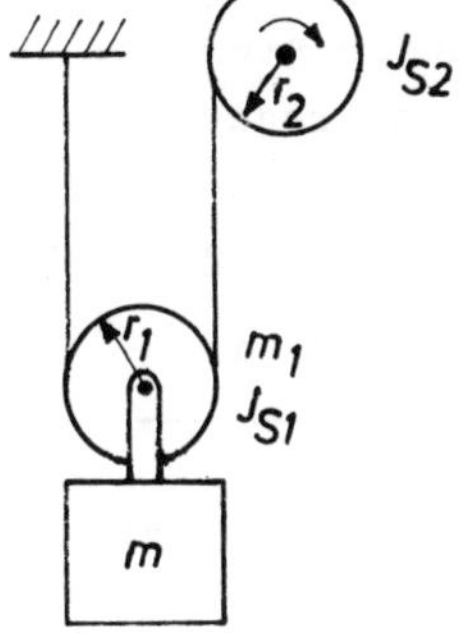

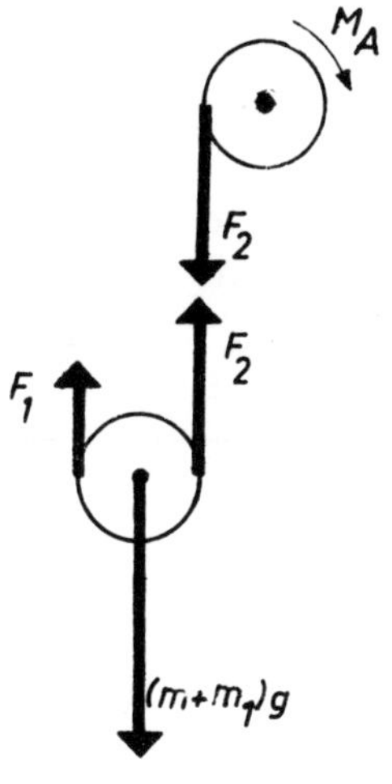

Bewegungsgleichungen:

Seiltrommel: $J_{S2}\,\alpha_2 = M_A - F_2\,r_2$

Last: $(m + m_1)a = F_1 + F_2 - (m + m_1)g$

Rolle: $J_{S1}\,\alpha_1 = (F_2 - F_1)r_1$

Verknüpfung der Beschleunigungen:

$$a = \alpha_1 r_1 = \frac{1}{2}\,\alpha_2\,r_2$$

$$\Longrightarrow \quad F_2 = \frac{M_A - J_{S2}\,\alpha_2}{r_2}$$

$$F_1 = F_2 - \frac{J_{S1}\,\alpha_1}{r_1}$$

$$(m + m_1)a = 2\,\frac{M_A - J_{S2}\alpha_2}{r_2} - \frac{J_{S1}\alpha_1}{r_1} - (m + m_1)g$$

$$a = \frac{\dfrac{2M_A}{r_2} - (m + m_1)g}{(m + m_1) + \dfrac{J_{S1}}{r_1^2} + 4\,\dfrac{J_{S2}}{r_2^2}}$$

1.8.15. Unelastischer Drehstoß

Ein homogener Vollzylinder (Eichenholz) hat die Masse m_Z und den Radius r_0. Er ist um die Zylinderachse drehbar gelagert. In den ruhenden Zylinder dringt das Geschoß (m_G) einer Pistole ein. Die Geschoßbahn verläuft senkrecht zur Achse und hat den Abstand r_1 von ihr. Das Geschoß bleibt im Abstand r_2 von der Achse stecken. Nach dem Einschuß dreht sich das System mit der Drehfrequenz f. Berechnen Sie die Geschwindigkeit v, die das Geschoß unmittelbar vor dem Eindringen hatte!

$m_Z = 600$ g $\quad m_G = 5{,}0$ g $\quad r_0 = 50$ mm $\quad r_1 = 30$ mm

$r_2 = 35$ mm $\quad f = 2{,}5\ s^{-1}$

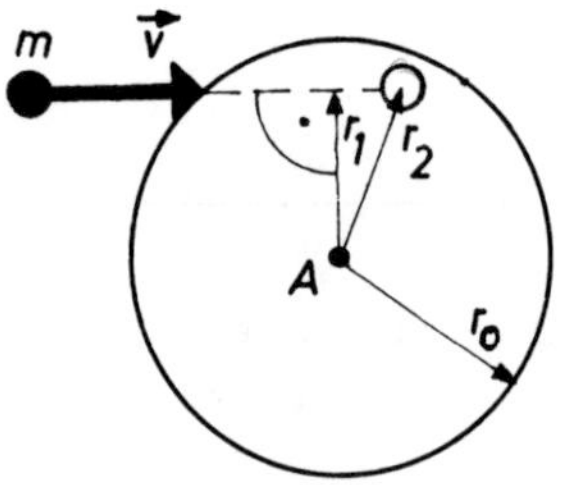

Drehimpulssatz:

$$m_G v r_1 = J_A \omega$$

$$J_A = \frac{m_Z}{2} r_0^2 + m_G r_2^2$$

$$\omega = 2\pi f$$

$$v = \frac{m_Z r_0^2 + 2 m_G r_2^2}{m_G r_1} \pi f = 79 \text{ m/s}$$

1.8.16. Kreisel

Ein Kreisel ist bezüglich des Drehpunktes A im Gleichgewicht mit dem Gegengewicht. Der Kreisel hat die Drehfrequenz f. Wird ein Zusatzgewicht der Masse m in der Entfernung l vom Drehpunkt A angehängt, so stellt sich eine Präzessionsfrequenz f_P ein. $\vec{\omega}_P$ ist nach oben gerichtet.

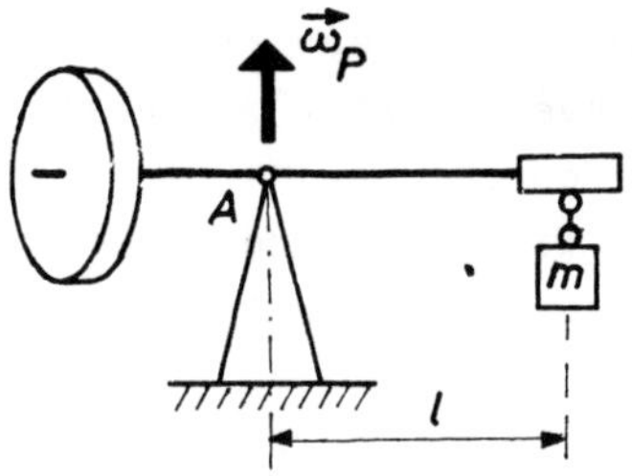

a) Welche Richtung hat der Drehimpulsvektor des Kreisels?

b) Wie groß ist das Trägheitsmoment J_S des Kreisels?

$l = 20{,}0$ cm $\quad f = 200\ s^{-1}$

$f_P = 0{,}100\ s^{-1}$ $\quad m = 50{,}0$ g

Draufsicht:

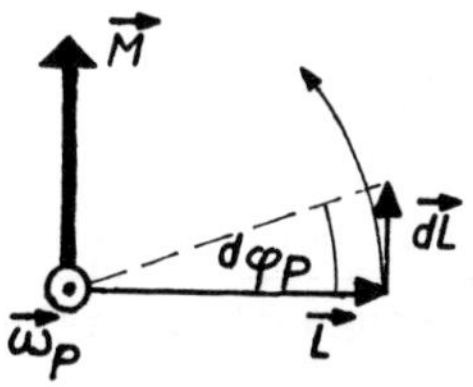

a) $\vec{\omega}_P$ zeigt nach oben. Von oben gesehen (Draufsicht) präzidiert der Kreisel entgegen dem Uhrzeigerdrehsinn (Linksdrehung). Die Rotationsachse und damit auch der Drehimpulsvektor $\vec{L} = J_S\,\vec{\omega}$ führen demnach diese Drehbewegung aus. Der Richtungssinn von $\vec{L}$ ist aber durch die Drehimpulsänderung $d\vec{L}$ festgelegt, die wegen $\vec{M} = d\vec{L}/dt$, also $\vec{M} \sim d\vec{L}$ den Richtungssinn von $\vec{M}$ haben muß. $\vec{M} = \vec{r} \times \vec{F}_G$; $r = l$; $F_G = mg$
<u>$\vec{L}$ zeigt in Richtung der Rotationsachse vom Kreisel zum Punkt A.</u>

b) $\frac{dL}{dt} = M = mgl$ $\qquad dL = L\,d\varphi_P$ $\qquad L = J_S\,\omega$

$\frac{J_S\,\omega\,d\varphi_P}{dt} = mgl$ $\qquad \frac{d\varphi_P}{dt} = \omega_P = 2\pi f_P$ $\qquad \omega = 2\pi f$

$$J_S = \frac{mgl}{4\pi^2 f\,f_P} = 1{,}24\cdot10^{-4}\ kg\cdot m^2$$

1.8.17. Kollergang

Ein Kollergang besteht aus zwei gleichen (zylindrischen) Mahlsteinen, von denen einer (Radius r_0 und Masse m) betrachtet wird. Er rollt in einer horizontalen Ebene auf einem Kreis vom Radius r. Die Winkelgeschwindigkeit um die Kreisbahnachse ist $\vec{\omega}$. Die Achse des Mahlsteines ist an der Kreisbahnachse (Punkt A) gelenkig befestigt.

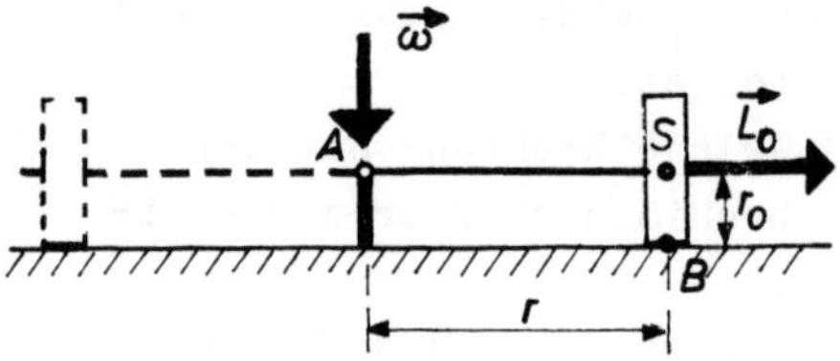

a) Wie groß sind Winkelgeschwindigkeit ω_0 und Drehimpuls L_0 des Mahlsteines bezüglich seiner Zylinderachse A-S ?

b) Welches Drehmoment M ist erforderlich, um die durch den Umlauf des Kollergangs auf der Kreisbahn bedingte Änderung seines Drehimpulsvektors $\vec{L}_0$ hervorzurufen?

c) Welche Auflagekraft F entsteht im Punkt B während des Umlaufs?

$r = 1{,}20$ m $\quad m = 320$ kg $\quad r_0 = 0{,}40$ m $\quad \omega = 6{,}12\ \mathrm{s}^{-1}$

(ω wird durch einen Motor über die vertikale Achse, die durch den Punkt A geht, erzeugt.)

---

a) Bahngeschwindigkeiten in B:

$\omega_0 r_0 = \omega r \qquad \omega_0 = \omega \frac{r}{r_0} = 18{,}4\ \mathrm{s}^{-1}$

$L_0 = J_S\,\omega_0 \qquad (J_S = \frac{1}{2} m r_0^2) \qquad L_0 = \frac{1}{2} m\omega r r_0 = 470\ \mathrm{kg{\cdot}m^2/s}$

b) $M = \frac{dL}{dt} \qquad dL = L_0\,d\varphi$

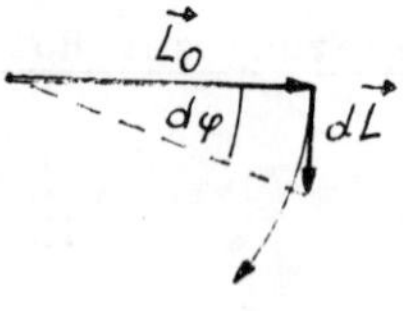

$M = L_0 \frac{d\varphi}{dt} = L_0\,\omega$

$M = \frac{1}{2} m r r_0 \omega^2 = 2{,}88\ \mathrm{kN{\cdot}m}$

c) $M = (F - mg)r$

$F = \frac{M}{r} + mg$

$F = m(\frac{1}{2}\omega^2 r_0 + g) = 5{,}54$ kN

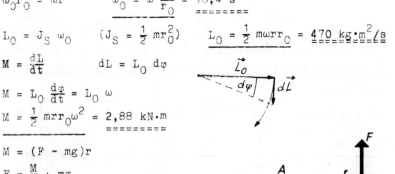

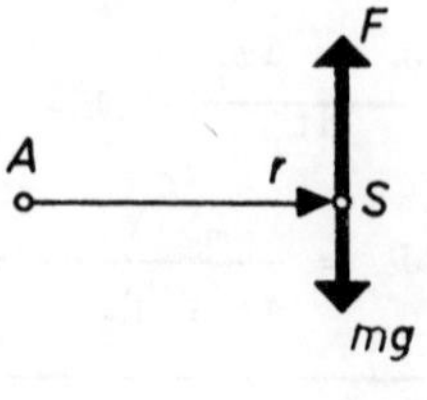

1.8.18. Looping

Motorwelle und Propeller eines einmotorigen Sportflugzeuges stellen einen Kreisel (Trägheitsmoment J_S) dar. Beim Fliegen eines Loopings (Krümmungsradius r) muß der Pilot im Steigflug, bei dem der Propeller die Drehfrequenz f und das Flugzeug die Geschwindigkeit v hat, mit Hilfe des Seitenruders ein Drehmoment erzeugen, damit er in der vertikalen Bahnebene bleibt.

a) Nach welcher Seite muß der Pilot gegensteuern, wenn der Winkelgeschwindigkeitsvektor $\vec{\omega}$ des Propellers in Flugrichtung zeigt?

b) Wie groß ist das erforderliche Drehmoment M, damit das Flugzeug nicht seitlich abgelenkt wird?

$J_S = 4{,}90\ \text{kg}\cdot\text{m}^2$ $\quad f = 2100\ \text{min}^{-1}$ $\quad v = 210\ \text{km/h}$

$r = 180\ \text{m}$

---

a) $\vec{M} = \frac{d\vec{L}}{dt}$; $\vec{M} \sim \vec{L}$

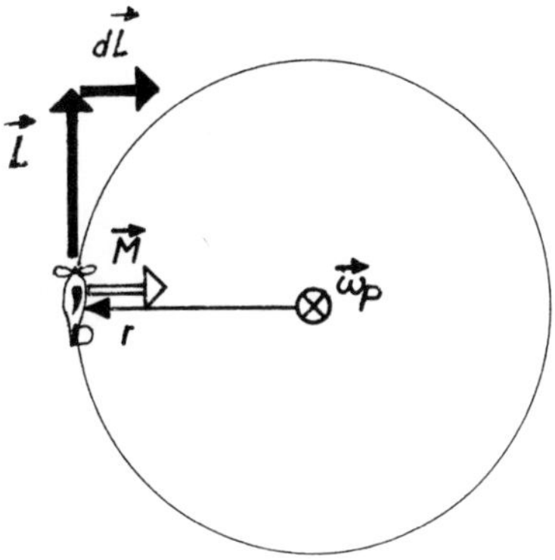

Die Richtung von $\vec{L}$ ist die der Kreisbahntangente. $d\vec{L}$ steht senkrecht darauf (radiale Richtung vom Schwerpunkt des Flugzeuges zum Mittelpunkt der Kreisbahn). Diese Richtung hat auch das vom Piloten zu erzeugende Drehmoment $\vec{M}$ (um die Hochachse des Flugzeuges, die durch den Schwerpunkt geht.

Um $\vec{M}$ zu erzeugen, muß der Pilot nach links steuern.

b) $M = \frac{dL}{dt}$ $\qquad dL = L\, d\varphi_P$

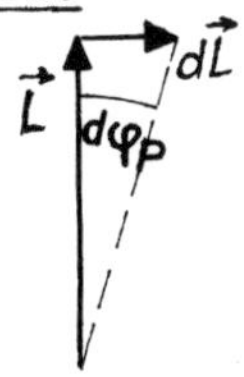

$M = \frac{d\varphi_P}{dt} = L\,\omega_P \qquad L = J_S\omega = J_S(2\pi f);\ v = \omega_P r$

$M = 2\pi J_S f\,\frac{v}{r} = 349\ \text{N}\cdot\text{m}$

1.9.1. Aufzugskabine

In einer Aufzugskabine hängt ein Wägestück der Masse m an einem Federkraftmesser. Dieser zeigt die Kraft F an. Auf welche Beschleunigung a_z (z-Koordinate nach oben) schließt der mitfahrende Beobachter?

$m = 0{,}100$ kg $\quad F = 1{,}19$ N

$F_z = - ma_z - mg \qquad F_z = - F$

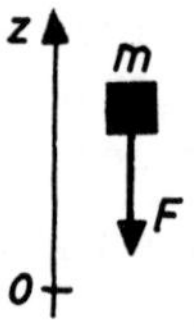

$$a_z = \frac{F}{m} - g = + 2{,}09 \text{ m/s}^2$$

1.9.2. Tender

Bei einer Gefahrenbremsung hat die D-Zug-Lok die Bremsbeschleunigung a.
Um welchen Winkel α gegenüber der Waagerechten würde sich der Wasserspiegel im Tender einstellen, wenn diese Beschleunigung längere Zeit anhielte?

$a = -2{,}4\ m/s^2$

Trägheitskraft:

$$\vec{F}_T = -m\vec{a}$$

$$\tan\alpha = \frac{F_T}{F_G} = \frac{m|a|}{mg}$$

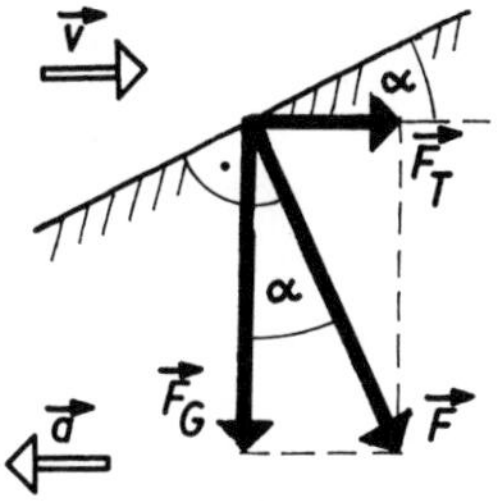

$$\alpha = \arctan\left|\frac{a}{g}\right| = 14^\circ$$

1.9.3. Bleistift

Ein Zug hat die Beschleunigung a. Ein Reisender will diese mit Hilfe einer glatten Fläche (Bucheinband) und eines runden Bleistiftes messen, indem er die Fläche so neigt, daß der horizontal darauf gelegte Bleistift in Ruhe verharrt. Welcher Zusammenhang besteht zwischen Beschleunigung und Neigungswinkel β ? (Skizze anfertigen!)

Trägheitskraft:

$$\vec{F}_T = -m\vec{a}$$

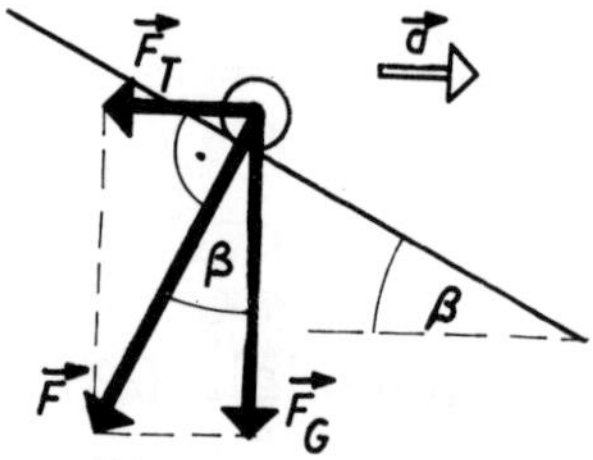

$$\tan\beta = \frac{F_T}{F_G} = \frac{ma}{mg}$$

$$a = g \tan\beta$$

1.9.4. Schwerelosigkeit

Wie groß ist die Kraft F, die auf einen Kosmonauten der Masse m im Inneren eines Raumschiffs wirkt,

a) beim Start mit der Beschleunigung a_1 an der Erdoberfläche,
b) nach Brennschluß der Triebwerke im Abstand r vom Erdmittelpunkt bei radialer Bewegungsrichtung,
c) auf einer Kreisbahn im Abstand r um die Erde,
d) am gravitationsfreien Ort zwischen Erde und Mond bei abgeschalteten Triebwerken,
e) am gleichen Ort, wenn die Triebwerke die Beschleunigung a_2 erzeugen?

Die Vorzeichen der Beschleunigung a des Raumschiffs und der Kraft F werden auf die vom Erdmittelpunkt radial weggerichtete Koordinate r bezogen.

Kraft F auf den Kosmonauten bei beliebigem Bewegungszustand des Raumschiffs im Erdfeld:

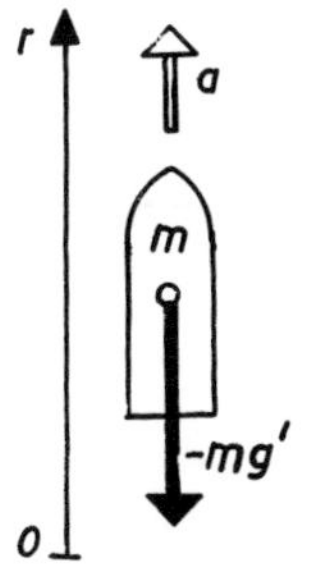

$$F = -mg' - ma$$

g' ist der Betrag der Fallbeschleunigung im Erdfeld bei beliebiger Entfernung r

a) $g' = g$ (normale Fallbeschleunigung); $a = a_1 > 0$

$\Longrightarrow$ $\underline{F = -m(g + a_1)}$

b) Raumschiff im Zustand des freien Falles (senkrechter Wurf nach oben): $a = -g'$

$\Longrightarrow$ $\underline{F = 0}$

c) Raumschiff im Zustand der Kreisbewegung: (Beschleunigung = Radialbeschleunigung = Fallbeschleunigung): $a = a_r = -g'$

$\Longrightarrow$ $\underline{F = 0}$

d) $g' = 0$; $a = 0$

$\Longrightarrow$ $\underline{F = 0}$

e) $g' = 0$; $a = a_2$

$\Longrightarrow$ $\underline{F = -ma_2}$

1.9.5. Kettenkarussell

Bei einem Kettenkarussell bewegen sich die Personen auf einer Kreisbahn mit dem Radius r und der Umlaufzeit T.
Welchen Winkel α bilden die Ketten mit der Vertikalen?

$r = 8{,}2\ \text{m} \qquad T = 6{,}5\ \text{s}$

$$\tan\alpha = \frac{F_Z}{F_G}$$

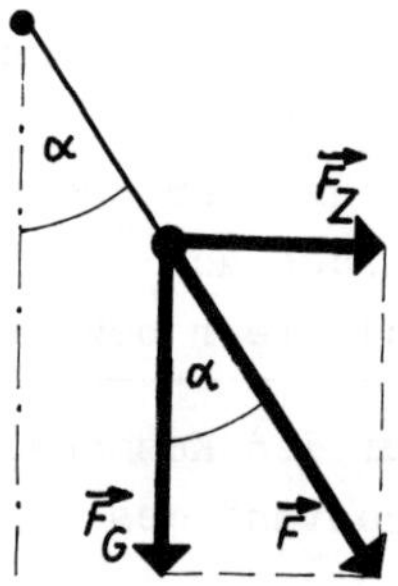

$$F_G = mg$$

$$F_Z = m\omega^2 r$$

$$\omega = \frac{2\pi}{T}$$

$$\alpha = \arctan\frac{4\pi^2 r}{T^2 g} = 38^\circ$$

1.9.6. Zug

Ein Eisenbahnzug (Gesamtmasse m) fährt mit der konstanten Geschwindigkeit v von Norden nach Süden über den nördlichen 60. Breitengrad.
Man bestimme die auf die Schienen wirkende Corioliskraft F_C !

$m = 2{,}0\cdot 10^3$ t $\qquad v = 90$ km/h

$$\vec{F}_C = 2m(\vec{v} \times \vec{\omega})$$

$$F_C = 2mv\omega \sin(180^o - \varphi)$$

$$F_C = 2mv\omega \sin \varphi$$

$$\omega = \frac{2\pi}{T}$$

$$T = d^*$$

$$F_C = \frac{4\pi mv \sin\varphi}{d^*} = 6{,}32 \text{ kN}$$

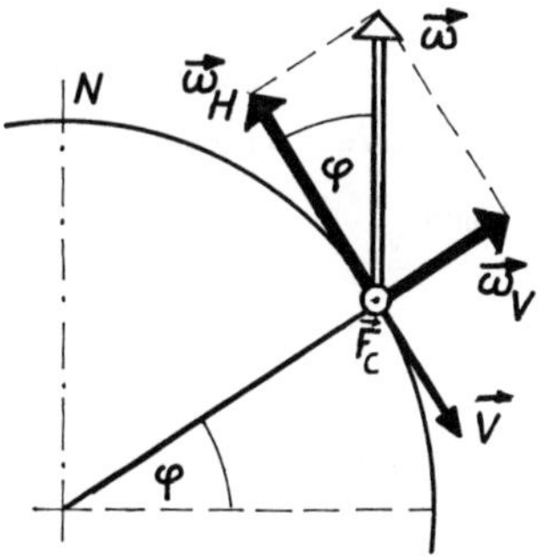

$$\omega_V = \omega \sin \varphi$$

$$(F_C = 2mv\omega_V)$$

(Die Kraft wirkt - in Fahrtrichtung gesehen - nach rechts.)

1.9.7. Zyklone

In der Randzone einer Zyklone tritt bei der geografischen Breite φ eine Windgeschwindigkeit v auf.
Wie groß ist der Krümmungsradius r der Bahn der in der horizontalen Ebene bewegten Luftmassen?

$\varphi = 67^{\circ}$ $v = 68$ km/h

$$F_C = 2m(\vec{v} \times \vec{\omega})$$

Nur die Horizontalkomponente von $\vec{F}_C$ ist gesucht. Deshalb ist allein die Vertikalkomponente von $\vec{\omega}$ von Interesse:

$$F_{CH} = 2mv\omega_v$$

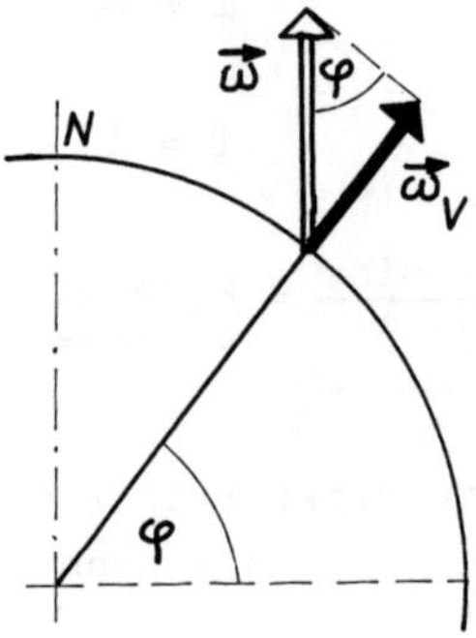

$$\omega_v = \omega \sin \varphi$$

$$\omega = \frac{2\pi}{T}$$

$$T = d^*$$

$$F_{CH} = \frac{4\pi \, mv \sin \varphi}{d^*}$$

Kreisbewegung ($\vec{F}_{CH} \perp \vec{v}$):

$$ma_r = F_{CH}$$

$$m \frac{v^2}{r} = \frac{4\pi \, mv \sin \varphi}{d^*}$$

$$r = \frac{vd^*}{4\pi \sin \varphi} = 140 \text{ km}$$

1.9.8. Fahrgast

Ein Zug durchfährt eine Kurve mit dem Krümmungsradius r.

a) Berechnen Sie den Betrag F_1 der maximalen Trägheitskraft, die auf einen Fahrgast der Masse m wirkt, wenn der Zug mit der konstanten Beschleunigung a_s bis zur Geschwindigkeit v_1 beschleunigt wird!

b) Welchen Winkel α_1 bildet die Trägheitskraft aus Aufgabenteil a) mit der Fahrtrichtung?

c) Welchen Wert F_2 nimmt die Trägheitskraft an, wenn der Zug in der Kurve mit der konstanten Geschwindigkeit v_1 fährt und der Fahrgast mit der Geschwindigkeit u im Zug in Fahrtrichtung geradeaus läuft?

d) Wie groß ist die Trägheitskraft F_3, wenn der Fahrgast mit der Geschwindigkeit u entgegen der Fahrtrichtung geradeaus läuft?

$a_s = 0{,}12\ \mathrm{m/s^2}$

$r = 700\ \mathrm{m}$ $\quad m = 75\ \mathrm{kg}$

$u = 5{,}0\ \mathrm{km/h}$ $\quad v_1 = 60\ \mathrm{km/h}$

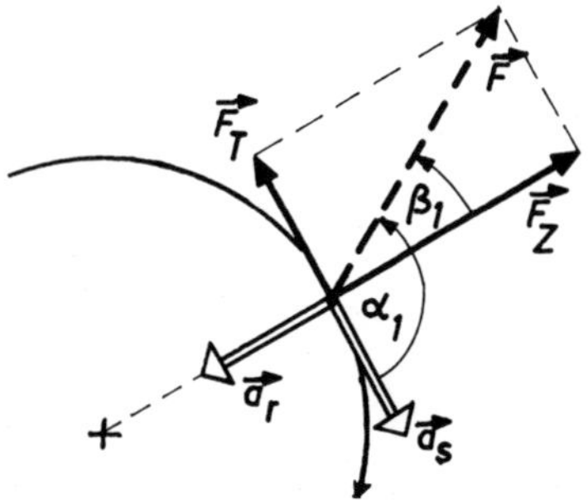

a) $F_1 = \sqrt{F_T^2 + F_Z^2}$

$$F_T = m a_s$$

$$F_Z = m\omega^2 r = m\,\frac{v_1^2}{r}$$

$$\underline{F_1 = m\sqrt{\left(\frac{v_1^2}{r}\right)^2 + a_s^2} = \underline{\underline{31\ \mathrm{N}}}}$$

b) $\alpha_1 = \beta_1 + 90^\circ \qquad \tan\beta_1 = \frac{F_T}{F_Z} = \frac{a_s r}{v_1^2}$

$$\underline{\alpha_1 = \arctan\frac{a_s r}{v_1^2} + 90^\circ = \underline{\underline{107^\circ}}}$$

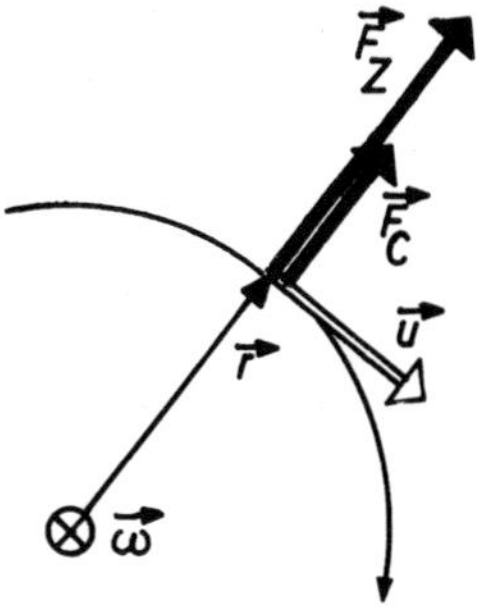

c) $\vec{F}_2 = \vec{F}_Z + \vec{F}_C \qquad \vec{F}_Z = m\vec{\omega} \times (\vec{\omega} \times \vec{r})$

$$\vec{F}_C = 2m(\vec{v} \times \vec{\omega})$$

$$F_2 = F_Z + F_C = m\omega^2 r + 2mu\omega \qquad \omega = \frac{v_1}{r}$$

$$\underline{F_2 = m v_1 (v_1 + 2u)\,\frac{1}{r} = \underline{\underline{35\ \mathrm{N}}}}$$

d) $F_3 = F_Z - F_C$

$$\underline{F_3 = m v_1 (v_1 - 2u)\,\frac{1}{r} = \underline{\underline{25\ \mathrm{N}}}}$$

1.9.9. Freier Fall

Am Äquator läßt man einen Stein aus der Höhe z_0 frei zur Erde fallen.
In welchem Abstand x_1 vom Lot trifft der Stein auf die Erdoberfläche? (Die x-Achse ist in Richtung Osten orientiert.)
$z_0 = 100$ m

---

1. Näherung: Freier Fall

$$F_Z = -mg$$

$$\Longrightarrow \quad v_z = -gt \qquad (v_{z0} = 0)$$

$$z = -\frac{g}{2}t^2 + z_0 \qquad (1)$$

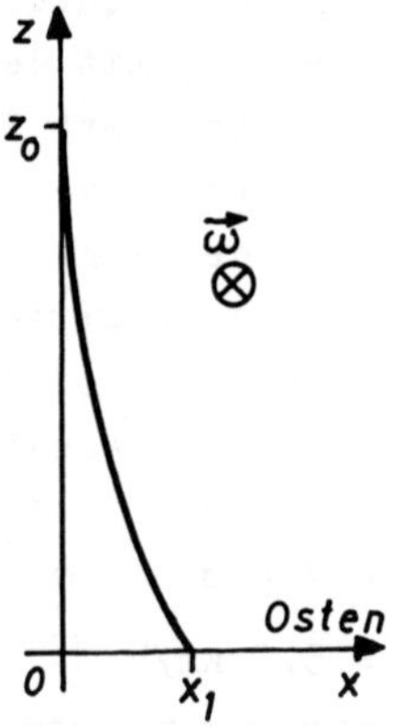

2. Näherung: Corioliskraft

$$\vec{F}_C = 2m(\vec{v} \times \vec{\omega})$$

$$\vec{v} = \begin{pmatrix} 0 \\ 0 \\ v_z \end{pmatrix} \qquad \vec{\omega} = \begin{pmatrix} 0 \\ \omega \\ 0 \end{pmatrix}$$

$$\Longrightarrow \quad F_x = F_C = -2m\omega v_z$$

$$F_x = 2m\omega gt$$

$$\Longrightarrow \quad a_x = 2\omega gt$$

$$v_x = \omega gt^2 \qquad (v_{x0} = 0)$$

$$x = \frac{\omega g}{3}t^3 \qquad (x_0 = 0)$$

Ermittlung der Fallzeit t_1 bis $z = 0$:

$$0 = -\frac{g}{2}t_1^2 + z_0$$

$$t_1 = \sqrt{\frac{2z_0}{g}}$$

Ermittlung der Ortsabweichung $x_1 = x(t_1)$:

$$x_1 = \frac{2}{3}\omega z_0\sqrt{\frac{2z_0}{g}} \qquad \omega = \frac{2\pi}{T} = \frac{2\pi}{d^*}$$

$$x_1 = \frac{4\pi z_0}{3d^*}\sqrt{\frac{2z_0}{g}} = 2{,}2 \text{ cm}$$

1.9.10. Senkrechter Wurf

Ein Stein wird am Äquator senkrecht nach oben geworfen und erreicht die maximale Höhe z_1. In welchem Abstand x_2 vom Lot trifft er wieder auf der Erdoberfläche auf? (Die x-Achse ist in Richtung Osten orientiert.)

$z_1 = 100$ m

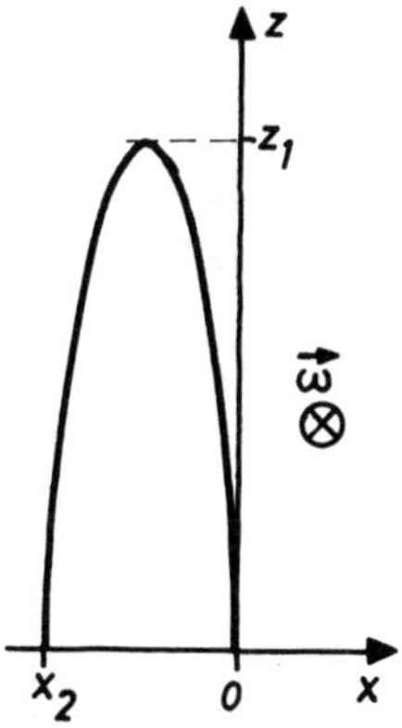

1. Näherung: Senkrechter Wurf

$$F_z = -mg$$

$$\Longrightarrow \quad v_z = -gt + v_{z0}$$

$$z = -\frac{g}{2}t^2 + v_{z0}t \qquad (z_0 = 0)$$

2. Näherung: Corioliskraft

$$\vec{F}_C = 2m(\vec{v} \times \vec{\omega})$$

$$v = \begin{pmatrix} 0 \\ 0 \\ v_z \end{pmatrix} \qquad \omega = \begin{pmatrix} 0 \\ \omega \\ 0 \end{pmatrix}$$

$$F_x = -2m\omega v_z$$

$$F_x = 2m\omega gt - 2m\omega v_{z0}$$

$$\Longrightarrow \quad a_x = 2\omega gt - 2\omega v_{z0}$$

$$v_x = \omega gt^2 - 2\omega v_{z0}t \qquad (v_{x0} = 0)$$

$$x = \frac{\omega g}{3}t^3 - \omega v_{z0}t^2 \qquad (x_0 = 0)$$

Ermittlung der Anfangsgeschwindigkeit v_{z0}:

$$0 = -gt_1 + v_{z0} \qquad \text{(am Ort } z_1 \text{ zur Steigzeit } t_1\text{)}$$

$$z_1 = -\frac{g}{2}t_1^2 + v_{z0}t_1$$

$$\Longrightarrow \quad t_1 = \frac{v_{z0}}{g} \quad \text{und} \quad v_{z0} = \sqrt{2gz_1}$$

Abweichung $x_2 = x(t_2)$ mit der Wurfdauer $t_2 = 2t_1 = \frac{2v_{z0}}{g}$:

$$x_2 = \frac{\omega g}{3}\left(\frac{2v_{z0}}{g}\right)^3 - \omega v_{z0}\left(\frac{2v_{z0}}{g}\right)^2 = -\frac{\omega v_{z0}}{3}\left(\frac{2v_{z0}}{g}\right)^2$$

$$x_2 = -\frac{8}{3}\omega z_1\sqrt{\frac{2z_1}{g}} \qquad \omega = \frac{2\pi}{T} = \frac{2\pi}{d^*}$$

$$\underline{x_2 = -\frac{16\pi z_1}{3d^*}\sqrt{\frac{2z_1}{g}}} = \underline{\underline{-8{,}8\ \text{cm}}} \qquad \text{(Westabweichung)}$$

1.9.11. Meteorit

Ein Körper der Masse m trifft bei der geografischen Breite φ mit der Geschwindigkeit v senkrecht auf die Erdoberfläche auf.

a) Geben Sie die Koordinaten der Zentrifugalkraft $\vec{F}_Z$ und der Corioliskraft $\vec{F}_C$ in einem Koordinatensystem an, dessen x-Achse nach Osten und dessen z-Achse nach oben zeigt!

b) Wie groß sind die Beträge F_Z und F_C, bezogen auf das Gewicht F_G des Körpers?

$\varphi = 53^\circ$ $\quad v = 215$ km/h $\quad m = 10$ kg

---

a) $F_Z = m\omega^2 r$

$$r = r_E \cos\varphi$$

$$\omega = \frac{2\pi}{T} = \frac{2\pi}{d^*}$$

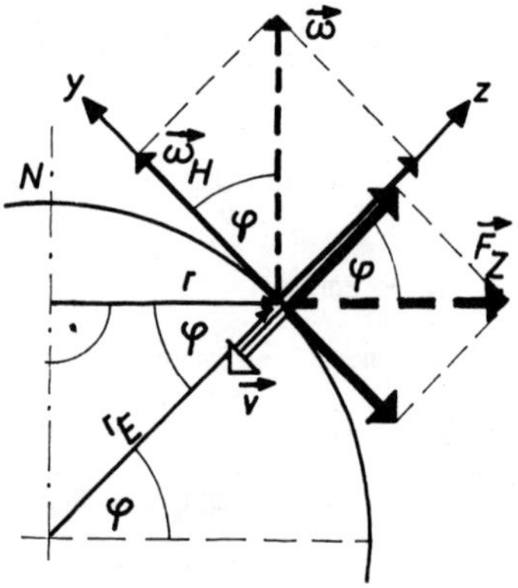

$$F_{Zz} = F_Z \cos\varphi$$

$$F_{Zy} = -F_Z \sin\varphi$$

$$\vec{F}_C = 2m(\vec{v} \times \vec{\omega})$$

$$= 2mv\omega \sin(\varphi + 90^\circ)$$

$$= 2mv\omega \cos\varphi$$

$$\omega_H = \omega \cos\varphi$$

$$F_{Cx} = F_C$$

$$F_{Cx} = \frac{4\pi m}{d^*} v \cos\varphi = 0{,}052 \text{ N}$$

$$F_{Zx} = 0$$

$$F_{Zy} = -\frac{4\pi^2 m}{d^{*2}} r_E \cos\varphi \sin\varphi = -0{,}163 \text{ N}$$

$$F_{Cy} = 0$$

$$F_{Zz} = \frac{4\pi^2 m}{d^{*2}} r_E \cos^2\varphi = 0{,}123 \text{ N}$$

$$F_{Cz} = 0$$

b) $$F_Z = \frac{4\pi^2 m}{d^{*2}} r_E \cos\varphi \qquad \frac{F_Z}{F_G} = \frac{4\pi^2 r_E \cos\varphi}{d^{*2} g} = 2{,}1\ ‰$$

$$F_C = \frac{4\pi}{d^*} mv \cos\varphi \qquad \frac{F_C}{F_G} = \frac{4\pi v \cos\varphi}{d^* g} = 0{,}5\ ‰$$

1.9.12. Foucaultsches Pendel

Ein Fadenpendel (Masse der Pendelkugel m, Pendellänge l) wird um den Winkel β ausgelenkt und dann losgelassen. Der Versuch (Foucaultsches Pendel) findet an einem Ort der geografischen Breite φ statt. Man berechne

a) die Corioliskraft F_C beim Durchgang durch die Ruhelage,

b) den Kümmungsradius r des Bahngrundrisses am Ort der Ruhelage,

c) die Dauer T einer vollen Drehung der Pendelebene in bezug auf die Umgebung!

$l = 14{,}7$ m $\beta = 3{,}8^{\circ}$ $\varphi = 51^{\circ}$ nördl. Br. $m = 24$ kg

---

a) Corioliskraft in horizontaler Richtung:

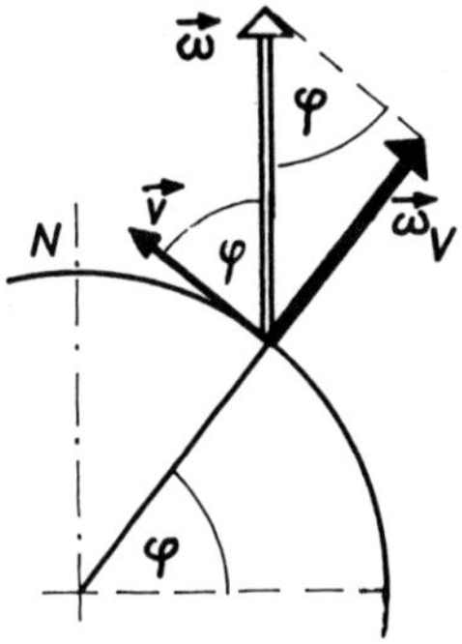

$$\vec{F}_C = 2m(\vec{v} \times \vec{\omega})$$

$$F_C = 2mv\omega \sin \varphi$$

$$(F_C = 2mv\omega_V \;;\; \omega_V = \omega \sin \varphi)$$

$$\omega = \frac{2\pi}{T} = \frac{2\pi}{d^*}$$

Ermittlung von v mit dem Energiesatz:

$$\frac{m}{2} v^2 = mgh$$

$$h = l(1 - \cos \beta)$$

$$v = \sqrt{2gl(1 - \cos \beta)}$$

$$F_C = \frac{4\pi m}{d^*} \sqrt{2gl(1 - \cos \beta)} \sin \varphi$$

$$F_C = 2{,}2 \cdot 10^{-3} \text{ N}$$

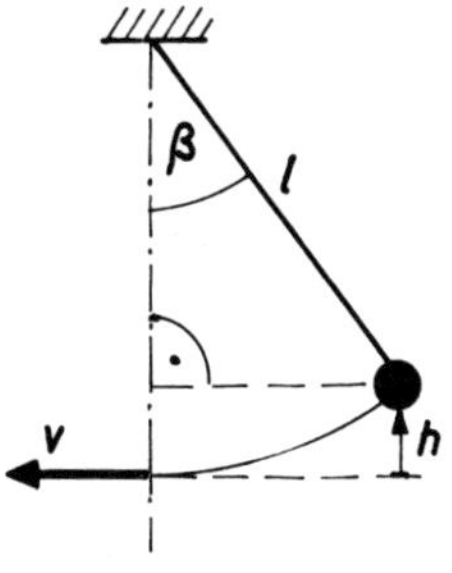

b) $ma_r = F_C$

$$\frac{mv^2}{r} = \frac{4\pi mv}{d^*} \sin \varphi$$

$$r = \frac{d^*}{4\pi \sin \varphi} \sqrt{2gl(1 - \cos \beta)} = 7{,}0 \text{ km}$$

c) $$T = \frac{2\pi}{\omega_V} = \frac{d^*}{\sin\varphi} = 30{,}8 \text{ h}$$

1.10.1. Erddurchmesser

Ein auf der Sonne befindlicher Beobachter würde infolge der Bewegung der Erde eine Verkürzung des Erddurchmessers feststellen.
Wie groß ist diese Verkürzung Δl ?
Bahngeschwindigkeit der Erde: $v = 30$ km/s
Näherungsformel: $\sqrt{1 - x} \approx 1 - \frac{x}{2}$

Längenkontraktion:

$$\Delta x = \Delta x' \sqrt{1 - \left(\frac{u_x}{c}\right)^2}$$

$\Delta x' = 2r_E$ = Durchmesser der Erde im System S' der Erde

$\Delta l = \Delta x' - \Delta x$ = Verkürzung im System S der Sonne

$u_x = v$ = Bahngeschwindigkeit der Erde

$$\Delta x \approx \Delta x'\left[1 - \frac{1}{2}\left(\frac{v}{c}\right)^2\right]$$

$$\underline{\Delta l = r_E\left(\frac{v}{c}\right)^2} = \underline{\underline{6,4 \text{ cm}}}$$

1.10.2. Zwillingsparadoxon

Von den Zwillingen A und B unternimmt B im Alter von $t_0 = 22$ Jahren eine Weltraumreise mit der Geschwindigkeit $v = 0{,}980\ c$ zu einem Stern, der $s = 32$ Lichtjahre von der Erde entfernt ist, währen A auf der Erde zurückbleibt.
Welches Alter t_A und t_B haben die Zwillinge unmittelbar nach der Rückkehr? (Die Beschleunigungsphasen werden nicht berücksichtigt.)

Dauer der Reise für A:

$$\Delta t_A = \frac{2s}{v}$$

$$\underline{t_A = t_0 + \frac{2s}{v}} = \underline{\underline{87\ a}}$$

Dauer der Reise für B:

Längenkontraktion im System S', wo sich B befindet:

$$s' = s\sqrt{1 - \left(\frac{v}{c}\right)^2}$$

$$\Delta t_B = \frac{2s'}{v}$$

$$\underline{t_B = t_0 + \frac{2s}{v}\sqrt{1 - \left(\frac{v}{c}\right)^2}} = \underline{\underline{35\ a}}$$

1.10.3. μ - Meson

Ein ruhendes μ-Meson hat die mittlere Lebensdauer $\tau = 2{,}2\ \mu s$.
Durch die Höhenstrahlung werden in h = 10 km Höhe über der Erdoberfläche μ-Mesonen erzeugt, die die Geschwindigkeit
$v = 0{,}9995\ c$ besitzen.
Kann ein μ-Meson, das nach der mittleren Lebensdauer zerfällt, die Erdoberfläche erreichen?
Beantworten Sie die Frage über zwei verschiedene Lösungswege:

a) Berechnung der mittleren Lebensdauer t des Mesons und des damit zurückgelegten Weges s im System der Erde
b) Berechnung der Entfernung h' des Entstehungsortes von der Erdoberfläche im Systems des Mesons

---

a) Weg des Mesons im Erdsystem:

$s = vt$

Zeitdilatation $\Delta t = \dfrac{\Delta t'}{\sqrt{1 - (\frac{v}{c})^2}}$

$\Delta t'$ = Eigenzeit des Mesons

$\Longrightarrow \quad \Delta t' = \tau$

$\Delta t = t$

$$t = \frac{\tau}{\sqrt{1 - (\frac{v}{c})^2}} = 70\ \mu s$$

$\underline{s} \approx ct = \underline{\underline{21\ km > h}}$

b) Zurückgelegter Weg des Mesons während seiner Lebensdauer:

$s' = v\tau \approx c\tau = 660\ m$

Vergleich mit h':

Längenkontraktion: $\Delta x = \Delta x' \sqrt{1 - (\frac{v}{c})^2}$

$\Delta x'$ = Entfernung im Erdsystem

$\Longrightarrow \quad \Delta x' = h$

$\Delta x = h'$

$$h' = h\sqrt{1 - (\frac{v}{c})^2} = 320\ m$$

$\underline{\underline{s' = 660\ m > h' = 320\ m}}$

1.10.4. Beschleunigung

Auf ein Teilchen der Ruhmasse m_0 wirkt eine konstante Kraft F. Wie groß ist die Beschleunigung a, wenn es die Geschwindigkeit $v = \frac{c}{2}$ erreicht hat?

Bewegungsgleichung bei veränderlicher Masse:

$$\frac{d}{dt}(mv) = F$$

$$m = \frac{m_0}{\sqrt{1 - (\frac{v}{c})^2}}$$

$$m_0 \frac{d}{dt}\left(\frac{v}{\sqrt{1 - (\frac{v}{c})^2}}\right) = F = m_0 a_0$$

$$\frac{d}{dt}\left(\frac{v}{\sqrt{1 - (\frac{v}{c})^2}}\right) = a_0$$

$$\frac{\sqrt{1 - (\frac{v}{c})^2} - v \frac{-\frac{2v}{c^2}}{2\sqrt{1 - (\frac{v}{c})^2}}}{1 - (\frac{v}{c})^2} \cdot \frac{dv}{dt} = a_0$$

$$\frac{1 - (\frac{v}{c})^2 + (\frac{v}{c})^2}{\sqrt{1 - (\frac{v}{c})^2}^{\,3}} \cdot a = a_0$$

$$a = \frac{F}{m_0}\sqrt{1 - (\frac{v}{c})^2}^{\,3} = 0{,}650\ a_0$$

1.10.5. Additionstheorem

Begründung des Additionstheorems der Geschwindigkeiten:
Ein Körper bewegt sich in einem Koordinatensystem, das die Geschwindigkeit u_x besitzt, nach der Ort-Zeit-Funktion $x' = v'_x\, t'$.

a) Welche Ort-Zeit-Funktion x(t) hat er im ruhenden Koordinatensystem, wenn zur Zeit t = 0 die Nullpunkte der Ortskoordinaten beider Systeme zusammenfallen? (Man gehe bei der Lösung von der Lorentztransformation aus!)

b) An welchen Stellen x_1 und x'_1 befindet sich der Körper in beiden Systemen, wenn im ruhenden System die Zeit t_1 vergangen ist?

c) Zu welcher Zeit t'_1 hat der Körper im bewegten System den Ort x'_1 erreicht?

$u_x = 0{,}900\ c \qquad v'_x = 0{,}700\ c \qquad t_1 = 1{,}000\ \mu s$

---

a) Ort des Körpers im System Σ': $x' = v'_x\, t'$

Lorentztransformation ins System S:
(S' gegenüber S mit u_x bewegt)

$$x = \frac{x' + u_x t'}{\sqrt{1 - (\frac{u_x}{c})^2}} \qquad t = \frac{t' + \frac{u_x}{c^2}x'}{\sqrt{1 - (\frac{u_x}{c})^2}}$$

$$x = \frac{(v'_x + u_x)t'}{\sqrt{1 - (\frac{u_x}{c})^2}} \qquad t = \frac{(1 + \frac{u_x v'_x}{c^2})t'}{\sqrt{1 - (\frac{u_x}{c})^2}}$$

$$\Longrightarrow \quad x = \frac{u_x + v'_x}{1 + \frac{u_x v'_x}{c^2}}\, t = 0{,}9816\ ct$$

b) $$x_1 = \frac{u_x + v_x'}{1 + \frac{u_x v_x'}{c^2}} t_1 = \underline{\underline{294{,}3\ \text{m}}}$$

Transformation ins System Σ':

$$x_1' = \frac{x_1 - u_x t_1}{\sqrt{1 - (\frac{u_x}{c})^2}}$$

$$x_1' = \frac{\frac{u_x + v_x'}{1 + \frac{u_x v_x}{c^2}} - u_x}{\sqrt{1 - (\frac{u_x}{c})^2}} t_1$$

$$x_1' = \frac{v_x' \left[1 - (\frac{u_x}{c})^2\right]}{(1 + \frac{u_x v_x'}{c^2}) \sqrt{1 - (\frac{u_x}{c})^2}} t_1$$

$$x_1' = \frac{v_x' \sqrt{1 - (\frac{u_x}{c})^2}}{1 + \frac{u_x v_x'}{c^2}} t_1 = \underline{\underline{56{,}1\ \text{m}}}$$

c) $$x_1' = v_x' \, t_1'$$

$$t_1' = \frac{x_1'}{v_x'}$$

$$t_1' = \frac{\sqrt{1 - (\frac{u_x}{c})^2}}{1 + \frac{u_x v_x'}{c^2}} t_1 = \underline{\underline{0{,}2674\ \mu\text{s}}}$$

1.10.6. Längenkontraktion

Begründung der Längenkontraktion:

Der Nullpunkt eines mit der Geschwindigkeit u_x bewegten Maßstabes befindet sich zur Zeit $t_0 = 0$ im Ursprung $x_0 = 0$ eines ruhenden Koordinatensystems. Das Ende des Maßstabes hat auf diesem selbst die Koordinate x_1'.

a) Zu welchen Zeiten t_0' und t_1' finden zwei Ereignisse im System des Maßstabes statt, die ein Beobachter vom ruhenden System aus am Anfang und am Ende des Maßstabes gleichzeitig zur Zeit $t_0 = 0$ beobachtet?

b) An welcher Stelle x_1 im ruhenden System befindet sich das Ende des Maßstabes zur Zeit $t_0 = 0$?

c) An welcher Stelle x_2' des Maßstabes befindet sich für einen mitbewegten Beobachter der Punkt x_2 des ruhenden Koordinatensystems, wenn der Stabanfang mit dem Koorinatenursprung des ruhenden Systems zusammenfällt?

---

a) Dem Aufgabentext ist zu entnehmen:

$t_0 = 0 \qquad \underline{t_0' = 0} \qquad x_0' = 0 \qquad t_1 = 0 \qquad x_1'$ gegeben

$$t_1 = \frac{t_1' + \frac{u_x}{c^2}x_1'}{\sqrt{1 - (\frac{u_x}{c})^2}} \implies 0 = t_1' + \frac{u_x}{c^2}x_1'$$

$$\underline{t_1' = -\frac{u_x}{c^2}x_1'}$$

b)

$$x_1 = \frac{x_1' + u_x t_1'}{\sqrt{1 - (\frac{u_x}{c})^2}} = \frac{(1 - \frac{u_x^2}{c^2})\,x_1'}{\sqrt{1 - (\frac{u_x}{c})^2}}$$

$$\underline{x_1 = \sqrt{1 - (\frac{u_x}{c})^2}\;x_1'}$$

c) Gegeben: $t_2' = 0$, x_2

$$x_2 = \frac{x_2' + u_x t_2'}{\sqrt{1 - (\frac{u_x}{c})^2}} \qquad \underline{x_2' = x_2\sqrt{1 - (\frac{u_x}{c})^2}}$$

1.10.7. Raumschiff

Zur Zeit t = 0 Uhr Erdzeit passiert ein Raumschiff die Erde mit $v = 0{,}800\ c$. Im Raumschiff werden die Uhren dabei auf $t' = 0$ Uhr gestellt. Zur Zeit $t_1' = 0.45$ Uhr (Raumschiffzeit) erreicht das Raumschiff eine Weltraumstation, die von der Erde den festen Abstand s (in Erdkoordinaten) hat und deren Uhren Erdzeit anzeigen. Beim Passieren der Station sendet das Raumschiff ein Funksignal zur Erde, das von der Erde unverzüglich beantwortet wird.

a) Welche Zeit t_1 zeigen die Uhren der Raumstation beim Passieren des Raumschiffs an?

b) Wie groß ist die Entfernung s der Raumstation von der Erde?

c) Zu welcher Zeit t_2 (Erdzeit) kommt das Funksignal auf der Erde an?

d) Zu welcher Zeit t_3' (Raumschiffzeit) wird im Raumschiff die Antwort der Erde empfangen?

---

a) Ereignis 1: Rendevous Raumschiff - Raumstation

Gegeben: $x_1' = 0$, t_1'

$$t_1 = \frac{t_1' + \frac{v}{c^2} x_1'}{\sqrt{1 - (\frac{v}{c})^2}}$$

$$t_1 = \frac{t_1'}{\sqrt{1 - (\frac{v}{c})^2}} = 1.15 \text{ Uhr}$$

b) Gegeben: $x_1' = 0$, t_1'

$$s = x_1 = \frac{x_1' + vt_1'}{\sqrt{1 - (\frac{v}{c})^2}}$$

$$s = \frac{vt_1'}{\sqrt{1 - (\frac{v}{c})^2}} = 1{,}08 \cdot 10^9 \text{ km}$$

c) Ausbreitung des Funksignals im Erdsystem

$$s = c(t_2 - t_1)$$

$$\Longrightarrow \quad t_2 = t^1 + \frac{s}{c} = \frac{t_1'}{\sqrt{1 - (\frac{v}{c})^2}} + \frac{\frac{v}{c}\, t_1'}{\sqrt{1 - (\frac{v}{c})^2}} = \frac{c + v}{\sqrt{c^2 - v^2}}\, t_1'$$

$$\underline{t_2 = \sqrt{\frac{c + v}{c - v}}\, t_1'} = \underline{\underline{2.15 \text{ Uhr}}}$$

d) Ereignis 2:

Aussendung des Funksignals von der Erde zum Zeitpunkt der Ankunft des Signals vom Raumschiff

Gegeben: t_2, $x_2 = 0$

Umkehrung der Lorentztransformation:

$$t_2' = \frac{t_2 - \frac{v}{c^2}\, x_2}{\sqrt{1 - (\frac{v}{c})^2}} = \frac{t_2}{\sqrt{1 - (\frac{v}{c})^2}}$$

$$x_2' = \frac{x_2 - vt_2}{\sqrt{1 - (\frac{v}{c})^2}} = \frac{- vt_2}{\sqrt{1 - (\frac{v}{c})^2}}$$

Entfernung der Erde im System des Raumschiffs:

$$s' = \frac{vt_2}{\sqrt{1 - (\frac{v}{c})^2}}$$

Ausbreitung des Funksignals im Raumschiffsystem:

$$s' = c(t_3' - t_2')$$

$$\Longrightarrow \quad t_3' = t_2' + \frac{s'}{c} = \frac{t_2}{\sqrt{1 - (\frac{v}{c})^2}} + \frac{\frac{v}{c}\, t_2}{\sqrt{1 - (\frac{v}{c})^2}} = \sqrt{\frac{c + v}{c - v}}\, t_2$$

$$\underline{t_3' = \frac{c + v}{c - v}\, t_1'} = \underline{\underline{6.45 \text{ Uhr}}}$$

1.10.8. Dopplereffekt

Dopplereffekt beim Licht:

Ein an einem Beobachter mit der Geschwindigkeit v vorbeifliegendes Atom emittiert Licht. In dem Inertialsystem Σ', in dem das Atom bei $x' = 0$ ruht, hat die Frequenz des Lichts den Wert f_0. Der Beobachter ruht im Inertialsystem Σ bei $x = 0$. Die Begegnung findet zur Zeit $t' = t = 0$ statt. Es sei angenommen, daß sich im Augenblick der Begegnung das strahlende Atom gerade in einem Schwingungsmaximum befindet.

a) Zu welchen Zeiten t_1' bzw. t_1 und an welchen Orten x_1' bzw. x_1 wird in beiden Systemen das nächste Schwingungsmaximum festgestellt?

b) Zu welcher Zeit $\bar{t}_1$ trifft der Wellenberg, der von diesem Schwingungsmaximum ausgeht, beim Beobachter ein?

c) Welche Frequenz f des Lichts stellt der Beobachter in seinem System Σ fest, wenn sich das Atom von ihm entfernt?

d) Wiederholen Sie die Überlegungen für das letzte Schwingungsmaximum vor der Begegnung! Welche Frequenz des Lichts stellt demnach der Beobachter fest, wenn sich das Atom ihm nähert?

---

a) Ereignis 1: Nächstes Schwingungsmaximum

System des Atoms: $\qquad x_1' = 0 \qquad\qquad t_1' = \frac{1}{f_0}$

System des Beobachters (Lorentztransformation):

$$x_1 = \frac{x_1' + vt_1'}{\sqrt{1 - (\frac{v}{c})^2}} = \frac{v}{f_0\sqrt{1 - (\frac{v}{c})^2}}$$

$$t_1 = \frac{t_1' + \frac{v}{c^2}\, x_1'}{\sqrt{1 - (\frac{v}{c})^2}} = \frac{1}{f_0\sqrt{1 - (\frac{v}{c})^2}}$$

b) Ausbreitung im System des Beobachters:

$$\bar{t}_1 = t_1 + \frac{|x_1|}{c} = \frac{1}{f_0\sqrt{1 - (\frac{v}{c})^2}}\left(1 + \frac{v}{c}\right) = \frac{1}{f_0}\sqrt{\frac{c + v}{c - v}}$$

c) $f = \frac{1}{|\bar{t}_1|} = \underline{f_0\sqrt{\frac{c - v}{c + v}}} < f_0$

d) Ereignis 2: Vorausgegangenes Schwingungsmaximum

$x_2' = 0$

$t_2' = - t_1'$

$\Longrightarrow \quad x_2 = - x_1$

$t_2 = - t_1$

$$\bar{t}_2 = t_2 + \frac{|\bar{x}_2|}{c} = - t_1 + \frac{|x_1|}{c}$$

$$\bar{t}_2 = - \frac{1}{f_0\sqrt{1 - (\frac{v}{c})^2}}(1 - \frac{v}{c})$$

$$\bar{t}_2 = - \frac{1}{f_0}\sqrt{\frac{c - v}{c + v}}$$

$$f = \frac{1}{|\bar{t}_2|} = \underline{f_0\sqrt{\frac{c + v}{c - v}}} > f_0$$

1.10.9. Geschwindigkeit einer Ladung

Ein Teilchen der Ladung Q und der Ruhmasse m_0 wird in einem konstanten elektrischen Feld der Feldstärke E_x beschleunigt. Wie groß ist die Geschwindigkeit v_{x1} des Teilchens nach der Zeit t_1, wenn es zur Zeit $t_0 = 0$ in Ruhe war? Rechnen Sie

a) klassisch und

b) relativistisch!

---

a) $m_0 a_x = F_x \quad \text{mit } F_x = QE_x$

$$a_x = \frac{Q}{m_0} E_x$$

$$v_{x1} = \int_0^{t_1} a_x \, dt = \underline{\frac{Q}{m_0} E_x t_1}$$

b) $\frac{d}{dt}(mv_x) = F_x \qquad \text{mit} \qquad m = \frac{m_0}{\sqrt{1 - (\frac{v_x}{c})^2}}$

$$\frac{d}{dt}\left(\frac{m_0 v_x}{\sqrt{1 - (\frac{v_x}{c})^2}}\right) = QE_x$$

$$\int_0^{v_{x1}} d\left(\frac{v_x}{\sqrt{1 - (\frac{v_x}{c})^2}}\right) = \frac{Q}{m_0} E_x \int_0^{t_1} dt$$

$$\frac{v_{x1}}{\sqrt{1 - (\frac{v_{x1}}{c})^2}} = \frac{Q}{m_0} E_x t_1$$

$$v_{x1}^2 = \left[1 - \left(\frac{v_{x1}}{c}\right)^2\right]\left(\frac{Q}{m_0} E_x t_1\right)^2$$

$$v_{x1}^2 = \left[1 + \left(\frac{QE_x t_1}{m_0 c}\right)^2\right] = \left(\frac{QE_x t_1}{m_0}\right)^2$$

$$\underline{v_{x1} = \frac{Q}{m_0} E_x t_1 \frac{1}{\sqrt{1 + \left(\frac{QE_x t_1}{m_0 c}\right)^2}}}$$

1.10.10. Elektronenmikroskop

Ein Elektron ist in einem Elektronenmikroskop mit der Spannung U zwischen Katode und Anode beschleunigt worden und durchläuft hinter der letzten Linse bis zum Leuchtschirm die Strecke l mit konstanter Geschwindigkeit.

a) Welche Zeit t braucht das Elektron zum Durchlaufen der Strecke l?

b) Wie groß ist die Entfernung l' zwischen Linse und Leuchtschirm in einem Inertialsystem, in dem das Elektron ruht ?

$U = 150\ \text{kV} \qquad l = 30{,}0\ \text{cm}$

---

a) Laufzeit

$$t = \frac{l}{v}$$

Ermittlung von v aus dem Energiesatz:

$$E = eU + E_0 \qquad \text{mit } E = m\,c^2 \text{ und } E_0 = m_e c^2$$

$$\frac{m_e}{\sqrt{1 - (\frac{v}{c})^2}}\, c^2 = eU + m_e c^2$$

$$1 - (\frac{v}{c})^2 = \left(\frac{m_e c^2}{eU + m_e c^2}\right)^2 \qquad (*)$$

$$v = c\sqrt{1 - \frac{1}{(1 + \frac{eU}{m_e c^2})^2}}$$

$$t = \frac{l}{c\sqrt{1 - \frac{1}{(1 + \frac{eU}{m_e c^2})^2}}} = 1{,}58\ \text{ns}$$

b) Längenkontraktion:

$$l' = l\sqrt{1 - (\frac{v}{c})^2} = \text{ergibt mit } (*)$$

$$l' = l\,\frac{m_e c^2}{eU + m_e c^2} = \frac{l}{1 + \frac{eU}{m_e c^2}} = 0{,}773\ l = 23{,}2\ \text{cm}$$

1.10.11. Relativistische Masse

In einem Beschleuniger werden Elementarteilchen auf die Geschwindigkeit $v = \frac{3}{4}\,c$ gebracht. Um wieviel Prozent vergrößert sich ihre Masse?

$$\frac{\Delta m}{m_0} = \frac{m - m_0}{m_0} = \frac{m}{m_0} - 1$$

$$\text{mit} \qquad m = \frac{m_0}{\sqrt{1 - \left(\frac{v}{c}\right)^2}}$$

$$\frac{\Delta m}{m_0} = \frac{1}{\sqrt{1 - \left(\frac{v}{c}\right)^2}} - 1 = 51\ \%$$

1.10.12. Impuls

Ein Elektron hat den Impuls p.

a) Wie groß ist seine Gesamtenergie E ?

b) Wie groß ist seine kinetische Energie E_k ?

$p = 1{,}58 \cdot 10^{-22}$ kg·m/s

---

a) $E = c\sqrt{(m_e c)^2 + p^2} = 9{,}46 \cdot 10^{-14}$ J

(590 keV)

b) $E_k = E - m_e c^2 = 1{,}27 \cdot 10^{-14}$ J

(79 keV)

1.11.1. Skilift

Welche Leistung P muß ein Skilift aufbringen, um N Personen der mittleren Masse m an einem Hang vom Neigungswinkel α mit der Geschwindigkeit v hinaufzuschleppen (Gleitreibungszahl μ)?

$N = 30$ $m = 75$ kg $\alpha = 14^{\circ}$ $\mu = 0{,}08$ $v = 1{,}2$ m/s

---

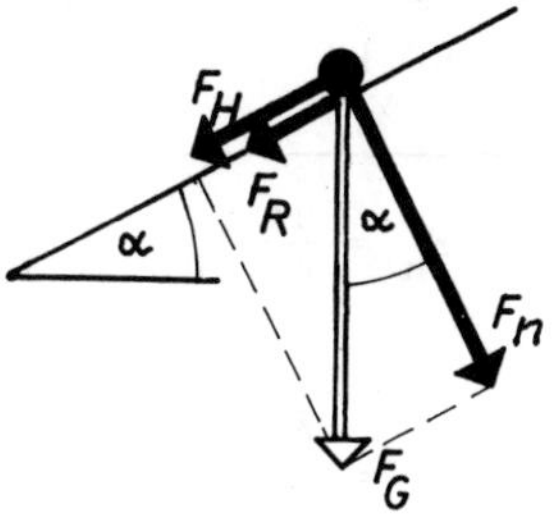

$P = Fv$

$P = (F_H + F_R)v$

$$F_H = F_G \sin\alpha$$

$$F_R = \mu F_n = \mu F_G \cos\alpha$$

$$F_G = Nmg$$

$P = Nmgv(\sin\alpha + \mu\cos\alpha) = 8{,}5$ kW

1.11.2. Einachsanhänger

Um einen Einachsanhänger der Masse m auf ebener Straße mit der konstanten Geschwindigkeit v_0 zu ziehen, ist die Leistung P erforderlich. Der Durchmesser der Räder ist d. (Die Reibung in den Radlagern und der Luftwiderstand sollen unberücksichtigt bleiben.) Berechnen Sie den Koeffizienten μ' der Rollreibung!

$m = 250$ kg $\quad v_0 = 40$ km/h $\quad P = 1{,}0$ kW $\quad d = 0{,}60$ m

---

$$F_R = \frac{\mu'}{r} F_n$$

(Bemerkung: Für ein einzelnes Rad wären sowohl F_n als auch F_R zu halbieren.)

$$\mu' = \frac{F_R}{F_n} r$$

$$r = \frac{d}{2}$$

$$F_n = mg$$

Ermittlung von F_R:

$$P = F_R v_0$$

$$F_R = \frac{P}{v_0}$$

$$\underline{\mu' = \frac{Pd}{2\,mgv_0}} = 11 \text{ mm}$$

=====

1.11.3. Reibungszahl

Ein Körper legt infolge eines Stoßes auf einer rauhen Fläche die Strecke s_1 in der Zeit t_1 zurück und steht dann still. Wie groß ist die Reibungszahl μ ?

$s_1 = 24{,}5\ \text{m}$ $\qquad t_1 = 5{,}0\ \text{s}$

Änderung der kinetischen Energie durch Reibungsarbeit:

$$\Delta E_k = W'$$

$$-\frac{m}{2} v_0^2 = -F_R s_1$$

$$F_R = \mu F_n = \mu mg$$

$$\Longrightarrow \quad \mu = \frac{v_0^2}{2gs_1}$$

Ermittlung von v_0:

Kraftstoß = Impulsänderung

$$-F_R(t_1 - t_0) = m(v_1 - v_0)$$

$$t_0 = 0,\ v_1 = 0$$

$$-\mu mgt_1 = -mv_0$$

$$v_0 = \mu gt_1$$

$$\underline{\mu = \frac{2s_1}{gt_1^2}} = \underline{\underline{0{,}20}}$$

1.11.4. Münze

Ein zylindrischer Topf (Radius r) ist mit einem Blatt Papier bedeckt, das auf einer Seite mit dem Topfrand abschließt. Über der Topfmitte liegt darauf eine Münze.
Mit welcher konstanten Geschwindigkeit v_0 muß man das Papier wegziehen, damit die Münze (Durchmesser vernachlässigen) gerade noch in den Topf fällt? Die Gleitreibungszahl ist μ.

$\mu = 0{,}15 \qquad r = 15$ cm

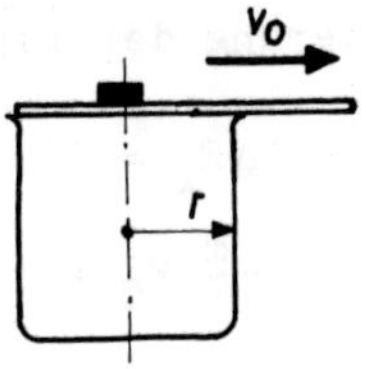

Ort-Zeit-Funktion für die Bewegung des linken Papierrandes:

$$s_1 = 2r = v_0 t_1$$

$$v_0 = \frac{2r}{t_1}$$

t_1 wird durch die Bewegung der Münze bis zum Topfrand festgelegt.
Bewegungsgleichung:

$$ma = F_R = \mu F_n = \mu mg = \text{const}$$

$$a = \mu g$$

$$\Longrightarrow \quad s_2 = r = \frac{a}{2} t_1^2 = \frac{\mu g}{2} t_1^2$$

$$t_1 = \sqrt{\frac{2r}{\mu g}}$$

$$v_0 = 2r \sqrt{\frac{\mu g}{2r}}$$

$$v_0 = \sqrt{2\mu g r} = 66 \text{ cm/s}$$

1.11.5. Traktor

Ein Traktor zieht eine glatte Steinplatte der Masse m auf einer horizontalen Ebene die Strecke s entlang. Gleitreibungszahl μ.

a) Welchen Winkel α_0 muß das Zugseil mit der Ebene bilden, damit die Seilkraft möglichst gering wird?

b) Welche Arbeit W verrichtet der Traktor auf dem gesamten Weg?

$m = 3000$ kg $\quad s = 300$ m $\quad \mu = 0,6$

---

a) $F_s = F_R$

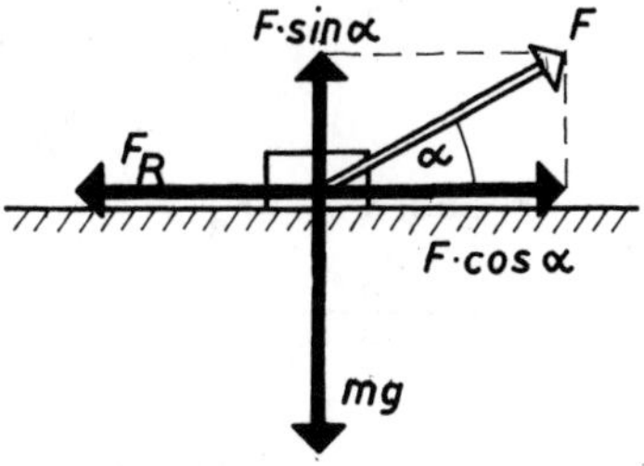

$$F_s = F \cos \alpha$$
$$F_R = \mu F_n$$
$$F_n = mg - F \sin \alpha$$

$$F \cos \alpha = \mu(mg - F \sin \alpha)$$

$$F(\alpha) = \frac{\mu mg}{\cos \alpha + \mu \sin \alpha} \qquad (*)$$

$\frac{dF}{d\alpha}(\alpha_0) = 0$; nur Nenner ableiten:

$$\frac{d}{d\alpha}(\cos \alpha + \mu \sin \alpha) = -\sin \alpha + \mu \cos \alpha$$

$$-\sin \alpha_0 + \mu \cos \alpha_0 = 0$$

$$\tan \alpha_0 = \mu \qquad \alpha_0 = 31^\circ$$

b) $W = Fs \cos \alpha_0$ mit F aus (*)

$$W = \frac{\mu mgs \cos \alpha_0}{\cos \alpha_0 + \mu \sin \alpha_0} = \frac{\mu mgs}{1 + \mu \tan \alpha_0}$$

$$W = \frac{\mu mgs}{1 + \mu^2} = 3,9 \text{ MJ}$$

1.11.6. Bohnerbürste

Bei der Bewegung einer Bohnerbürste der Masse m bildet der Stiel mit dem Fußboden den Winkel α. Die Gleitreibungszahl ist μ.

Mit welcher Normalkraft F_n wird die Bohnerbürste auf den Fußboden gedrückt, wenn

a) am Stiel gezogen wird,

b) am Siel geschoben wird?

$m = 3{,}0$ kg $\qquad \alpha = 30^{\circ}$ $\qquad \mu = 0{,}15$

$$F_s = F_R$$

$$F_s = F \cos \alpha$$

$$F_R = \mu F_n$$

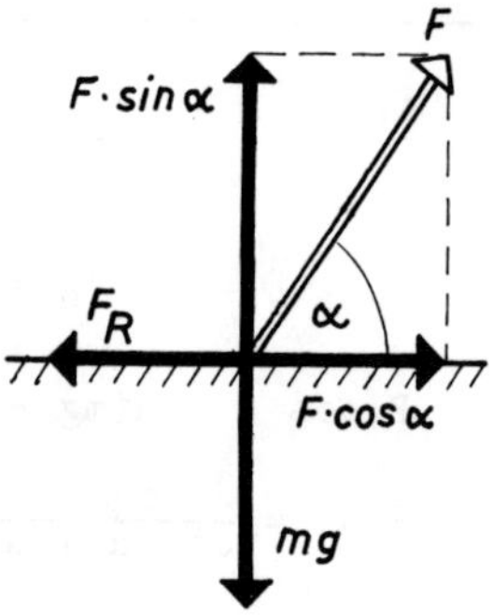

$$F \cos \alpha = \mu F_n$$

$$F = \frac{\mu F_n}{\cos \alpha}$$

a) $F_n = mg - F \sin \alpha$

$$F_n = mg - \mu \tan \alpha \, F_n$$

$$\underline{F_n = \frac{mg}{1 + \mu \tan \alpha}} = \underline{\underline{27 \text{ N}}}$$

b) $F_n = mg + F \sin \alpha$

$$F_n = mg + \mu \tan \alpha \, F_n$$

$$\underline{F_n = \frac{mg}{1 - \mu \tan \alpha}} = \underline{\underline{32 \text{ N}}}$$

1.11.7. Kurvenfahrt

Ein PKW durchfährt eine Kurve (Krümmungsradius r) mit der Geschwindigkeit v.

a) Die Kurve sei nicht überhöht. Wie groß muß die Haftreibungszahl μ_0 mindestens sein, damit das Fahrzeug nicht ins Rutschen kommt?

b) Um welchen Winkel α gegenüber der Horizontalen muß die Straße überhöht werden, damit bei vorgegebener Geschwindigkeit die Resultierende der Kräfte enkrecht auf der Fahrbahn steht?

$r = 240$ m $\qquad v = 72$ km/h

---

a)

$$ma_r \leq F_R$$

$$m\frac{v^2}{r} \leq \mu_0 mg$$

$$\underline{\mu_0 \geq \frac{v^2}{gr}} = \underline{\underline{0,17}}$$

b) Mitbewegter Beobachter:

$$\tan\alpha = \frac{F_Z}{mg} \qquad F_Z = \frac{mv^2}{r}$$

$$\underline{\tan\alpha = \frac{v^2}{gr}}$$

$$\underline{\underline{\alpha = 9,6^\circ}}$$

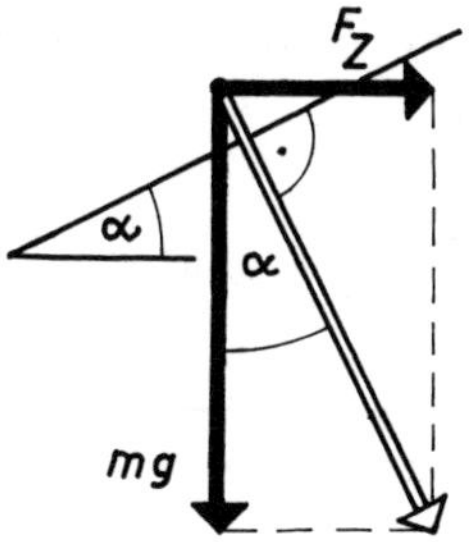

1.11.8. PKW

Welche größte Steigung (Steigungswinkel α) kann ein PKW mit konstanter Geschwindigkeit überwinden, wenn

a) die Hinterachse,

b) die Vorderachse

angetrieben wird und die Haftreibungszahl μ_0 gegeben ist? Der Achsabstand ist l. Der Schwerpunkt befindet sich in der Mitte zwischen den beiden Achsen in der Höhe h über der Fahrbahn.

$h = 0{,}70$ m $\quad l = 2{,}20$ m $\quad \mu_0 = 0{,}40$

Kräftegleichgewicht:

$$F_A + F_B = mg \cos \alpha$$

$$F_R = mg \sin \alpha$$

Momentengleichgewicht (bezogen auf Punkt A):

$$F_B l + mg(\sin \alpha)h = mg(\cos \alpha)\,\frac{l}{2}$$

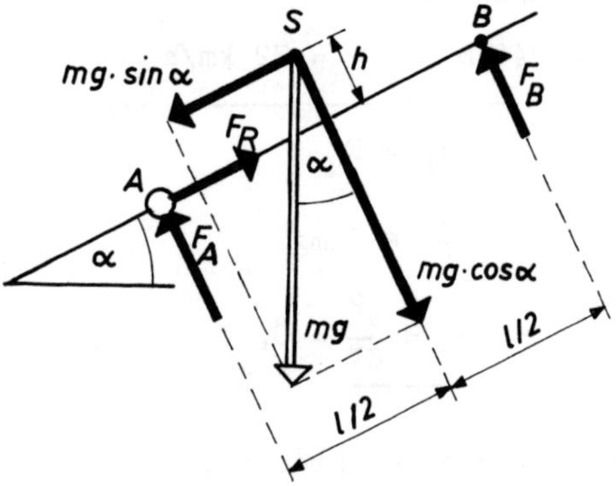

$$\Longrightarrow \quad F_B = mg\left(\frac{1}{2}\cos \alpha - \frac{h}{l}\sin \alpha\right)$$

$$F_A = mg \cos \alpha - F_B = mg\left(\frac{1}{2}\cos \alpha + \frac{h}{l}\sin \alpha\right)$$

a) $F_R = \mu_0 F_A$

$$\sin \alpha = \mu_0\left(\frac{1}{2}\cos \alpha + \frac{h}{l}\sin \alpha\right)$$

$$\tan \alpha = \frac{\mu_0}{2\left(1 - \mu_0 \frac{h}{l}\right)} \qquad \alpha = 13^\circ$$

b) $F_R = \mu_0 F_B$

$$\sin \alpha = \mu_0\left(\frac{1}{2}\cos \alpha - \frac{h}{l}\sin \alpha\right)$$

$$\tan \alpha = \frac{\mu_0}{2\left(1 + \mu_0 \frac{h}{l}\right)} \qquad \alpha = 10^\circ$$

1.11.9. Rollreibung

Eine Kugel (Radius r_1) wird am oberen Ende einer geneigten Ebene (Neigungswinkel α, Länge l) freigelassen und rollt, nachdem sie das untere Ende erreicht hat, auf einer horizontalen Ebene aus.

a) Welche Strecke s_1 legt sie auf der horizontalen Ebene noch zurück, wenn der Rollreibungskoeffizient auf ihrem gesamten Weg den gleichen Wert μ' hat?

b) Welche Strecke s_2 legt eine Kugel vom doppelten Radius $r_2 = 2r_1$ zurück?

$\alpha = 30^\circ$ $\mu' = 8{,}0 \cdot 10^{-4}$ m $r_1 = 10$ mm $l = 1{,}00$ m

---

a) Pot. Energie wird Reibungsarbeit:

$$mgh = \frac{\mu'}{r} F_n l + \frac{\mu'}{r} mgs$$

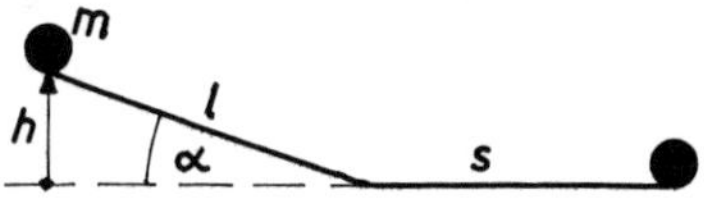

$$h = l \sin \alpha$$

$$F_n = mg \cos \alpha$$

$$\Longrightarrow \quad l \sin \alpha = \frac{\mu'}{r} l \cos \alpha + \frac{\mu'}{r} s$$

$$s = l\left(\frac{r}{\mu'} \sin \alpha - \cos \alpha\right)$$

$$s_1 = s(r_1) = 5{,}4 \text{ m}$$

b) $$s_2 = s(r_2) = 11{,}6 \text{ m}$$

1.11.10. Seilkräfte

Gegeben sind drei Körper mit den Massen m_1, m_2 und m_3, die durch ein masseloses Seil miteinander verbunden sind. Der Neigungswinkel der Ebene ist α. Die Umlenkrollen für das Seil haben den Radius r und das Trägheitsmoment J. Für die Reibung zwischen den Körpern und der Unterlage sind die Haftreibungszahl μ_0 und die Gleitreibungszahl μ bekannt.

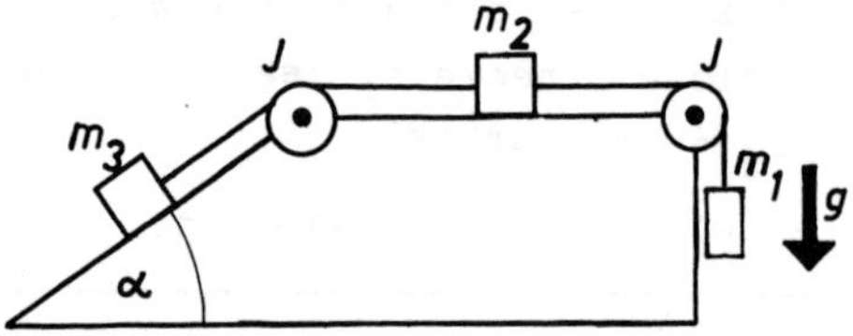

a) Kommen die Körper aus dem Zustand der Ruhe von selbst ins Gleiten?

b) Wie groß ist die Beschleunigung a im Zustand des Gleitens?

c) Wie groß sind die Seilkräfte F_{12} am Körper 1, F_{21} und F_{23} am Körper 2 und F_{32} am Körper 3 im Zustand des Gleitens?

$\mu_0 = 0{,}205$ $\quad \mu = 0{,}100$
$v_0 = 20$ cm/s $\quad m_1 = 250$ g
$m_2 = 250$ g $\quad m_3 = 300$ g
$J = 200\ \text{g}\cdot\text{cm}^2$ $\quad r = 2{,}0$ cm
$\alpha = 30^0$

---

a) Resultierende Zugkraft:

$$F = m_1 g - m_3 g \sin\alpha = 0{,}98\ \text{N}$$

Zu überwindende (maximale) Haftreibungskraft:

$$F_R = \mu_0(m_2 + m_3 \cos\alpha)g = 1{,}03\ \text{N}$$

Kein Gleiten, da $F < F_R$

---

b) Bewegungsgleichung für das Gesamtsystem:

$$(m_1 + m_2 + m_3 + 2m^*)a = m_1 g - m_3 g \sin\alpha - \mu m_2 g - \mu m_3 \cos\alpha$$

Hierbei ist m^* eine Punktmasse, die die Trägheit einer Rolle ersetzt:

$$J = m^* r^2$$

$$m^* = \frac{J}{r^2}$$

$$a = \frac{m_1 - \mu m_2 - (\sin\alpha + \mu\cos\alpha)m_3}{m_1 + m_2 + m_3 + \frac{2J}{r^2}}\, g = 0{,}53\ \mathrm{m/s^2}$$

c)

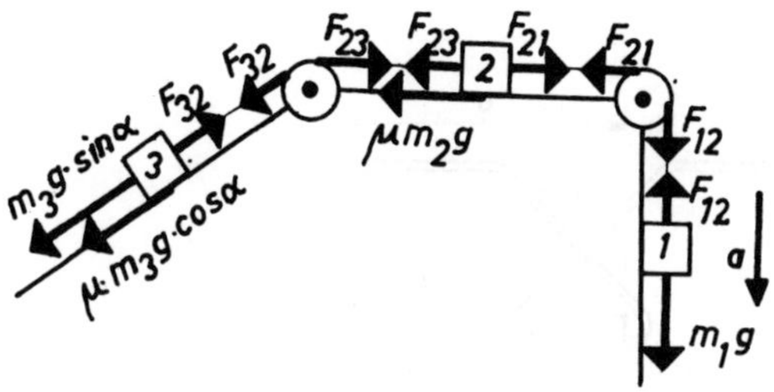

Bewegungsgleichungen für

$\underline{m_1}$: $m_1 a = m_1 g - F_{12}$

Rolle 1: $m^* a = F_{12} - F_{21}$

$\underline{m_2}$: $m_2 a = F_{21} - F_{23} - \mu m_2 g$

Rolle 2: $m^* a = F_{23} - F_{32}$

$\Longrightarrow$ $F_{12} = m_1(g - a) = 2{,}32\ \mathrm{N}$

$F_{21} = F_{12} - \frac{J}{r^2} a = 2{,}29\ \mathrm{N}$

$F_{23} = F_{21} - m_2(a + \mu g) = 1{,}91\ \mathrm{N}$

$F_{32} = F_{23} - \frac{J}{r^2} a = 1{,}88\ \mathrm{N}$

1.11.11. Greifzange

Zum Transportieren von großen Steinen wird eine Greifzange verwendet (siehe Skizze).
Wie groß muß das Verhältnis a:h mindestens sein, damit der Stein nicht herausrutscht? Haftreibungszahl ist 0,6.

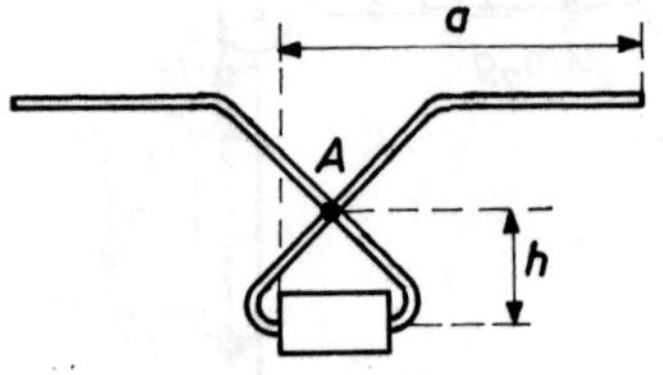

Momentengleichgewicht (bezogen auf Punkt A):

$$F_R(a - x) + F_R x = F_n h$$

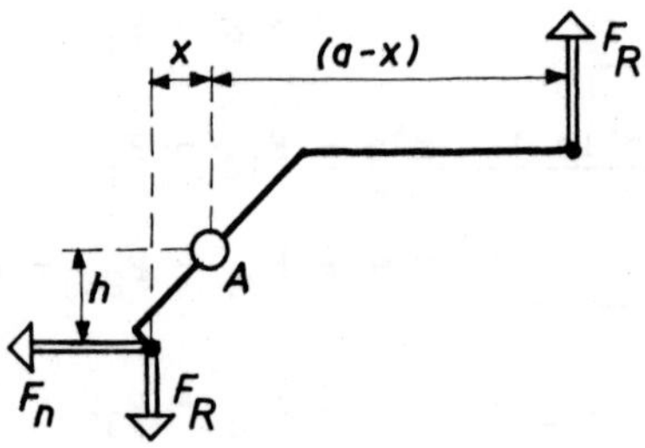

Maximale Reibungskraft:

$$F_R = \mu_0 F_n$$

$$\Longrightarrow \quad \underline{\frac{a}{h} = \frac{1}{\mu_0}} = \underline{\underline{1{,}67}}$$

1.11.12. Schraubzwinge

Auf die bewegliche Backe einer selbsthemmenden Schraubzwinge wirken die in der Skizze dargestellten Kräfte. Durch (nicht dargestellte) Haftreibungskräfte in den Punkten A und B wird das Öffnen der Zwinge verhindert.
Wie groß muß die Haftreibungszahl μ_0 mindestens sein, damit die Zwinge funktionstüchtig ist?

$s = 80$ mm $b = 20$ mm

$h = 12$ mm

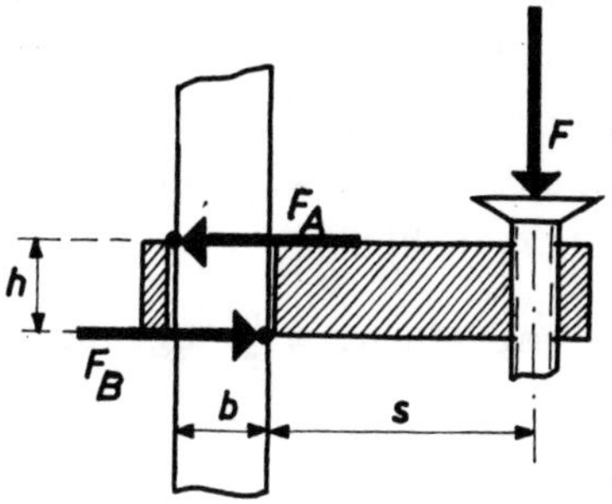

Kräftegleichgewicht:

$$F_A = F_B$$

$$F_{RA} + F_{RB} = F$$

Momentengleichgewicht (bezogen auf Punkt B):

$$Fs + F_{RA}b = F_A h$$

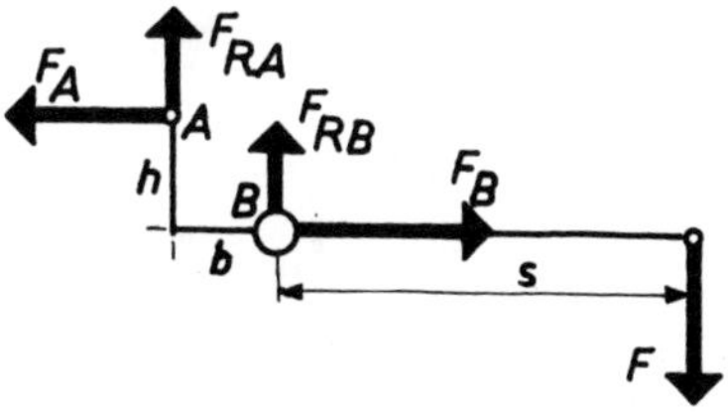

Maximale Reibungskraft:

$$F_{RA} = \mu_0 F_A \qquad F_{RB} = \mu_0 F_B$$

$$\Longrightarrow \quad F_{RA} = F_{RB} = \frac{F}{2}$$

$$\Longrightarrow \quad Fs + \frac{F}{2}b = \frac{F}{2\mu_0}h$$

$$\underline{\mu_0 = \frac{h}{2s + b}} = \underline{\underline{0{,}067}}$$

1.11.13 Kugel

Auf einer geneigten Ebene (Neigungswinkel α) befindet sich eine Kugel (Radius r, Haftreibungszahl μ_0, Rollreibungskoeffizient μ').

a) Welchen Wert α_1 muß der Neigungswinkel mindestens haben, damit die Kugel zu rollen beginnt?

b) Welchen Wert α_2 darf der Neigungswinkel höchstens haben, damit die Kugel nicht gleitet?

$\mu' = 1{,}35 \cdot 10^{-4}$ m $\qquad \mu_0 = 0{,}320$

$r = 5{,}0$ mm

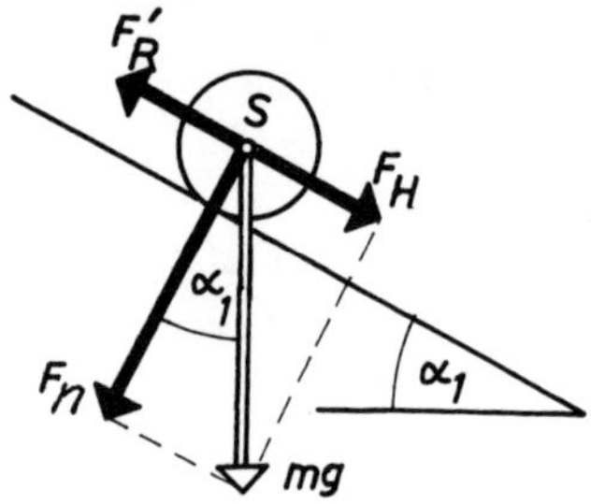

a) Kräftgleichgew. (nur Rollreib.):

$$F_H = F'_R$$

$$mg \sin \alpha_1 = \frac{\mu'}{r} mg \cos \alpha_1$$

$$\underline{\tan \alpha_1 = \frac{\mu'}{r}} \qquad \underline{\underline{\alpha_1 = 1{,}5^\circ}}$$

Hinweis: Die Rollreibungskraft greift an der Achse S an.

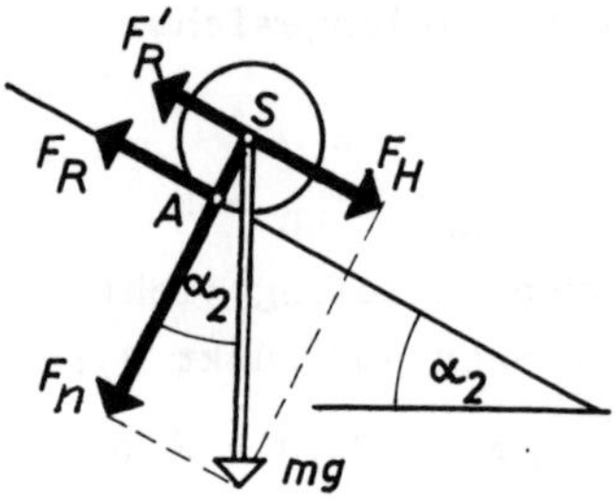

b) Bewegungsgleichungen:

$$ma = F_H - F'_R - F_R \quad \text{und}$$

$$J_S \ddot{\varphi} = F_R r$$

mit $F_H = mg \sin \alpha_2$

$$F'_R = \frac{\mu'}{r} mg \cos \alpha_2$$

$$F_R = \mu_0 \, mg \cos \alpha_2$$

und der Rollbedingung $a = \ddot{\varphi} r$

$$a = g \sin \alpha_2 - \left(\frac{\mu'}{r} + \mu_0\right) g \cos \alpha_2 \quad \text{und}$$

$$a = \mu_0 \frac{mr^2}{J_S} g \cos \alpha_2$$

$$\Longrightarrow \quad \mu_0 \frac{mr^2}{J_S} \cos \alpha_2 = \sin \alpha_2 - \left(\frac{\mu'}{r} + \mu_0\right) \cos \alpha_2$$

$$\tan \alpha_2 = \frac{\mu'}{r} + \mu_0\left(1 + \frac{mr^2}{J_S}\right) \quad \text{mit} \quad J_S = \frac{2}{5} mr^2$$

$$\underline{\tan \alpha_2 = \frac{\mu'}{r} + \frac{7}{2} \mu_0} \qquad \underline{\underline{\alpha_2 = 48{,}9^\circ}}$$

1.12.1. Stahlband

Ein Stahlband der Länge l, der Breite b und der Dicke d wird um Δl elastisch gedehnt. Der Elastizitätsmodul des Materials ist E, der Schubmodul G.

Berechnen Sie

a) die für diese Dehnung erforderliche Kraft F !

b) die dabei auftretende Querkontraktion Δb !

$l = 1000$ mm $\Delta l = 1{,}0$ mm $b = 20$ mm $d = 0{,}20$ mm

$E = 2{,}1 \cdot 10^2$ GPa $G = 83$ GPa

---

a) $$\frac{\Delta l}{l} = \frac{\sigma}{E} \qquad \sigma = \frac{F}{bd}$$

$$F = bd\,\frac{\Delta l}{l}\,E = 0{,}84\ \text{kN}$$

b) $$\frac{\Delta b}{b} = -\mu\,\frac{\Delta l}{l}$$

$$E = 2G(1 + \mu)$$

$$\mu = \frac{E}{2G} - 1$$

$$\Delta b = \left(1 - \frac{E}{2G}\right)\frac{\Delta l}{l}\,b = -5{,}3\ \mu\text{m}$$

1.12.2. Stahlseil

An einem Stahlseil (Länge l_0, Querschnittsfläche A, Dichte ϱ, Elastizitätsmodul E) hängt ein Körper der Masse m. Um welchen Betrag Δl ist das Seil gedehnt? Die Dehnung des Seils infolge seiner Eigenmasse ist zu berücksichtigen.

$l_0 = 30{,}0$ m $A = 2{,}0\ \text{cm}^2$ $\varrho = 7{,}85\ \text{g/cm}^2$

$E = 2{,}2 \cdot 10^2$ GPa $m = 60{,}0$ kg

Jedes Seilteilchen der Länge dl liefert infolge einer ortsabhängigen Spannung

$$\sigma(l) = \frac{mg + \varrho g A(l_0 - l)}{A}$$

eine Längenänderung $\Delta(dl)$ und damit die Dehnung

$$\frac{\Delta(dl)}{dl} = \frac{\sigma(l)}{E} .$$

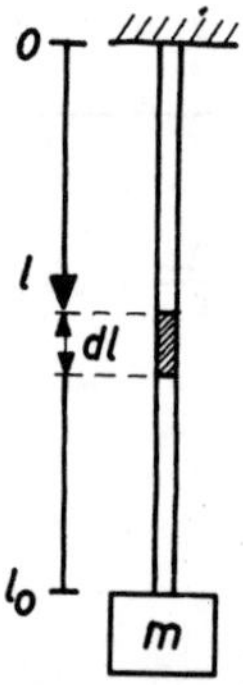

Längenänderung des gesamten Seils:

$$\Delta l = \int_{l=0}^{l_0} \Delta(dl)$$

$$\Delta l = \int_0^{l_0} \frac{1}{E}\left[\frac{mg}{A} + \varrho g(l_0 - l)\right] dl$$

$$\Delta l = \frac{g}{E}\left[\frac{m}{A} l_0 + \varrho\left(l_0^2 - \frac{l_0^2}{2}\right)\right]$$

$$\Delta l = \frac{g l_0}{E}\left(\frac{m}{A} + \frac{\varrho l_0}{2}\right) = 0{,}56\ \text{mm}$$

1.12.3. Keilriemen

Ein Keilriemen mit trapezförmigem Querschnitt besteht aus einem Material, das die Zerreißfestigkeit σ_Z hat. Die parllelen Seiten des Querschnitts sind a und b, ihr Abstand h. Der Riemen läuft über eine Riemenscheibe mit dem Durchmesser d, die sich mit der Frequenz f dreht.
Welche Leistung P kann maximal übertragen werden, wenn der Sicherheitsfaktor N eingehalten werden soll?

σ_Z = 50 MPa a = 10 mm b = 6,0 mm h = 7,0 mm

d = 150 mm f = 20 s^{-1} N = 4

Zerreißkraft:

$$F_Z = \sigma_Z A = \sigma_Z \frac{(a + b)}{2} h$$

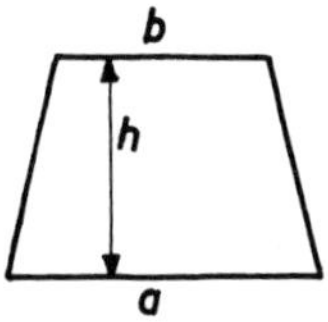

Leistung:

$$P = F v = \frac{F_Z}{N} \omega r$$

$$P = \frac{\sigma_Z (a + b) h \pi f d}{2N} = 6{,}6 \text{ kN}$$

1.12.4. Alustab

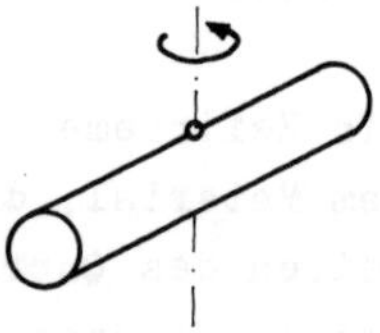

Ein Aluminiumstab (Länge l, Dichte ϱ_A) rotiert um seine Mittelsenkrechte. Bei welcher Drehfrequenz f zerreißt der Stab?

Zerreißfestigkeit von Aluminium: $\sigma_B = 2{,}9 \cdot 10^2$ MPa

---

Die Zugspannung ist in der Stabmitte am größten.

Zerreißbedingung:

Radialkraft = Zerreißkraft

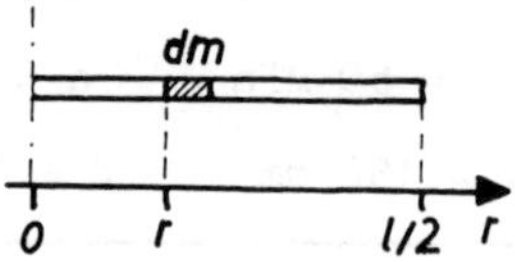

$$F_r = F_Z$$

Berechnung der Radialkraft:

$$dF_r = - dm\, \omega^2 r$$

$$dm = \varrho_A A\, dr$$

$$F_r = - \int_0^{\frac{l}{2}} r\, \omega^2 \varrho_A\, A\, dr = \omega^2 \varrho_A\, A\, \frac{l^2}{8}$$

Zerreißkraft:

$$F_Z = - \sigma_B A$$

$$\omega^2 \varrho_A \frac{l^2}{8} = \sigma_B$$

$$\omega = \frac{2}{l} \sqrt{\frac{2\sigma_B}{\varrho_A}} \qquad \omega = 2\pi f$$

$$f = \frac{1}{\pi l} \sqrt{\frac{2\sigma_B}{\varrho_A}} = 74 \text{ Hz}$$

Im rotierenden Bezugssystem: Zentrifugalkraft ($dm\, \omega^2 r$) wird so groß wie die Zerreißkraft $\sigma_B A$.

1.12.5. Scherung

Eine Kiste mit einem empfindlichem Gerät wird beim Transport auf vier Gummiwürfeln der Kantenlänge l gelagert. Gerät und Verpackung haben zusammen die Masse m.
Um welche Strecke s bewegt sich die Kiste mit dem Gerät gegenüber der Ladefläche in horizontaler Richtung, wenn das Fahrzeug beim Bremsen die Verzögerung a hat?

$m = 450$ kg $\quad a = 1{,}2$ m/s^2 $\quad l = 60$ mm

Schubmodul von Gummi: $G = 3{,}1$ MPa

Für einen kleinen Scherwinkel gilt:

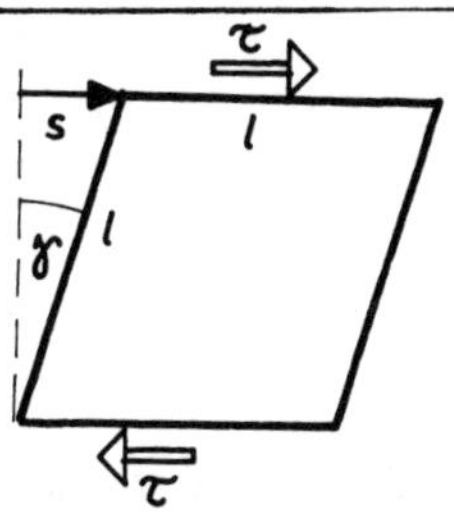

$$s = \gamma\, l$$

$$\gamma = \frac{\tau}{G}$$

Ermittlung der Scherkraft mit der Bewegungsgleichung:

$$ma = A\,\tau$$

$$A = 4\cdot(l^2)$$

$$\tau = \frac{ma}{4l^2}$$

$$s = \frac{ma}{4lG} = 0{,}73 \text{ mm}$$

1.12.6. Kugel im Meer

Pro Meter Meerestiefe nimmt der Druck um 10 kPa zu.
Wie groß sind Kompression $\frac{\Delta V}{V}$ und Volumenänderung ΔV einer Stahlkugel des Volumens V = 1 l in der größten Meerestiefe h = 11500 m ?

E = 210 GPa G = 83 GPa

$$\frac{\Delta V}{V} = -\frac{p}{K}$$

$$3K(1 - 2\mu) = E \quad ; \quad \frac{1}{K} = \frac{3}{E}(1 - 2\mu)$$

$$2G(1 + \mu) = E \quad ; \quad \mu = \frac{E}{2G} - 1$$

$$\Longrightarrow \quad \frac{1}{K} = \frac{3}{E}\left(3 - \frac{E}{G}\right)$$

$$\frac{\Delta V}{V} = -\frac{3p}{E}\left(3 - \frac{E}{G}\right) = -7{,}7\cdot 10^{-4}$$

(p = 0,115 GPa)

$$\Delta V = -0{,}77\ \text{cm}^3$$

1.12.7. Gold

Gold hat den Elastizitätsmodul E = 81 GPa und den Torsionsmodul G = 28 GPa.
Berechnen Sie den Kompressionsmodul K und die Poissonsche Zahl μ !

$$2G\,(1 + \mu) = E$$

$$\mu = \frac{E}{2G} - 1 = \underline{\underline{0{,}45}}$$

$$3K\,(1 - 2\mu) = E$$

$$K = \frac{E}{3(1 - 2\mu)}$$

$$K = \frac{E}{3\left(3 - \frac{E}{G}\right)} = \underline{\underline{256\ \text{GPa}}}$$

1.12.8. Stab

Ein einseitig eingespannter horizontaler Stab mit der freien Länge l hat auf Grund einer am freien Stabende angreifenden Gewichtskraft F den Biegungspfeil δ_0.
Berechnen Sie den Biegungspfeil δ_1 für den Fall, daß derselbe Stab auf zwei Stützen im Abstand l horizontal aufliegt und in der Mitte durch F belastet ist.

Biegungspfeil für einseitig eingespannten Balken:

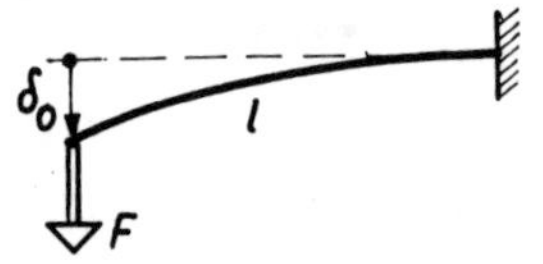

$$\delta_0 = \frac{1}{3EJ_F} l^3 F$$

Aufgelegter Balken, zusammengesetzt gedacht aus zwei einseitig eingespannten Balken (Auflagekräfte am Balkenende):

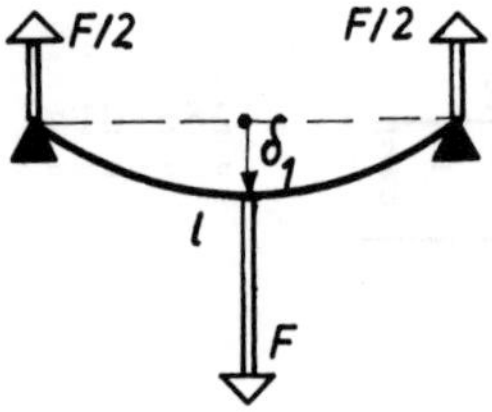

$$l_1 = \frac{l}{2} \qquad F_1 = \frac{F}{2}$$

$$\Longrightarrow \quad \delta_1 = \frac{1}{3EJ_F} \left(\frac{l}{2}\right)^3 \left(\frac{F}{2}\right)$$

$$\underline{\delta_1 = \frac{1}{16} \delta_0}$$

1.12.9. Brett

Ein Brett mit der Breite b und der Dicke d = b/10 wird an den Enden auf zwei Stützen

a) flach,

b) hochkant

gelegt und in der Mitte durch eine Gewichtskraft F belastet. Wie groß ist das Verhältnis der Durchbiegungen $\delta_a : \delta_b$?

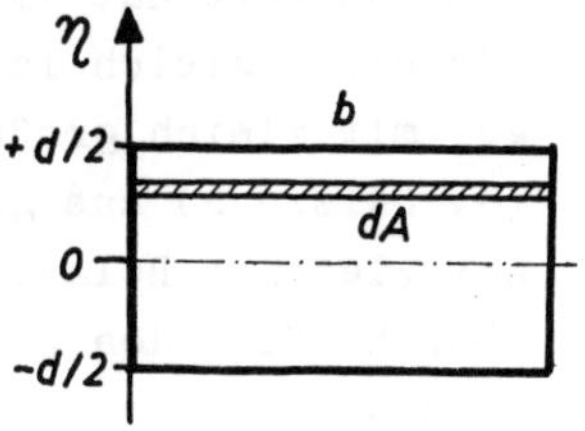

$$\delta \sim \frac{1}{J_F}$$

$$\frac{\delta_a}{\delta_b} = \frac{J_{Fb}}{J_{Fa}}$$

$$J_{Fa} = \int_{-d/2}^{+d/2} \eta^2 dA$$

$$dA = b\, d\eta$$

$$J_{Fa} = \left[b \frac{\eta^3}{3} \right]_{-d/2}^{+d/2} = \frac{bd^3}{12}$$

Vertauschen von b und d:

$$J_{Fb} = \frac{db^3}{12}$$

$$\frac{\delta_a}{\delta_b} = \left(\frac{b}{d}\right)^2 = 100$$

1.12.10. Doppel-T-Träger

a) Ein Stahlstab wird in waagerechter Lage einseitig fest eingespannt. Sein freies Ende hat die Länge l. Der Stab hat rechteckigen Querschnitt (s. Skizza a). Berechnen Sie den Biegungspfeil δ für den Fall, daß am freien Ende des Stabes die Gewichtskraft F eines angehängten Körpers wirkt!

a)

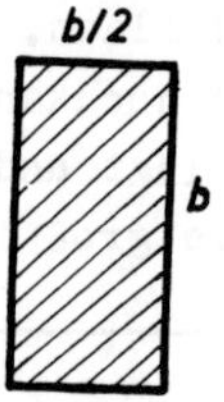

b) Welchen Wert hat der Biegungspfeil δ für einen gleich langen Doppel-T-Träger mit gleich großem Querschnitt (s. Skizze b) aus gleichem Material bei gleicher Belastung?
(Der Einfluß des Eigengewichtes des Stabes bzw. des Trägers auf die Biegung ist zu vernachlässigen.)

b)

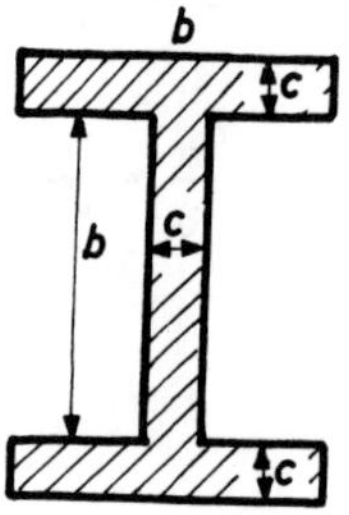

l = 600 mm F = 300 N
b = 30 mm E = 210 GPa

$$\delta = \frac{l^3 F}{3EJ_F} \qquad J_F = \int \eta^2 dA$$

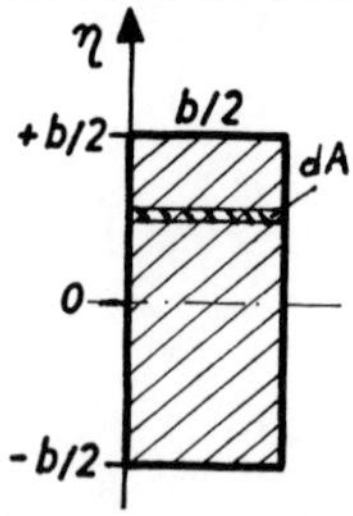

a)
$$J_F = \int_{-b/2}^{+b/2} \eta^2 \frac{b}{2}\, d\eta = \frac{b}{2}\left[\frac{\eta^3}{3}\right]_{-b/2}^{+b/2} = \frac{b^4}{24}$$

$\delta = 3{,}0$ mm

==========

b)
$$J_F = 2\int_0^{b/2} \eta^2 c\, d\eta + 2\int_{b/2}^{b/2+c} \eta^2 b\, d\eta$$

$$J_F = 2c\left[\frac{\eta^3}{3}\right]_0^{b/2} + 2b\left[\frac{\eta^3}{3}\right]_{b/2}^{(b/2+c)}$$

$$J_F = \frac{cb^3}{12} + \frac{b(b+2c)^3}{12} - \frac{b^4}{12}$$

c aus Flächengleichheit:

$$A = \frac{b}{2}\, b = 3\, bc \;;\; c = \frac{b}{6}$$

$$J_F = \frac{1}{12}\left[\frac{b^4}{6} + \left(\frac{4}{3}\right)^3 b^4 - b^4\right] = \frac{83}{648}\, b^4$$

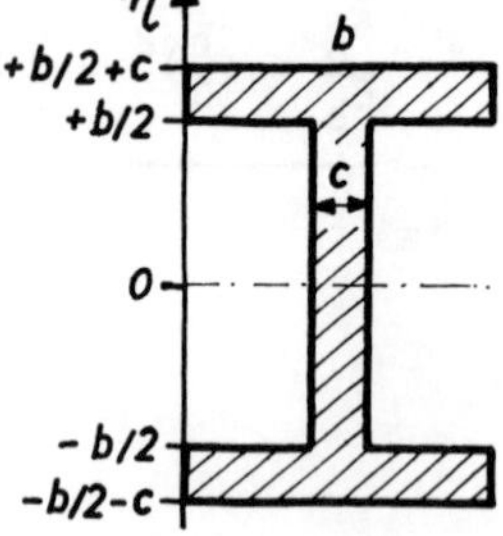

$\delta = 1{,}0$ mm

=========

1.12.11. Profilrohr

Ein Stück Profilrohr mit rechteckigem Querschnitt (Wandstärke d) wird zwischen zwei um die Strecke l_0 voneinander entfernten Stützpunkten horizontal
a) lose aufgelegt,
b) fest eingespannt
und in der Mitte durch eine Kraft F_0 belastet.
Wie groß ist die Durchbiegung δ in beiden Fällen?

$E = 219$ GPa $\quad a = 40$ mm $\quad b = 60$ mm $\quad d = 1{,}5$ mm

$l_0 = 2{,}35$ m $\quad F_0 = 1{,}65$ kN

a)

b)

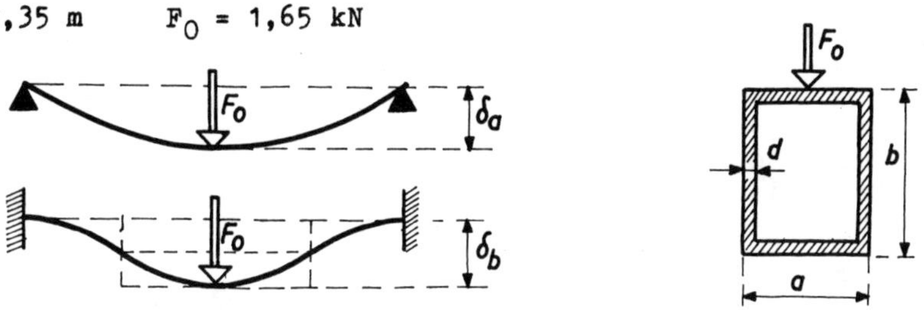

$$\delta = \frac{l^3F}{3EJ_F}$$

Berechnung von J_F:

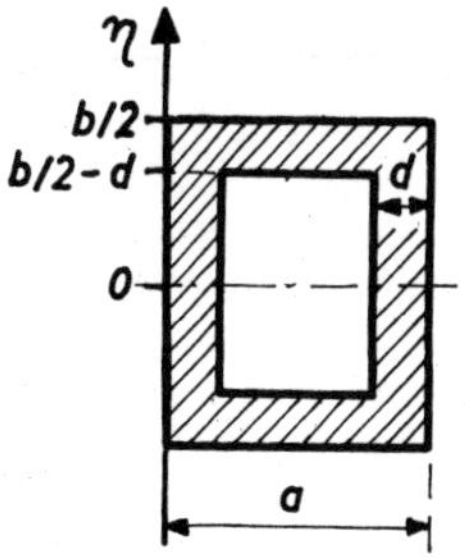

$$J_F = \int \eta^2 dA$$

$$J_F = 2\int_0^{(b/2-d)} \eta^2 \cdot 2d \cdot d\eta + 2\int_{(b/2-d)}^{(b/2)} \eta^2 a \, d\eta$$

$$J_F = 4d\left[\frac{\eta^3}{3}\right]_0^{(b/2-d)} + 2a\left[\frac{\eta^3}{3}\right]_{(b/2-d)}^{(b/2)}$$

$$J_F = \frac{2}{3}\left(\frac{b}{2} - d\right)^3(2d - a) + \frac{ab^3}{12} = 14{,}9 \text{ cm}^4$$

a) $l = \frac{l_0}{2}$

$F = \frac{F_0}{2}$

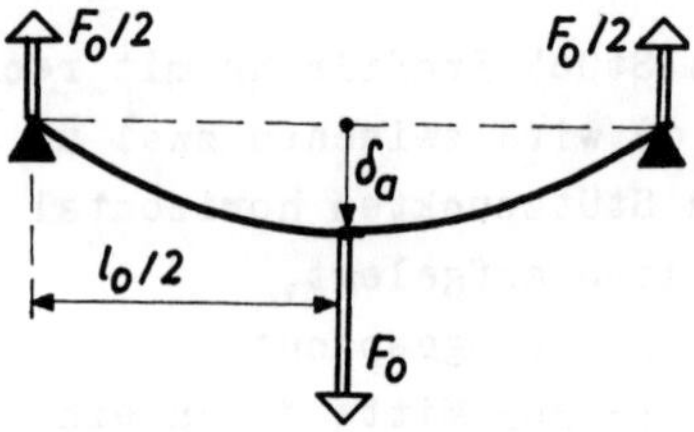

$\delta_a = \delta$

$$\underline{\delta_a = \frac{1}{16} \cdot \frac{l_0^3 F_0}{3EJ_F}} = \underline{\underline{13{,}7 \text{ mm}}}$$

b) $l = \frac{l_0}{4}$

$F = \frac{F_0}{2}$

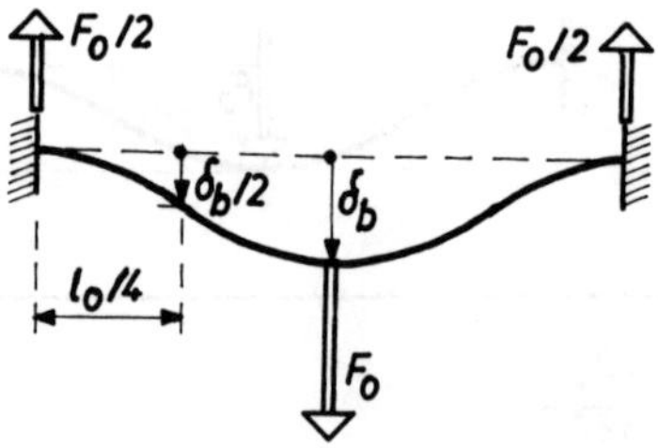

$\delta_b = 2\delta$

$$\underline{\delta_b = \frac{1}{64} \cdot \frac{l_0^3 F_0}{3EJ_F} = \frac{1}{4}\,\delta_a} = \underline{\underline{3{,}4 \text{ mm}}}$$

1.12.12. Flächenmomente

Berechnen Sie das Flächenmoment J_F für

a) ein T-Profil,

b) ein rhombisches Profil

gemäß Skizze jeweils für eine horizontal liegende neutrale Faser!

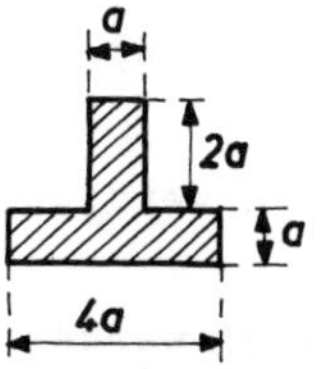

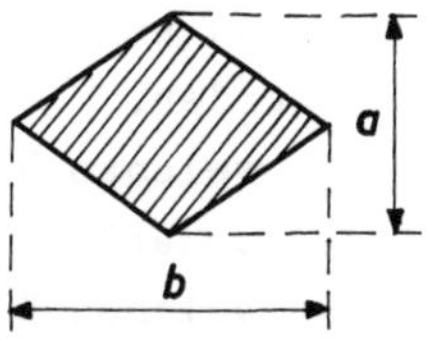

a) Bestimmung der Lage der neutralen Faser:

$$y_F\, A = \int y\, dA$$

$$y_F\, 6a^2 = \int_0^a y\, 4a\, dy + \int_a^{3a} y\, a\, dy$$

$$y_F\, 6a^2 = 2a^3 + \frac{a}{2}(8a^2) = 6\, a^3$$

$$y_F = a$$

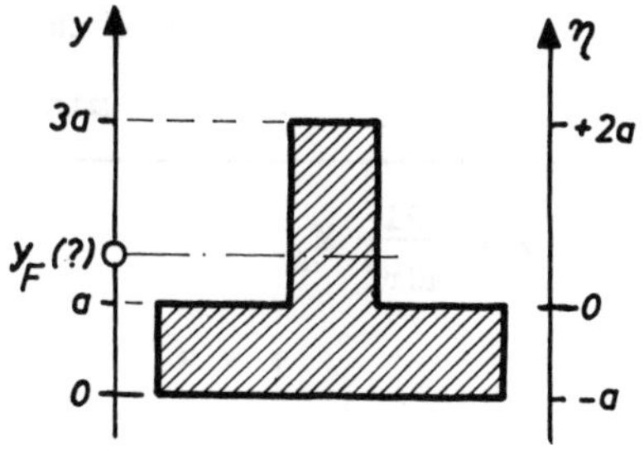

Nun - Koordinate mit Nullpunkt bei y_F einführen

$$J_F = \int \eta^2\, dA = \int_{-a}^{0} \eta^2 4a\, d\eta + \int_0^{2a} \eta^2 a\, d\eta = \frac{4}{3}\, a^4 + \frac{1}{3}\,(8a^4) = \underline{4a^4}$$

b) $J_F = 2 \int_0^{a/2} \eta^2 dA \qquad dA = \xi\, d\eta$

$$\frac{\xi}{b} = \frac{\frac{a}{2} - \eta}{\frac{a}{2}}$$

$$dA = \frac{b}{a}(a-2\eta)d\eta$$

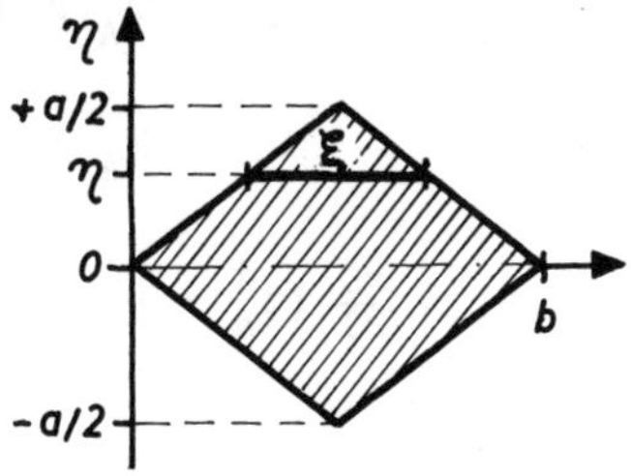

$$J_F = 2\, \frac{b}{a} \int_0^{a/2} (a - 2\eta)\eta^2\, d\eta$$

$$J_F = \frac{2b}{a}\left[\, a\, \frac{\eta^3}{3} - \frac{\eta^4}{2}\, \right]_0^{a/2} = \underline{\frac{ba^3}{48}}$$

1.12.13 Welle

Über eine Welle aus Stahl (Länge l, Durchmesser $2r_a$, Torsionsmodul G) soll bei der Drehfrequenz f die Leistung P übertragen werden.

a) Um welchen Winkel α verdrehen sich die Endflächen gegeneinander?

b) Um welchen Winkel α' werden die Endflächen gegeneinander verdreht, wenn die Welle hohl ist (Innendurchmesser $2r_i$)?

$l = 20{,}0\ m$ $\quad r_a = 4{,}0\ cm$ $\quad r_i = 2{,}0\ cm$ $\quad P = 150\ kW$

$G = 79\ GPa$ $\quad f = 900\ min^{-1}$

---

a) $\varphi = \frac{2l}{\pi G r^4} M_A$ $\qquad P = F_s v = F_s r\omega = M_A\omega \implies M_A = \frac{P}{\omega}$

$\varphi = \alpha \qquad r = r_a \qquad \omega = 2\pi f$

$$\alpha = \frac{Pl}{\pi^2 f r_a^4 G} = 0{,}100 = 5{,}7^\circ$$

b) Das durch den Zylinderkern übertragene Drehmoment fehlt:

$$M_A = M_A(r_a) - M_A(r_i)$$

$$M_A = \frac{\pi G r^4}{2l}\alpha'$$

$$M_A = \frac{\pi G}{2l}(r_a^4 - r_i^4)\alpha' \qquad M_A = \frac{P}{2\pi f}$$

$$\alpha' = \frac{lP}{\pi^2 f(r_a^4 - r_i^4)G} = 0{,}107 = 6{,}1^\circ$$

1.12.14 Schraubenschlüssel

Ein Stab aus Stahl (Länge l, Durchmesser d, Torsionsmodul G) ist an einem Ende fest eingespannt. Am anderen Ende befindet sich eine Mutter, die sich mit einem Schraubenschlüssel der Länge r_S lösen läßt, wenn mindestens die Kraft F an dessen Ende angreift.

a) Um welchen Winkel φ verdrillt sich der Stab, bevor sich die Mutter löst?

b) Berechnen Sie den Weg s, den das Ende des Schlüssels, an dem die Kraft angreift, dabei zurücklegt!

$l = 50$ cm $\quad d = 1{,}0$ cm $\quad r_S = 15$ cm $\quad F = 100$ N

$G = 83$ GPa

---

a) $$\varphi = \frac{2l}{\pi G r^4} M_A$$

$$M_A = F r_S \qquad r = \frac{d}{2}$$

$$\underline{\varphi = \frac{32 l F r_S}{\pi G d^4}} = \underline{\underline{0{,}092 = 5{,}3^\circ}}$$

b) $$\underline{s = \varphi r_S} = \underline{\underline{13{,}8 \text{ mm}}}$$

1.12.15. Torsionsschwinger

An einem Messingdraht (Durchmesser d_0, Länge l_0) wird eine zylindrische Messingscheibe (Durchmesser d, Höhe h) als Torsionsschwinger angehängt. Beim Aufhängen wird der Draht um die Länge Δl gedehnt. Die Schwingungsdauer T des Torsionsschwingers wird gemessen.

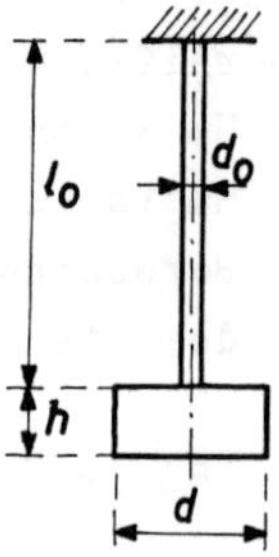

Wie groß sind der Elastizitätsmodul E, der Torsionsmodul G und der Kompressionsmodul K von Messing?
(Eigenmasse des Drahtes vernachlässigen.)

Dichte des Messings: $\varrho = 8{,}30\ \mathrm{g/cm^3}$

$l_0 = 1{,}25$ m $\quad$ $h = 20{,}0$ mm

$\Delta l = 0{,}50$ mm $\quad$ $d_0 = 0{,}80$ mm

$d = 128$ mm $\quad$ $T = 11{,}3$ s

$$\frac{\Delta l}{l_0} = \frac{\sigma}{E}$$

$$E = \frac{\sigma l_0}{\Delta l} \qquad \sigma = \frac{F}{A} = \frac{\varrho g \frac{\pi}{4} d^2 h}{\frac{\pi}{4} d_0^2}$$

$$E = \frac{\varrho g h l_0}{\Delta l}\left(\frac{d}{d_0}\right)^2 = 104\ \mathrm{GPa}$$

$$\varphi = \frac{2 l_0}{\pi G r_0^4} M_A$$

Ermittlung von M_A (M_A und φ als Betrag):

$$G = \frac{2 l_0}{\pi r_0^4 \varphi} M_A$$

$M_A = D\,\varphi$

Ermittlung von D: $T = 2\pi \sqrt{\frac{J_A}{D}}$; $D = \frac{4\pi^2}{T^2} J_A$

Ermittlung von J_A: $J_A = \frac{1}{2} m r^2 = \frac{1}{2}\varrho \frac{\pi}{4} d^2 h \left(\frac{d}{2}\right)^2$

$$G = \frac{4\pi^2 \varrho h l_0}{T^2}\left(\frac{d}{d_0}\right)^4 = 42\ \mathrm{GPa}$$

$$E = 3K(1 - 2\mu) \qquad E = 2G(1 + \mu)$$

$$K = \frac{E}{3(1 - 2\mu)} \qquad \mu = \frac{E}{2G} - 1$$

$$K = \frac{E}{3\left(3 - \frac{E}{G}\right)} = 66\ \mathrm{GPa}$$

1.13.1. Magdeburger Halbkugeln

Die Magdeburger Halbkugeln hatten den Durchmesser d.

a) Welche Kraft wäre beim Luftdruck p_a erforderlich, um beide Halbkugeln zu trennen?
   $d = 57{,}5$ cm $\quad p_a = 100$ kPa

b) Bei dem historischen Schauversuch konnten 16 Pferde (je 8 an einer Seite) die beiden Kugelhälften nicht voneinander trennen.
   Wieviel Pferde hätten die gleiche Kraft aufgebracht, wenn die eine Kugelhälfte an einem starken Baum befestigt gewesen wäre?

---

a) $F = p_a A$

$$\underline{F = p_a \frac{\pi}{4} d^2} = \underline{\underline{26 \text{ kN}}}$$

b) actio = reactio

8 Pferde

1.13.2. Konservenglas

Der Schließgummi eines Konservenglases hat den Außendurchmesser d_a und den Innendurchmesser d_i.
Welche Druckkraft F verschließt den Deckel des Konservenglases, wenn innen der Dampfdruck p_i des Wassers und außen der Luftdruck p_a wirkt?

d_a = 11,4 cm d_i = 10,0 cm p_i = 2 kPa p_a = 100 kPa

$$F = p_a A_a - p_i A_i$$

$$F = \frac{\pi}{4}(p_a d_a^2 - p_i d_i^2) = 1{,}0 \text{ kN}$$

1.13.3. Holzstück

Wie groß ist die Kraft F, die erforderlich ist, um ein Holzstück der Masse m in Quecksilber unterzutauchen?

$\varrho_H = 0,80\ g/cm^3$ $\varrho_{Hg} = 13,6\ g/cm^3$ $m = 1,0\ kg$

$$F = F_A - F_G = (\varrho_{Hg} - \varrho_H)\ gV$$

$$V = \frac{m}{\varrho_H}$$

$$F = \left(\frac{\varrho_{Hg}}{\varrho_H} - 1\right) mg = 0,16\ kN$$

1.13.4. Kupferdraht

Ein Kupferdraht der Dichte ϱ_K und der Zerreißfestigkeit σ_B wird lotrecht ins Meer versenkt. Die Dichte des Meerwassers ist ϱ_W.
Welche Länge l darf der Kupferdraht höchstens haben, wenn er nicht reißen soll?

$\varrho_K = 8{,}93\ \mathrm{g/cm^3}$ $\sigma_B = 2{,}9\cdot 10^2\ \mathrm{MPa}$ $\varrho_W = 1{,}03\ \mathrm{g/cm^3}$

Der Draht reißt, wenn für die Zerreißkraft

$$F = \sigma_B A$$

gilt:

$$F = F_G - F_A = (\varrho_K - \varrho_W) g l A$$

$$\sigma_B A = (\varrho_K - \varrho_W) g l A$$

$$l = \frac{\sigma_B}{(\varrho_K - \varrho_W) g} = 3{,}74\ \mathrm{km}$$

1.13.5. Schweredruck

Ein dünnwandiges Rohr (Durchmesser d_1) wird senkrecht ins Wasser (Dichte ϱ_W) eingetaucht. Es ist am unteren Ende durch eine zylindrische Scheibe (Dichte ϱ, Dicke s, Durchmesser d_2) verschlossen. Die Scheibe wird nur durch das Wasser gegen das Rohrende gedrückt.
Bis zu welcher Tiefe h (Scheibendicke einbezogen) muß das Rohr ins Wasser eintauchen, damit sich die Scheibe nicht löst?

$d_1 = 90$ mm $\quad \varrho_W = 1{,}00$ kg/dm^3 $\quad \varrho = 7{,}8$ kg/dm^3 Stahl

$s = 5{,}0$ mm $\quad d_2 = 100$ mm

Gleichgewicht zwischen Gewichtskraft und Druckkräften auf Unterseite und Oberseite der Scheibe:

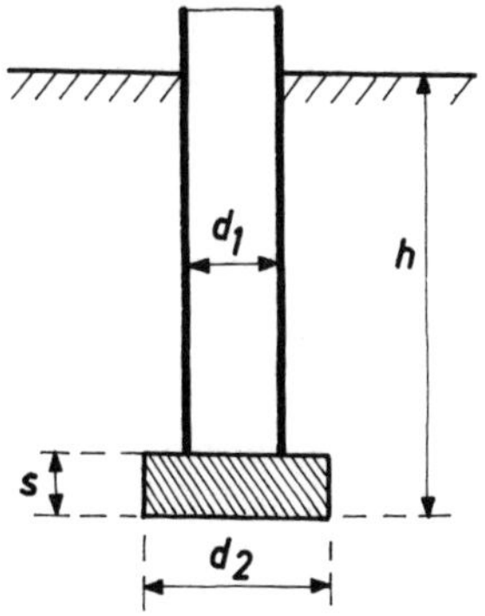

$$F_G = F_U - F_O$$

$$F_G = \varrho g \frac{\pi}{4} d_2^2 s$$

$$F_U = \varrho_W g h \frac{\pi}{4} d_2^2$$

$$F_O = \varrho_W g (h - s) \frac{\pi}{4}(d_2^2 - d_1^2)$$

$$\varrho d_2^2 s = \varrho_W h d_2^2 - \varrho_W (h - s)(d_2^2 - d_1^2)$$

$$h d_1^2 = \frac{\varrho}{\varrho_W} d_2^2 s - s(d_2^2 - d_1^2)$$

$$h = s \left[1 + \left(\frac{\varrho}{\varrho_W} - 1\right)\left(\frac{d_2}{d_1}\right)^2\right] = 47 \text{ mm}$$

1.13.6. Gold

Um festzustellen, ob ein Gegenstand aus reinem Gold (Dichte ϱ_G) ist, wird die Gewichtskraft in Luft (G_L) und in Wasser (G_W) festgestellt.
Welches Verhältnis G_L/G_W muß sich bei reinem Gold ergeben?

$\varrho_G = 19,3 \text{ g/cm}^3$ $\varrho_W = 1,00 \text{ g/cm}^3$

$$G_L = \varrho_G g V$$

$$G_W = G_L - F_A = (\varrho_G - \varrho_W) g V$$

$$\frac{G_L}{G_W} = \frac{\varrho_G}{\varrho_G - \varrho_W} = 1,055$$

1.13.7. Vergaserschwimmer

Ein Vergaserschwimmer ist ein geschlossener Zylinder aus Messingblech (Dichte ϱ_1) mit dem Durchmesser d und der Höhe h. Er soll mit einem Viertel seiner Höhe aus dem Benzin (Dichte ϱ_2) herausragen.
Berechnen Sie die erforderliche Dicke s des Messingbleches!
(Vereinfachte Volumenberechnung wegen $s \ll d$ möglich; Gewichtskraft der eingeschlossenen Luft vernachlässigen)

$\varrho_1 = 8{,}3\ \mathrm{g/cm^3}$ $\quad d = 40\ \mathrm{mm}$ $\quad \varrho_2 = 0{,}75\ \mathrm{g/cm^3}$ $\quad h = 30\ \mathrm{mm}$

$$F_G = F_A$$

$$F_G = \varrho_1 g V_1 = \varrho_1 g \left(2\,\frac{\pi}{4}\,d^2 + h\pi d\right)s$$

$$F_A = \varrho_2 g V_2 = \varrho_2 g\,\frac{\pi}{4}\,d^2\left(\frac{3}{4}\,h\right)$$

$$\varrho_1\left(\frac{d}{2} + h\right)s = \varrho_2\left(\frac{3}{16}\,hd\right)$$

$$s = \frac{3\,\varrho_2 hd}{8\,\varrho_1(d + 2h)} = \underline{\underline{0{,}41\ \mathrm{mm}}}$$

1.13.8. Schwimmweste

Eine Schwimmweste (Masse m_1) soll so aufgepumpt werden, daß eine Person (Masse m_2, Dichte ρ_2) mit dem Bruchteil η ihres Volumens aus dem Wasser (Dichte ρ_W) herausragt.
Berechnen Sie das Volumen V_1, auf das die Schwimmweste aufgeblasen werden muß!
(Die Masse der Luft in der Schwimmweste, die vollständig eintaucht, bleibt unberücksichtigt.)

$m_1 = 1{,}0$ kg $\quad m_2 = 80$ kg $\quad \eta = 0{,}1 \quad \rho_2 = 1{,}05$ kg/dm^3

$\rho_W = 1{,}00$ kg/dm^3

$$F_G = F_A$$

$$F_G = (m_1 + m_2)g$$

$$F_A = \rho_W g\left[V_1 + (1 - \eta)V_2\right] \qquad V_2 = \frac{m_2}{\rho_2}$$

$$m_1 + m_2 = \rho_W\left[V_1 + \frac{(1-\eta)m_2}{\rho_2}\right]$$

$$V_1 = \frac{m_1 + m_2}{\rho_W} - \frac{(1-\eta)m_2}{\rho_2} = 12\ \text{l}$$

1.13.9. Wetterballon

Ein zum Aufstieg vorbereiteter Wetterballon hat die Gesamtmasse m (mit dem eingeschlossenen Gas) und das Volumen V. Infolge des Windes stellt sich das Halteseil unter einem Winkel α_0 gegenüber der Vertikalen ein.
Wie groß ist die Seilkraft F ?
Dichte der Luft: $\varrho_L = 1{,}29\ kg/m^3$

$V = 74\ m^3$ $m = 31\ kg$ $\alpha_0 = 24^\circ$

$$\cos\alpha_0 = \frac{F_V}{F}$$

$$F = \frac{F_V}{\cos\alpha_0}$$

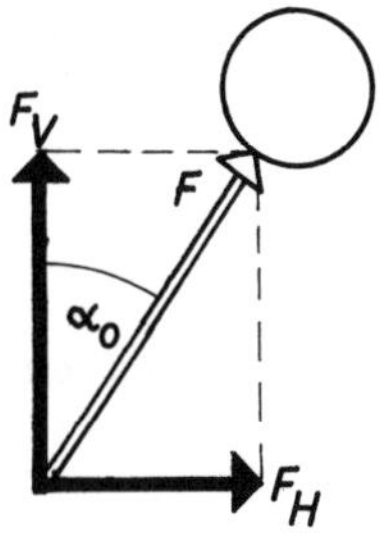

$$F_V = F_A - F_G$$

$$F_V = \varrho_L g V - mg$$

$$F = \frac{(\varrho_L V - m)g}{\cos\alpha_0} = \underline{\underline{0{,}69\ kN}}$$

1.13.10. Gußbronze

Ein Maschinenteil aus Gußbronze hat in Luft die Gewichtskraft G, in Benzin (Dichte ρ_B) getaucht die Gewichtskraft G'.
Wie hoch sind die Masseanteile w_{Cu} an Kupfer (Dichte ρ_{Cu}) und w_{Sn} an Zinn (Dichte ρ_{Sn}) in dieser Legierung?

$G = 46{,}0$ N $\quad G' = 42{,}0$ N $\quad \rho_{Sn} = 7{,}2$ g/cm³

$\rho_B = 0{,}75$ g/cm³ $\quad \rho_{Cu} = 8{,}9$ g/cm³

$$w_{Cu} = \frac{m_{Cu}}{m} \quad \text{und} \quad w_{Sn} = 1 - w_{Cu}$$

Nun gilt einerseits:

$$V = V_{Cu} + V_{Sn}$$

$$V = \frac{m_{Cu}}{\rho_{Cu}} + \frac{m - m_{Cu}}{\rho_{Sn}} \qquad (1)$$

Und andererseits:

$$G' = F_G - F_A = G - \rho_B g V$$

$$V = \frac{G - G'}{g\rho_B} \qquad (2)$$

Gleichsetzen von (1) und (2):

$$\frac{G - G'}{g\rho_B} = \frac{m_{Cu}}{\rho_{Cu}} + \frac{m - m_{Cu}}{\rho_{Sn}}$$

$$m_{Cu} = \frac{\frac{G - G'}{\rho_B g} - \frac{m}{\rho_{Sn}}}{\frac{1}{\rho_{CU}} - \frac{1}{\rho_{Sn}}} \; ; \quad G = mg$$

$$w_{Cu} = \frac{\frac{1}{\rho_B} - \frac{1}{\rho_{Sn}} - \frac{G'}{G\rho_B}}{\frac{1}{\rho_{Cu}} - \frac{1}{\rho_{Sn}}} \quad \left| \; \frac{\cdot(-\rho_{Sn})}{\cdot(-\rho_{Sn})} \right.$$

$$w_{Cu} = \frac{1 - \frac{\rho_{Sn}}{\rho_B}\left(1 - \frac{G'}{G}\right)}{1 - \frac{\rho_{Sn}}{\rho_{Cu}}} = 86{,}5\ \%$$

$$w_{Sn} = 13{,}5\ \%$$

1.13.11. Wägekorrektur

Ein Körper wird mit einer Balkenwaage einmal in Luft (Dichte ϱ_L) und einmal in Wasser (Dichte ϱ_W) gewogen. Dabei werden Wägestücke aus Messing (Dichte ϱ_M) mit den Massen m_L bzw. m_W aufgelegt.

Wie groß ist die wirkliche Masse m des Körpers?

$\varrho_L = 1{,}29\ kg/m^3$ $\varrho_M = 8710\ kg/m^3$ $\varrho_W = 993\ kg/m^3$

$m_L = 32{,}165\ g$ $m_W = 12{,}311\ g$

Differenz Gewichtskraft minus Auftriebskraft auf beiden Seiten der Balkenwaage gleich.

Wägung in Luft:

$$mg - \varrho_L gV = m_L g - \varrho_L g V_L$$

Volumen des einen Wägestückes: $V_L = \frac{m_L}{\varrho_M}$

$$m - \varrho_L V = m_L\left(1 - \frac{\varrho_L}{\varrho_M}\right)$$

Wägung in Wasser:

$$mg - \varrho_W gV = m_W g - \varrho_L g V_W$$

Volumen des anderen Wägestückes: $V_W = \frac{m_W}{\varrho_M}$

$$m - \varrho_W V = m_W\left(1 - \frac{\varrho_L}{\varrho_M}\right)$$

Unbekanntes Volumen V des Körpers eliminieren:

$$m\left(\frac{1}{\varrho_L} - \frac{1}{\varrho_W}\right) = \frac{m_L}{\varrho_L}\left(1 - \frac{\varrho_L}{\varrho_M}\right) - \frac{m_W}{\varrho_W}\left(1 - \frac{\varrho_L}{\varrho_M}\right)$$

$$m = \frac{\frac{m_L}{\varrho_L} - \frac{m_W}{\varrho_W}}{\frac{1}{\varrho_L} - \frac{1}{\varrho_W}}\left(1 - \frac{\varrho_L}{\varrho_M}\right)$$

$$m = \left(m_L - m_W\frac{\varrho_L}{\varrho_W}\right)\frac{1 - \frac{\varrho_L}{\varrho_M}}{1 - \frac{\varrho_L}{\varrho_W}} = 32{,}186\ g$$

1.13.12. Luftdruck

Bei konstanter Temperatur werden in Meereshöhe der Luftdruck p_0 und die Luftdichte ϱ_0 gemessen.
In welcher Höhe h_1 herrscht der Druck $\frac{p_0}{2}$?

$p_0 = 101{,}3$ kPa $\qquad \varrho_0 = 1{,}293$ kg/m^3

Barometrische Höhenformel:

$$p = p_0 \, e^{-\frac{\varrho_0 g h}{p_0}} \qquad\qquad p = \frac{p_0}{2}$$

$$\frac{p_0}{2} = p_0 \, e^{-\frac{\varrho_0 h h_1}{p_0}}$$

$$e^{\frac{\varrho_0 g h_1}{p_0}} = 2$$

$$\frac{\varrho_0 g h_1}{p_0} = \ln 2$$

$$h_1 = \frac{p_0}{\varrho_0 g} \ln 2 = \underline{\underline{5{,}4 \text{ km}}}$$

1.13.13. Bohrloch

Welcher Druck p_1 herrscht am Boden eines Bohrloches der Tiefe z_1, das so belüftet ist, daß die Temperatur unabhängig von z ist?
An der Erdoberfläche (z_0 = 0) herrscht der Druck p_0; die Dichte der Luft ist ϱ_0.

$z_1 = -2000$ m $\quad p_0 = 98{,}0$ kPa $\quad \varrho_0 = 1{,}186$ kg/m^3

Barometrische Höhenformel:

$$p_1 = p_0 \, e^{-\frac{\varrho_0 g z_1}{p_0}} = 124 \text{ kPa}$$

1.13.14. Zeppelin

Ein Zeppelin besitzt Gaskammern mit einem konstanten Volumen V, die mit Helium (Dichte ρ_{He}) gefüllt sind. Die festen Teile des Zeppelins haben die Gesamtmasse m; ihr Volumen kann vernachläßigt werden. Die Luft hat am Startort den Druck p_0 und die Dichte ρ_0.
Welche Steighöhe h erreicht der Zeppelin unter der Bedingung konstanter Temperatur? $(\frac{p}{\rho} = \text{const})$

$m = 16{,}5 \cdot 10^3$ kg $\quad p_0 = 100$ kPa $\quad \rho_0 = 1{,}29$ kg/m^3

$V = 25000$ m^3 $\quad \rho_{He} = 0{,}179$ kg/m^3

Maximale Steighöhe:

$$F_A = F_G$$

$$F_A = \rho_L g V$$

$\frac{p}{\rho}$ = const, d.h.: $\rho \sim p$,

also auch

$$\rho_L = \rho_0 \, e^{-\frac{\rho_0 g h}{p_0}}$$

(Barometr. Höhenf.)

$$F_A = \rho_0 \, e^{-\frac{\rho_0 g h}{p_0}} gV$$

$$F_G = mg + \rho_{He} g V$$

$$\rho_0 \, e^{-\frac{\rho_0 g h}{p_0}} = \frac{m}{V} + \rho_{He}$$

$$\frac{\rho_0 g h}{p_0} = \ln \frac{\rho_0}{\frac{m}{V} + \rho_{He}}$$

$$h = \frac{p_0}{\rho_0 g} \ln \frac{\rho_0}{\frac{m}{V} + \rho_{He}} = 3400 \text{ m}$$

1.14.1. Venturidüse

Durch eine Düse strömt Luft der Stromstärke I.
Man berechne die Differenz der statischen Drücke Δp zwischen dem weiten und dem engen Querschnitt (Durchmesser d_1 und d_2)!

$\varrho_L = 1{,}30\ kg/m^3$ $\quad I = 8{,}0\ l/s$ $\quad d_1 = 100\ mm$

$d_2 = 50\ mm$

Bernoullische Gleichung:

$$p_1 + \frac{\varrho_L}{2} v_1^2 = p_2 + \frac{\varrho_L}{2} v_2^2$$

$$\Delta p = p_1 - p_2 = \frac{\varrho_L}{2} (v_2^2 - v_1^2)$$

Berechnung der Strömungsgeschwindigkeiten mit Hilfe der Kontinuitätsgleichung:

$$I = A\ v = \frac{\pi}{4} d^2 v = const$$

$$v = \frac{4I}{\pi d^2}$$

$$\Delta p = \frac{8\ \varrho_L I^2}{\pi^2} \left(\frac{1}{d_2^4} - \frac{1}{d_1^4} \right) = 10{,}1\ Pa$$

1.14.2. Staurohr

Die Geschwindigkeit von Flugzeugen wird mit dem Prandtlschen Staurohr gemessen. Das Meßinstrument zeigt eine der Geschwindigkeit entsprechende Druckdifferenz an.

Welche Geschwindigkeit v hat das Flugzeug bei einer Druckdifferenz Δp?

$\Delta p = 4{,}48$ kPa

Luftdichte $\varrho = 1{,}29$ kg/m^3

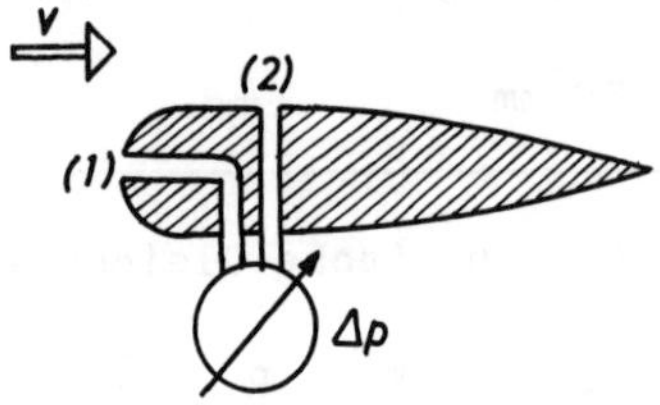

Bernoullische Gleichung:

$$p_1 + \frac{\varrho}{2} v_1^2 = p_2 + \frac{\varrho}{2} v_2^2$$

$v_1 = 0$ (Staupunkt)

$v_2 = v$ (ungestörte Strömung)

$$\Delta p = p_1 - p_2 = \frac{\varrho}{2} v^2$$

$$v = \sqrt{\frac{2\,\Delta p}{\varrho}} = 300 \text{ km/h}$$

1.14.3. Wasserstrahlpumpe

Eine Wasserstrahlpunmpe hat vor der Rohrverengung die Querschnittsfläche A_1. An dieser Stelle fließt Wasser mit der Geschwindigkeit v_1 bei einem Druck p_1. Im Rezipienten wird der Druck p_R erzeugt.

Welche Austrittsgeschwindigkeit v_2 hat das Wasser, und wie groß ist die Querschnittsfläche A_2 der Rohrverengung?

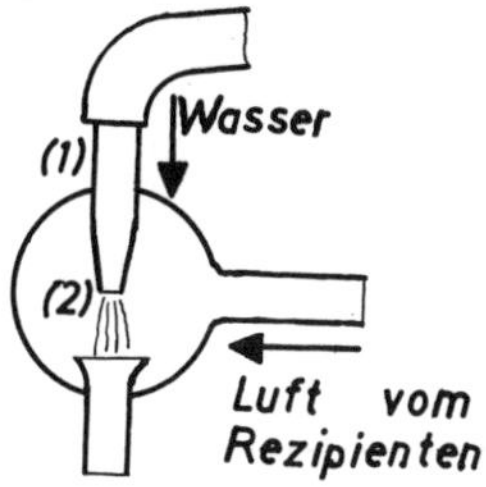

$A_1 = 1{,}4\ \text{cm}^2$ $\qquad p_R = 2{,}0\ \text{kPa}$

$v_1 = 4{,}5\ \text{m/s}$ $\qquad p_1 = 310\ \text{kPa}$

Bernoullische Gleichung:

$$p_1 + \frac{\varrho_W}{2} v_1^2 = p_R + \frac{\varrho_W}{2} v_2^2$$

$$v_2^2 = v_1^2 + \frac{2(p_1 - p_R)}{\varrho_W}$$

$$\underline{v_2 = \sqrt{v_1^2 + \frac{2(p_1 - p_R)}{\varrho_W}}} = \underline{\underline{25\ \text{m/s}}}$$

Kontinuitätsgleichung:

$$A_1 v_1 = A_2 v_2$$

$$\underline{A_2 = A_1 \frac{v_1}{v_2}} = \underline{\underline{0{,}25\ \text{cm}^2}}$$

1.14.4. Mühlgraben

In das strömende Wasser eines Mühlgrabens wird ein gekrümmtes Rohr zum Teil eingetaucht. Im Rohr wird die Wasseroberfläche um die Höhe Δh angehoben.
Wie groß ist die Strömungsgeschwindigkeit v?

$\Delta h = 5{,}0$ cm

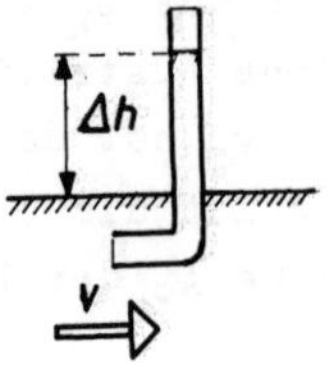

Bernoullische Gleichung (innerhalb einer Stromröhre; gestrichelt angedeutet):

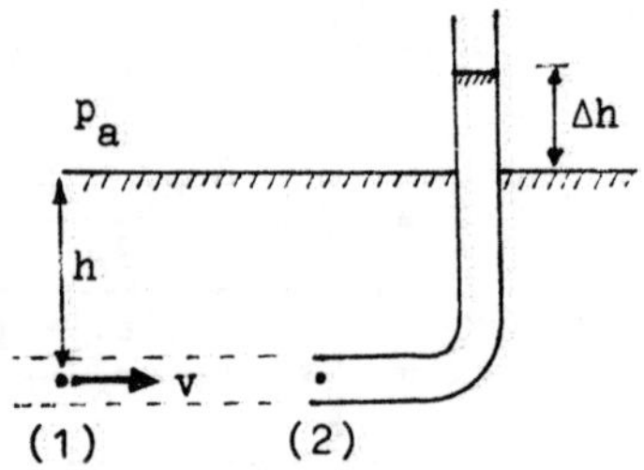

$$p_0(1) = p_0(2)$$

$$\frac{\varrho}{2} v_1^2 + p_1 = \frac{\varrho}{2} v_2^2 + p_2 \qquad \varrho = \varrho_W$$

$v_1 = v$ (ungestörte Strömung)

$v_2 = 0$ (Staupunkt)

$p_1 = p_a + \varrho g h$

$p_2 = p_a + \varrho g (h + \Delta h)$

$$\frac{\varrho}{2} v^2 + (p_a + \varrho g h) = p_a + \varrho g (h + \Delta h)$$

$$\underline{v = \sqrt{2g\,\Delta h}} = \underline{\underline{1{,}0 \text{ m/s}}}$$

1.14.5. Feuerwehrschlauch

In einem Feuerwehrschlauch mit dem Innendurchmesser d_1 herrscht ein Überdruck Δp. Die Strahldüse hat den Innendurchmesser d_0.

a) Mit welcher Geschwindigkeit v_0 tritt der Löschwasserstrahl aus der Düse?

b) Welche Wasserstromstärke I ergießt sich über die Flammen?

$d_1 = 100$ mm $\quad d_0 = 25$ mm $\quad \Delta p = 400$ kPa

---

a) Bernoullische Gleichung:

$$\Delta p + \frac{\rho_W}{2} v_1^2 = \frac{\rho_W}{2} v_0^2$$

Berechnung von v_1 mit der Kontinuitätsgleichung:

$$I = A\,v = \frac{\pi}{4} d^2 v$$

$$v_1\, d_1^2 = v_0\, d_0^2$$

$$v_1 = v_0 \left(\frac{d_0}{d_1}\right)^2$$

$$\Delta p + \frac{\rho_W}{2} v_0^2 \left(\frac{d_0}{d_1}\right)^4 = \frac{\rho_W}{2} v_0^2$$

$$v_0^2 \left[1 - \left(\frac{d_0}{d_1}\right)^4\right] = \frac{2\,\Delta p}{\rho_W}$$

$$v_0 = \sqrt{\frac{2\,\Delta p}{\rho_W\left[1 - \left(\frac{d_0}{d_1}\right)^4\right]}} = 28 \text{ m/s}$$

b) $$I = \frac{\pi}{4} d_0^2\, v_0 = 14 \text{ l/s}$$

1.14.6. Saugheber

Mit einem Saugheber wird destilliertes Wasser abgefüllt. Der Wasserspiegel liegt um h_1 höher als die Ausflußöffnung.
Mit welcher Geschwindigkeit v_0 fließt das Wasser aus?
(Der Flüssigkeitsspiegel im Vorratsgefäß soll seine Höhe nicht wesentlich ändern.)

$h_1 = 1,0$ m

Bernoullische Gleichung:

$$p_1 + \rho g h_1 + \frac{\rho}{2} v_1^2 = p_2 + \rho g h_2 + \frac{\rho}{2} v_2^2$$

$h_2 = 0$ (Bezugsniveau)

$v_1 = 0$ (großer Gefäßquerschnitt)

$p_1 = p_2 = p_a$ (Luftdruck)

$$\rho g h_1 = \frac{\rho}{2} v_0^2$$

$$\underline{v_0 = \sqrt{2gh_1}} = \underline{\underline{4,4 \text{ m/s}}}$$

1.14.7. Rohrsystem

Gegeben ist das dargestellte Rohleitungssystem. Der Wasserspiegel bleibt in der Höhe h_0 (sehr großes Reservoir).

a) Wie groß sind die Geschwindigkeiten v_1 und v_2 des Wassers an den Stellen (1) und (2)?

b) Welchen Betrag hat die Stromstärke I im Rohrleitungssystem?

c) Man berechne den statischen Druck p_1 und den Staudruck p_{1Stau} an der Stelle (1)!

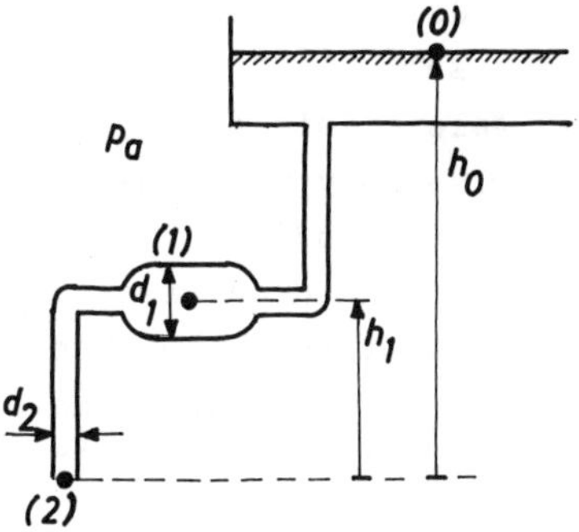

$h_0 = 40{,}0$ m $\qquad h_1 = 10{,}0$ m

$d_1 = 400$ mm $\qquad d_2 = 20{,}0$ mm

Normaler Luftdruck $p_a = 101{,}3$ kPa

---

a) Bernoullische Gleichung:

$$p_a + \varrho_W g h_0 = p_a + \frac{\varrho_W}{2} v_2^2$$

$$\underline{v_2 = \sqrt{2gh_0}} = \underline{\underline{28 \text{ m/s}}}$$

Kontinuitätsgleichung:

$$A_1 v_1 = A_2 v_2$$

$$\underline{v_1 = v_2 \frac{A_2}{A_1} = v_2 \left(\frac{d_2}{d_1}\right)^2} = \underline{\underline{0{,}07 \text{ m/s}}}$$

b)

$$I = A_2 v_2$$

$$\underline{I = \frac{\pi}{4} d_2^2 \, v_2} = \underline{\underline{32 \text{ m}^3/\text{h}}}$$

c)

$$p_1 + \frac{\varrho_W}{2} v_1^2 + \varrho_W g h_1 = p_a + \varrho_W g h_0$$

$$\underline{p_1 = p_a + \varrho_W g (h_0 - h_1) - \frac{\varrho_W}{2} v_1^2} = \underline{\underline{395 \text{ kPa}}}$$

$$\underline{p_{1Stau} = \frac{\varrho_W}{2} v_1^2 = \varrho_W g h_0 \left(\frac{d_2}{d_1}\right)^4} = \underline{\underline{2{,}5 \text{ Pa}}}$$

1.14.8. Trichter

In einem Trichter wird die Höhe h_1 der Flüssigkeit über der Ausflußöffnung durch vorsichtiges Nachgießen konstantgehalten. Die Ausflußöffnung hat den Durchmesser d_0, der klein gegenüber dem Durchmesser d_1 in der Höhe des Flüssigkeitsspiegels sein soll.

a) Welche Zeit t ist erforderlich, um eine Flasche vom Volumen V mit dem Trichter zu füllen?

b) Welchen Durchmesser d_2 hat der Flüssigkeitsstrahl in der Tiefe h_2 unter der Ausflußöffnung des Trichters?

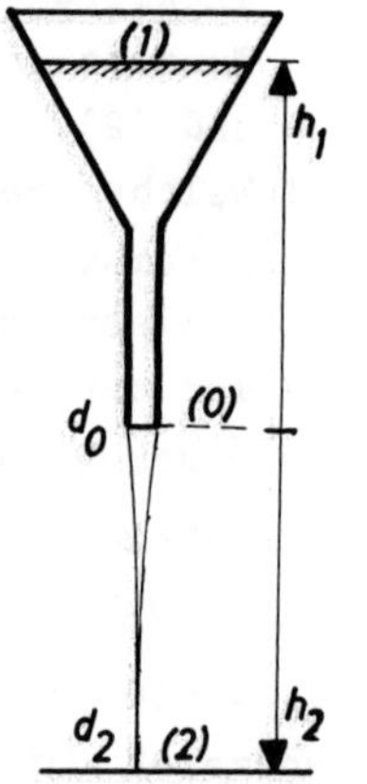

d_0 = 6,0 mm h_1 = 115 mm h_2 = - 240 mm

V = 1,00 l

a) Bernoullische Gleichung:

$$p_1 + \varrho g h_1 + \frac{\varrho}{2} v_1^2 = p_0 + \frac{\varrho}{2} v_0^2$$

$\varrho = \varrho_W$; h_1 = const (Nachgießen)

$p_1 = p_0 = p_a$ (Äußerer Luftdruck)

$v_1 = 0$ (wegen $d_1 \gg d_0$ ist $v_1 \ll v_0$)

$$v_0 = \sqrt{2gh_1}$$

Kontinuitätsgleichung:

$$I = \frac{V}{t} = A_0 v_0 = \frac{\pi}{4} d_0^2 v_0$$

$$t = \frac{4V}{\pi d_0^2 \sqrt{2gh_1}} = 23{,}5 \text{ s}$$

b) $p_{ges}(2) = p_{ges}(0) = p_{ges}(1)$

$$\frac{\rho}{2} v_2^2 + \varrho g h_2 = \frac{\rho}{2} v_0^2 = \varrho g h_1$$

$$v_2 = \sqrt{2g(h_1 - h_2)}$$

$$A_0 v_0 = \frac{\pi}{4} d_0^2 v_0 = A_2 v_2 = \frac{\pi}{4} d_2^2 v_2$$

$$d_2 = d_0 \sqrt{\frac{v_0}{v_2}} = d_0 \sqrt[4]{\frac{h_1}{h_1 - h_2}} = 4{,}5 \text{ mm}$$

1.14.9. Wasserleitung

An eine in der Höhe h = 0 horizontal liegenden Hauptwasserleitung, in der der Gesamtdruck den Wert p_0 hat, ist ein Steigleitung angeschlossen. In den Höhen h_1 und h_2 befinden sich Ausflüsse mit dem gleichen Querschnitt.
Berechnen Sie das Verhältnis I_1/I_2 der Stromstärken des ausfließenden Wassers, wenn jeweils nur einer der beiden Ausflüsse geöffnet ist!

$p_0 = 320$ kPa $\qquad p_a = 100$ kPa $\qquad h_1 = 10$ m $\qquad h_2 = 20$ m

---

Bernoullische Gleichung:

$$p_0 = p_1 + \frac{\varrho_W}{2} v_1^2 + \varrho_W g h_1 = p_2 + \frac{\varrho_W}{2} v_2^2 + \varrho_W g h_2$$

$$p_1 = p_2 = p_a \quad \text{(Äuß. Luftdruck)}$$

$$\Longrightarrow \quad v_1^2 = \frac{2(p_0 - p_a - \varrho_W g h_1)}{\varrho_W}$$

$$\Longrightarrow \quad v_2^2 = \frac{2(p_0 - p_a - \varrho_W g h_2)}{\varrho_W}$$

Damit Berechnung der Stromstärken:

$$I_1 = A_1 v_1 \qquad I_2 = A_2 v_2 \qquad A_1 = A_2$$

$$\frac{I_1}{I_2} = \frac{v_1}{v_2} = \sqrt{\frac{p_0 - p_a - \varrho_W g\, h_1}{p_0 - p_a - \varrho_W g\, h_2}} = 2{,}3$$

1.14.10. Windkanal

Ein Tragflügel wird im Windkanal einem Luftstrom der Geschwindigkeit v_0 ausgesetzt.
Welche Geschwindigkeit v herrscht an einer Stelle des Profils, an der man den Unterdruck Δp gegenüber einer Stelle in der ungestörten Strömung feststellt?
Dichte der Luft: $\rho = 1{,}20\ kg/m^3$

$v_0 = 40\ m/s$ $\Delta p = -\ 3{,}12\ kPa$

Bernoullische Gleichung:

$$p_{ges}(A) = p_{ges}(B)$$

A ist eine Stelle in der ungestörten Strömung.

B ist eine Stelle an der Tragflügeloberseite.

$$\frac{\rho}{2}\,v_0^2 + p_0 = \frac{\rho}{2}\,v^2 + p$$

$$p = p_0 + \Delta p$$

$$v = \sqrt{v_0^2 - \frac{2\ \Delta p}{\rho}} = 82\ m/s$$

1.14.11. Dichtebestimmung

Ein zylindrisches Gefäß (Durchmesser d_1) ist mit einem Gas unbekannter Dichte ϱ gefüllt und umgekehrt in Wasser (Dichte ϱ_W) eingetaucht, so daß der Flüssigkeitsspiegel im Inneren des Gefäßes um die Höhe h unter der Wasseroberfläche liegt. Durch ein kleines rundes Loch (Durchmesser d_0) im Gefäßboden entweicht der Gasstrom I.
Wie groß ist ϱ ?

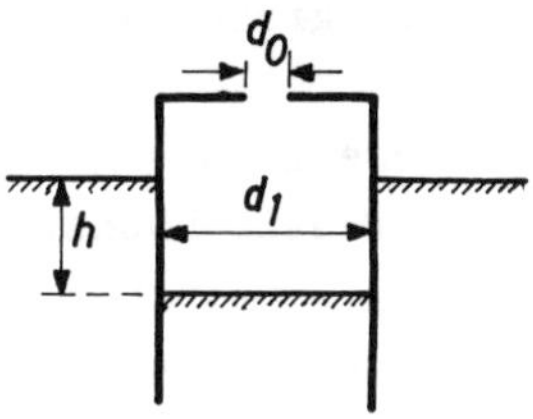

$d_0 = 520\ \mu m \qquad d_1 \gg d_0$

$I = 14{,}9\ cm^3/s \qquad h = 235\ mm$

Bernoullische Gleichung (an der Öffnung und im Inneren des Gefäßes):

$$\frac{\varrho}{2} v_0^2 + p_a = p_1$$

p_a ist der äußere Luftdruck.

p_1 ist der Druck im Gas:

$$p_1 = p_a + \varrho_W g h$$

$$\frac{\varrho}{2} v_0^2 = \varrho_W g h$$

$$\varrho = \frac{2\varrho_W g h}{v_0^2}$$

Berechnung der Ausströmgeschwindigkeit v_0:

$$I = A_0 v_0 = \frac{\pi}{4} d_0^2 v_0$$

$$v_0^2 = \left(\frac{4I}{\pi d_0^2}\right)^2$$

$$\varrho = \frac{\pi^2 d_0^4 g h}{8 I^2} \varrho_W = 0{,}937\ kg/m^3$$

1.14.12. Turbine

In einem Stausee steht der Wasserspiegel in der Höhe h über der Einlauföffnung der Turbine. Der Wasserzufluß hat die Stromstärke I. Es wird angenommen, daß an der Einlauföffnung der gleiche Druck wie an der Auslauföffnung herrscht (normaler Luftdruck p_a). Die Querschnittsfläche A_2 der Auslauföffnung ist größer als die Querschnittsfläche A_1 der Einlauföffnung.

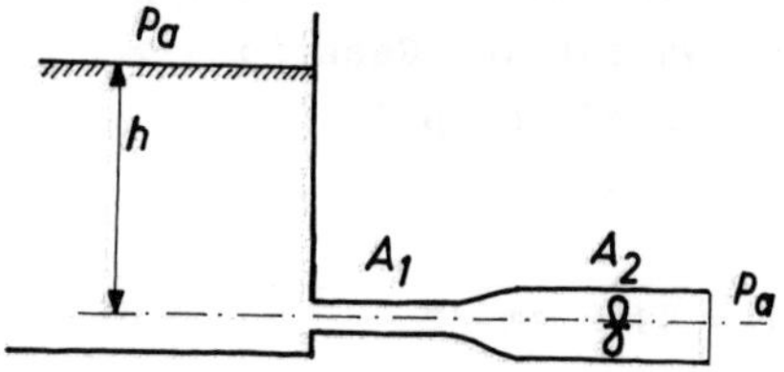

a) Welche Leistung P_0 kann das Wasser höchstens abgeben?

b) Welche Fläche A_1 muß die Einlauföffnung der Turbine haben?

c) Welchen Wirkungsgrad $\eta = P/P_0$ hat die Turbine bestenfalls?

$h = 30$ m $\quad I = 12\ m^3/s \quad A_2 = 2{,}0\ m^2$

---

a) $P_0 = \frac{W}{t} = \frac{mgh}{t} = \frac{\varrho_W V g h}{t} \quad ; \quad \frac{V}{t} = I$

$\underline{P_0 = \varrho_W I g h} = \underline{\underline{3{,}5\ MW}}$

b) $I = A_1 v_1$ Berechnung von v_1 mit der Bernoullischen Gl.:

$$p_a + \frac{\varrho_W}{2} v_1^2 = p_a + \varrho_W g h$$

$$v_1 = \sqrt{2gh}$$

$\underline{A_1 = \frac{I}{\sqrt{2gh}}} = \underline{\underline{0{,}50\ m^2}}$

c) $\eta = \frac{P}{P_0}$ $\quad P = \frac{E_{k1} - E_{k2}}{t} = \frac{m}{2t}(v_1^2 - v_2^2) = \frac{\varrho_W}{2} I(v_1^2 - v_2^2)$

mit $v_1 = \frac{I}{A_1}$ und $v_2 = \frac{I}{A_2}$ (Kont.-Gl.)

$$P = \frac{\varrho_W I^3}{2\ A_1^2}\left[1 - \left(\frac{A_1}{A_2}\right)^2\right] = \varrho_W I g h\left[1 - \left(\frac{A_1}{A_2}\right)^2\right]$$

$\underline{\eta = 1 - \left(\frac{A_1}{A_2}\right)^2} = \underline{\underline{0{,}94}}$ $\quad \left(\text{Oder über erweit. Bern. Gl.: } \frac{\varrho_W}{2} v_2^2 + \Delta p = \varrho_W g h \ ; \ \Delta p = \frac{F}{A} = \frac{Fv}{Av} = \frac{P}{I}\right)$

1.15.1. Gleitlager

Ein zylindrischer Metallkörper mit dem Durchmesser d und der Länge l rotiert mit der Drehfrequenz f in einem Gleitlager (Hohlzylinder). Der Spalt zwischen beiden zylindrischen Körpern hat die Breite b und ist vollständig mit Öl der dynamischen Viskosität η gefüllt. Im Spalt wird ein lineares Geschwindigkeitsgefälle vorausgesetzt.
Welches Drehmoment M ist erforderlich, um die Rotation aufrechtzuerhalten?

$d = 2{,}0\ \text{cm}$ $l = 10{,}0\ \text{cm}$ $f = 10\ \text{s}^{-1}$ $b = 200\ \mu\text{m}$
$\eta = 0{,}098\ \text{Pa}\cdot\text{s}$

$$M = F_R \frac{d}{2}$$

$$F_R = \eta A \frac{dv}{dh} = \eta A \frac{\Delta v}{b}$$

$$A = \pi d l$$

$$\Delta v = v_i - v_a = \omega r - 0$$

$$\omega = 2\pi f \qquad r = \frac{d}{2}$$

$$F_R = \frac{\eta \pi^2 d^2 l f}{b}$$

$$M = \frac{\pi^2 \eta d^3 l f}{2b} = 1{,}93 \cdot 10^{-2}\ \text{N}\cdot\text{m}$$

1.15.2. Kugel in Öl

Eine Stahlkugel (Radius r, Dichte ϱ_1) wird in einem mit Öl (Dichte ϱ_2, dynamische Viskosität η) gefüllten Standzylinder fallengelassen.

a) Welche Endgeschwindigkeit v_E erreicht die Kugel?

b) Wie groß ist die Endgeschwindigkeit v_E' bei doppeltem Radius?

c) Man leite die Geschwindigkeit-Zeit-Funktion für den Fall her, daß die Kugel zur Zeit $t_0 = 0$ die Bewegung im Öl mit der Geschwindigkeit $v_0 = 0$ beginnt!

$r = 1{,}00$ mm $\quad \varrho_1 = 8300\ \mathrm{kg/m^3} \quad \varrho_2 = 800\ \mathrm{kg/m^3}$

$\eta = 1{,}50$ Pa·s

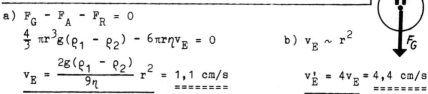

a) $F_G - F_A - F_R = 0$

$$\frac{4}{3}\pi r^3 g(\varrho_1 - \varrho_2) - 6\pi r\eta v_E = 0$$

$$v_E = \frac{2g(\varrho_1 - \varrho_2)}{9\eta} r^2 = 1{,}1\ \mathrm{cm/s}$$

b) $v_E \sim r^2$

$$v_E' = 4v_E = 4{,}4\ \mathrm{cm/s}$$

c) $ma = F_G - F_A - F_R$

$$\frac{4}{3}\pi r^3 \varrho_1 \frac{dv}{dt} = \frac{4}{3}\pi r^3 g(\varrho_1 - \varrho_2) - 6\pi\eta r v$$

Trennung der Variablen: $$dt = \frac{dv}{(1 - \frac{\varrho_2}{\varrho_1})g - \frac{9\eta}{2r^2\varrho_1} v}$$

Substitution: $u = (1 - \frac{\varrho_2}{\varrho_1})g - \frac{9\eta}{2r^2\varrho_1} v \; ; \quad du = -\frac{9\eta}{2r^2\varrho_1} dv$

$$\int_0^t dt = -\frac{2r^2\varrho_1}{9\eta}\int_{u_0}^{u}\frac{du}{u} \qquad u_0 = u(v{=}0) = (1 - \frac{\varrho_2}{\varrho_1})g$$

$$t = -\frac{2r^2\varrho_1}{9}\ln\frac{u}{u_0} \; ; \quad -\frac{9\eta}{2r^2\varrho_1} t = \ln\left(1 - \frac{9\eta}{2r^2(\varrho_1 - \varrho_2)g} v\right)$$

$$e^{-\frac{9\eta}{2r^2\varrho_1}t} = 1 - \frac{9\eta}{2r^2(\varrho_1 - \varrho_2)g} v \; ; \quad v(t) = \frac{2r^2(\varrho_1 - \varrho_2)g}{9\eta}\left(1 - e^{-\frac{9\eta}{2r^2\varrho_1}t}\right)$$

1.15.3. Ausflußgeschwindigkeit

Wasser fließt seitlich aus einem sehr großen Gefäß. Die Höhe h der Wassersäule über der Ausflußöffnung ist bekannt.
Welche Ausflußgeschwindigkeit v hat das Wasser, wenn es

a) die Öffnung A verläßt,
b) erst noch das Rohr mit der Länge l und der lichten Weite d durchfließen muß?

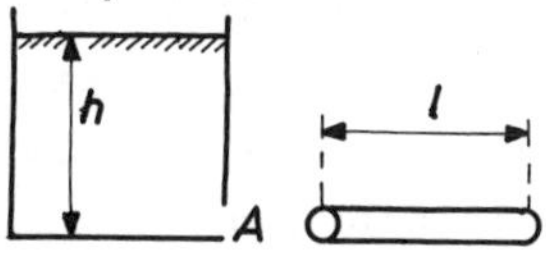

Das Wasser hat die dynamische Viskosität η.

$h = 60{,}0$ cm $l = 120$ cm $d = 2{,}0$ mm $\eta = 1{,}065$ mPa·s

---

a) Reibungsfreie Strömung; Bernoullische Gleichung zwischen (0) und (1):

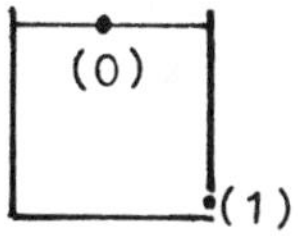

$$p_a + \rho_W gh = p_a + \frac{\rho_W}{2} v^2$$

$$v = \sqrt{2gh} = 3{,}4 \text{ m/s}$$

b) Reibung im Rohr; Erweiterte Bernoullische Gleichung zwischen (0) und (1), d.h. Berücksichtigung eines zusätzlichen Druckes Δp infolge des Wirkens der Hagen-Poisseuilleschen Reibungskraft im Rohr zwischen (1) und (2):

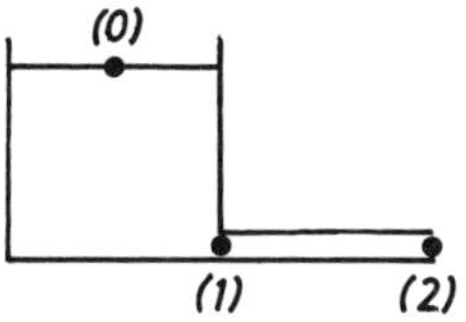

$$p_a + \rho_W gh = p_a + \frac{\rho_W}{2} v^2 + \Delta p$$

$$\Delta p = \frac{F_R}{A}$$

$$\Delta p = \frac{8\pi\eta l\bar{v}}{\frac{\pi}{4} d^2}$$

Näherung: $\bar{v} = v$

$$\Delta p = \frac{32\,\eta l v}{d^2}$$

$$\rho_W gh = \frac{\rho_W}{2} v^2 + \frac{32\,\eta l}{d^2} v$$

$$v^2 + \frac{64\,\eta l}{\rho_W d^2} v - 2gh = 0$$

$$v = -\frac{32\,\eta l}{\rho_W d^2} + \sqrt{\left(\frac{32\,\eta l}{\rho_W d^2}\right)^2 + 2gh} = 0{,}56 \text{ m/s}$$

Hinweis:

$$Re = \frac{\rho d v}{\eta} = 1052$$

$$Re < Re_{krit} = 2400$$

1.15.4. Injektionsspritze

Im Inneren einer gefüllten Injektionsspritze wird mit dem Kolben der Druck p_1 erzeugt. An der Kanülenspitze ist der Druck in der ausströmenden Injektionsflüssigkeit (Dichte ϱ, Zähigkeit η) gleich dem Druck p_2 im Blut.
Wie groß ist die Strömungsgeschwindigkeit v_2 in der Kanüle, die die Länge l und den Innendurchmesser d hat?
Die Kolbengeschwindigkeit v_1 ist gegenüber v_2 zu vernachlässigen.

η = 1,08 mPa·s
ϱ = 1030 kg/m^3
p_1 = 105,9 kPa
p_2 = 103,8 kPa
l = 8,0 cm
d = 0,5 mm

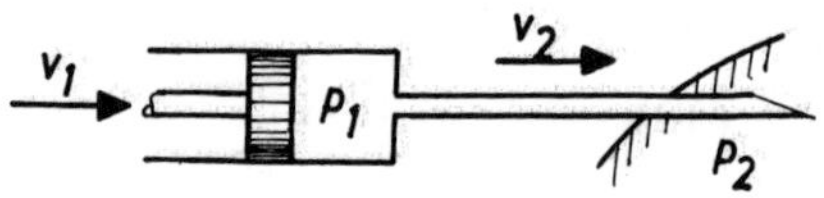

Erweiterte Bernoullische Gleichung beim Eintritt der Injektionsflüssigkeit in die Kanüle:

$$p_1 = p_2 + \Delta p + \frac{\varrho}{2} v_2^2$$

Δp ist der infolge der Reibung im Rohr zusätzlich auftretende Druck (Hagen-Poiseuillesche Reibungskraft):

$$\Delta p = \frac{F_R}{A} = \frac{8\pi \eta l \bar{v}_2}{\frac{\pi}{4} d^2} \qquad \text{Näherung: } \bar{v}_2 = v_2$$

$$\Delta p = \frac{32 \eta l v_2}{d^2}$$

$$v_2^2 + \frac{64 \eta l}{\varrho d^2} v_2 - \frac{2(p_1 - p_2)}{\varrho} = 0$$

$$v_2 = -\frac{32 \eta l}{\varrho d^2} + \sqrt{\left(\frac{32 \eta l}{\varrho d^2}\right)^2 + \frac{2(p_1 - p_2)}{\varrho}} = \underline{\underline{19 \text{ cm/s}}}$$

1.15.5. Skiläufer

Ein Skiläufer (Masse m) fährt einen um den Winkel α geneigten Hang hinab. Die Gleitreibungszahl ist μ. Der Luftwiderstand ist proportional v^2; bei der Geschwindigkeit v_0 sei er F_{L0}. Welche Höchstgeschwindigkeit v_E erreicht der Skiläufer?

$m = 90\ \mathrm{kg}$ $\alpha = 30^\circ$ $\mu = 0{,}10$ $v_0 = 1{,}0\ \mathrm{m/s}$

$F_{L0} = 0{,}402\ \mathrm{N}$

Kräftegleichgewicht: ($\sum F = 0$; $a = 0$)

$$F_H = F_R + F_L$$

$$F_H = mg \sin\alpha$$

$$F_R = \mu\, mg \cos\alpha$$

$$F_L = k\, v_E^2$$

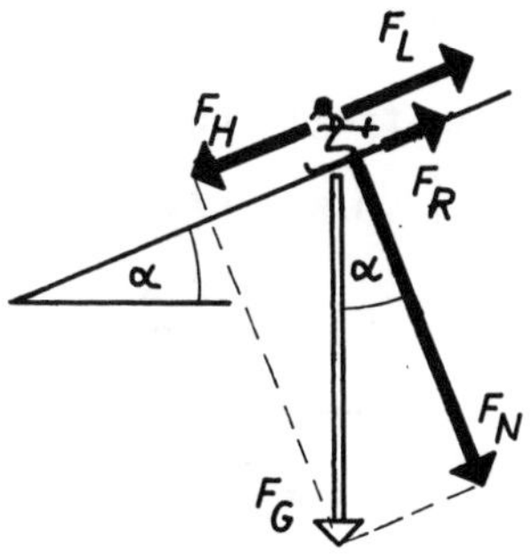

Bestimmung von k:

$$F_{L0} = k\, v_0^2$$

$$k = \frac{F_{L0}}{v_0^2}$$

$$mg(\sin\alpha - \mu\cos\alpha) = F_{L0}\left(\frac{v_E}{v_0}\right)^2$$

$$v_E = v_0\sqrt{\frac{mg}{F_{L0}}(\sin\alpha - \mu\cos\alpha)} = 108\ \mathrm{km/h}$$

1.15.6. Fallschirmspringer

a) Welche maximale Fallgeschwindigkeit v_1 erreicht ein Fallschirmspringer (Masse m_1, Widerstandsbeiwert c; Schirm noch nicht geöffnet), der der Strömung die Querschnittsfläche A_1 darbietet?
Die Dichte der Luft ist ϱ.

b) Welche Geschwindigkeit v_2 erreicht dagegen ein Käfer, dessen lineare Abmessungen nur 1/500 derer des Fallschirmspringers betragen? Es wird vorausgesetzt, daß Dichte und Widerstandsbeiwert von Mensch und Käfer gleich sind.

c) Aus welcher Höhe h_2 müßte ein Mensch abspringen, um die Geschwindigkeit v_2 zu erreichen?

$m_1 = 85$ kg $\quad A_1 = 0{,}90$ m^2 $\quad \varrho = 1{,}29$ kg/m^3 $\quad c = 0{,}38$

---

a) Kräftegleichgewicht: (a = 0; F = 0)

$$m_1 g = c A_1 \frac{\varrho}{2} v_1^2$$

$$v_1 = \sqrt{\frac{2 m_1 g}{c A_1 \varrho}} = 61{,}5 \text{ m/s} = 221 \text{ km/h}$$

b) $$l_2 = \frac{l_1}{500} \qquad m \sim l^3 \qquad A \sim l^2$$

$$\Longrightarrow \quad v_1 \sim \sqrt{l}$$

$$v_2 = \frac{v_1}{\sqrt{500}} = 2{,}7 \text{ m/s}$$

c) $$m_1 g h_2 = \frac{m_1}{2} v_2^2$$

$$h_2 = \frac{v_2^2}{2g} = 0{,}4 \text{ m}$$

1.15.7. Seitenwind

Ein Fahrzeug (Querschnittsfläche A, Widerstandsbeiwert c) bewegt sich mit der Geschwindigkeit v_F auf horizontaler, gerader Straße. Es herrscht Seitenwind rechtwinklig zur Straße. Die Windgeschwindigkeit sei v_W. Die Querschnittsfläche und der Widerstandsbeiwert sind unabhängig von der Anströmrichtung. Welche Motorleistung P ist allein erforderlich, um den Luftwiderstand zu überwinden? (Von anderen Reibungseinflüssen wird abgesehen.)

$A = 4{,}00\ m^2$ $c = 1{,}0$ $v_F = 20{,}0\ m/s$ $v_W = 10{,}0\ m/s$

Dichte der Luft: $\rho_L = 1{,}29\ kg/m^3$

$P = F_{RF} v_F$ F_{RF} ist die Reibungskraft (Luftwiderstand) in Fahrtrichtung.

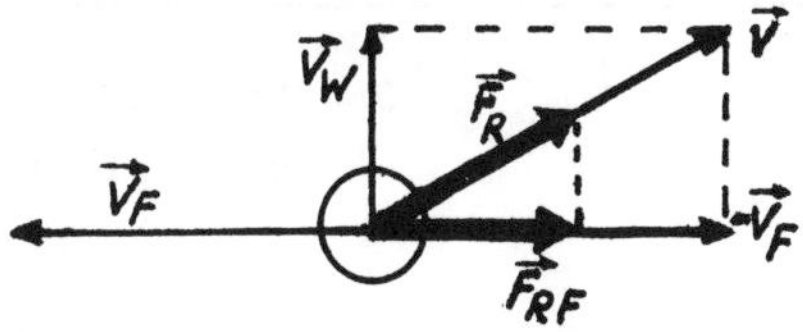

(Strömungsgeschwindigkeit: $-\vec{v}_F$)

Luftwiderstand:

$$F_R = cA \frac{\rho_L}{2} v^2 = cA \frac{\rho_L}{2} (v_W^2 + v_F^2)$$

Davon die Komponente in Fahrtrichtung ermitteln:

$$\frac{F_{RF}}{F_R} = \frac{v_F}{v}$$

$$F_{RF} = \frac{v_F}{v} F_R = \frac{1}{2} cA\rho_L v_F \sqrt{v_W^2 + v_F^2}$$

$$P = \frac{1}{2} cA\rho_L v_F^2 \sqrt{v_F^2 + v_W^2} = 23\ kW$$

1.15.8. Abflußrohr

Durch ein gegenüber der Horizontalen um den Winkel α geneigtes Glasrohr vom Innendurchmesser d_0 fließt Wasser aus einem großen Gefäß, in welchem der Wasserspiegel unmittelbar über dem Rohrausfluß liegt, so daß die Strömung allein durch das Gefälle zustandekommt.

a) Welche Stromstärke I_0 tritt bei laminarer Strömung durch das Rohr?

b) Prüfen Sie nach, ob die kritische Reynoldssche Zahl Re_{kr} für den Übergang zur turbulenten Strömung erreicht wird? (Beim Rohr ist in Re für die charakteristische Länge der Durchmesser d_0 einzusetzen.)

$d_0 = 10$ mm $\quad \alpha = 0{,}5^0$

$\eta = 1{,}12$ mPa·s $\quad Re_{kr} = 2400$

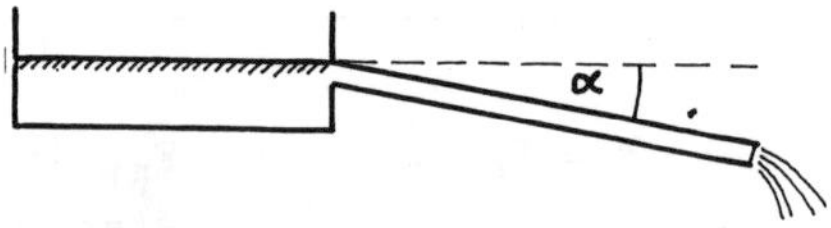

---

a) $I_0 = A\, v_0$ Kräftegelichgewicht zwischen Druckkraft und Reibungskraft:

$p\, A = 8\pi\eta l \bar{v}$ Näherung: $\bar{v} = v_0$

$p = \varrho g h$

$= \varrho g l \sin\alpha$

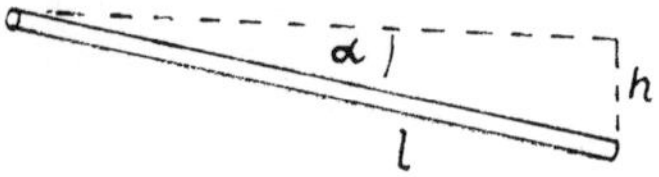

$\varrho g A \sin\alpha = 8\pi\eta v_0$

$$v_0 = \frac{\varrho g A \sin\alpha}{8\pi\eta} \qquad A = \frac{\pi}{4} d_0^2$$

$$I_0 = \frac{\pi\varrho g d_0^4 \sin\alpha}{128\eta} = 19\ \mathrm{cm^3/s}$$

b) $$Re = \frac{\varrho d_0 v_0}{\eta} \qquad v_0 = \frac{\varrho g d_0^2 \sin\alpha}{32\eta}$$

$$Re = \frac{\varrho^2 g d_0^3 \sin\alpha}{32\eta^2} = 2130 < Re_{kr}$$

1.15.9. Feuerwehrschlauch

Ein Feuerwehrschlauch hat den Innendurchmesser d_0.

a) Welche Löschwasserstromstärke I_0 könnte bereitgestellt werden, wenn die Strömung laminar sein soll?
(In der Reynoldsschen Zahl ist für die charakteristische Länge der Durchmesser d_0 zu verwenden; die kritische Reynoldssche Zahl ist Re_{kr}; die Zähigkeit des Wassers ist η.)

b) Die Löschwasserstromstärke soll I_1 betragen.
Welchen Wert hat die Reynoldssche Zahl Re in diesem Fall?

$d_0 = 100\ \text{mm}$ $\qquad \eta = 1{,}15\ \text{mPa}\cdot\text{s}$ $\qquad I_1 = 25\ \text{l/s}$ $\qquad Re_{kr} = 2400$

---

a)

$$I_0 = A\, v_0 = \frac{\pi}{4} d_0^4\, v_0$$

Bestimmung von v_0:

$$Re_{kr} = \frac{\rho d_0 v_0}{\eta}$$

$$v_0 = \frac{\eta Re_{kr}}{\rho d_0}$$

$$I_0 = \frac{\pi d_0 \eta Re_{kr}}{4\rho} = 0{,}22\ \text{l/s}$$

b)

$$Re = \frac{\rho d_0 v_1}{\eta}$$

$$v_1 = \frac{I_1}{A} = \frac{I_1}{\frac{\pi}{4} d_0^2}$$

$$Re = \frac{4\rho I_1}{\pi \eta d_0} = 277000$$

1.15.10. Zentrifuge

In einer Zentrifuge befindet sich Milch, in der die kleinsten Fetttröpfchen den Durchmesser d besitzen. Die Zentrifuge rotiert mit der Frequenz f. Das Zentrifugengefäß hat den inneren Durchmesser d_1 und den äußeren Durchmesser d_2.

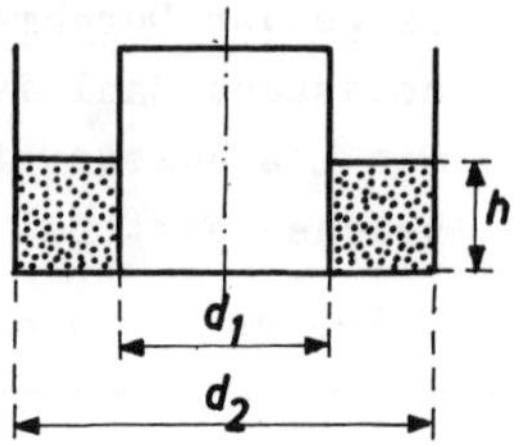

a) Wie lange dauert es, bis das Fett in der Zentrifuge vollständig abgetrennt worden ist?

b) Wie lange würde der gleiche Vorgang bei alleiniger Einwirkung der Schwerkraft dauern, wenn die Füllhöhe h des Gefäßes $h = (d_2 - d_1)/2$ beträgt?

Dichte des Fetts: $\varrho_1 = 0{,}921\ \mathrm{g/cm^3}$

Dichte der wäßrigen Lösung: $\varrho_2 = 1{,}030\ \mathrm{g/cm^3}$

Zähigkeit der wäßrigen Lösung: $\eta = 1{,}11\ \mathrm{mPa\cdot s}$

(Die Beschleunigung kann vernachlässigt werden.)

$d = 2{,}5\ \mu\mathrm{m}$ $\quad d_1 = 80\ \mathrm{mm}$ $\quad d_2 = 310\ \mathrm{mm}$ $\quad f = 120\ \mathrm{s^{-1}}$

---

a) Kräftegleichgewicht im rotierenden Bezugssystem:

Zentrifugalkraft (verdrängte wässr. Lösung) = Zentrifugalkraft (Fetttröpfchen) + Stokessche Reibungskraft

$$F_2 = F_1 + F_R$$

$$m_2\omega^2 r = m_1\omega^2 r + 6\pi\eta\left(\frac{d}{2}\right)v$$

$$(\varrho_2 - \varrho_1)\pi\left(\frac{d}{2}\right)^2\omega^2 r = 6\pi\eta\left(\frac{d}{2}\right)v$$

$$v(r) = \frac{(\varrho_2 - \varrho_1)\omega^2 d^2}{18\eta}\, r$$

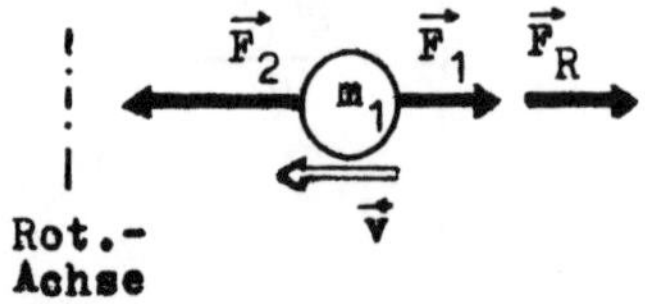

F_2 ist ein Auftrieb in horizontaler Richtung.

Bestimmung der Zeit:

$$v = \frac{dr}{dt}$$

$$\int_0^t dt = \int_{r_1}^{r_2} \frac{dr}{v(r)} \qquad r_1 = \frac{d_1}{2} \qquad r_2 = \frac{d_2}{2}$$

$$\int_{r_1}^{r_2} \frac{dr}{r} = \frac{(\varrho_2 - \varrho_1)\omega^2 d^2}{18\eta} \int_0^t dt$$

$$\ln \frac{d_2}{d_1} = \frac{(\varrho_2 - \varrho_1)\omega^2 d^2}{18\eta}\, t \qquad \omega = 2\pi f$$

$$t = \frac{9\,\eta \ln \frac{d_2}{d_1}}{2\pi^2(\varrho_2 - \varrho_1) f^2 d^2} = \underline{\underline{70\ s}}$$

b) $F_A = F_G + F_R$

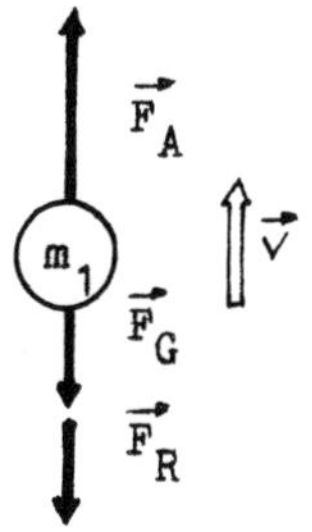

$$(\varrho_2 - \varrho_1)\, \frac{4}{3}\, \pi \left(\frac{d}{2}\right)^3 g = 6\pi\eta\left(\frac{d}{2}\right) v$$

$$v = \frac{(\varrho_2 - \varrho_1) g d^2}{18\eta} = \text{const.} = \frac{\Delta r}{t}$$

$$\Delta r = \frac{d_2}{2} - \frac{d_1}{2}$$

$$t = \frac{9\,\eta (d_2 - d_1)}{(\varrho_2 - \varrho_1) g d^2} = \underline{\underline{4{,}0\ d}}$$

2. SCHWINGUNGEN UND WELLEN

2.1.1. Lokomotive

Der Raddurchmesser einer Schnellzuglokomotive ist d_0. Es wird angenommen, daß der Kolben der Dampfmaschine, durch den die Räder angetrieben werden, eine harmonische Schwingung ausführt. Der maximale Kolbenhub ist h.
Wie groß sind bei einer Geschwindigkeit v_0 der Lokomotive
a) die maximale Kolbengeschwindigkeit v_m und
b) die maximale Kolbenbeschleunigung a_m ?
$d_0 = 230$ cm h = 64,0 cm $v_0 = 120$ km/h

---

a) $s = s_m \cos(\omega_0 t + \alpha)$

$v = \dot{s} = -\omega_0 s_m \sin(\omega_0 t + \alpha)$

$\Longrightarrow \quad v_m = \omega_0 s_m$

$$\omega_0 = \frac{v_0}{r_0} = \frac{2v_0}{d}$$

$$s_m = \frac{h}{2}$$

$$\underline{v_m = v_0 \frac{h}{d_0}} = \underline{\underline{9{,}3 \text{ m/s}}}$$

b) $a = \dot{v} = -\omega_0^2 s_m \cos(\omega_0 t + \alpha)$

$\Longrightarrow \quad a_m = \omega_0^2 s_m$

$$\underline{a_m = \frac{2v_0^2 h}{d_0^2}} = \underline{\underline{269 \text{ m/s}^2}}$$

2.1.2. Konstantenbestimmung

Bei einer Schwingung der Kreisfrequenz ω_0 sind zum Zeitpunkt $t_0 = 0$ die Elongation x_0 und die Geschwindigkeit v_{x0} gemessen worden.
Welche Werte haben der Nullphasenwinkel α und die Amplitude x_m?

$\omega_0 = 90\ s^{-1}$ $\quad x_0 = 2{,}00$ cm $\quad v_{x0} = 3{,}00$ m/s

---

$$x = x_m \cos(\omega_0 t + \alpha)$$

$$v_x = \dot{x} = -\omega_0 x_m \sin(\omega_0 t + \alpha)$$

$$\Longrightarrow \quad x_0 = x_m \cos\alpha \qquad (+)$$

$$v_{x0} = -\omega_0 x_m \sin\alpha$$

$$(x_m \cos\alpha)^2 + (x_m \sin\alpha)^2 = x_0^2 + \left(\frac{v_{x0}}{\omega_0}\right)^2$$

$$x_m = \sqrt{x_0^2 + \left(\frac{v_{x0}}{\omega_0}\right)^2} = 3{,}9 \text{ cm}$$

$$\frac{v_{x0}}{x_0} = \frac{-\omega_0 x_m \sin\alpha}{x_m \cos\alpha}$$

$$\tan\alpha = -\frac{v_{x0}}{\omega_0 x_0} \qquad \alpha = 121^\circ \quad ; \quad \alpha = 301^\circ$$

Auswahl des gültigen Winkels mit Hilfe der Gleichung (+), die die Bedingung $\cos\alpha > 0$ fordert:

$$\cos 121^\circ = -0{,}515$$
$$\cos 301^\circ = +0{,}515$$

$$\Longrightarrow \quad \alpha = 301^\circ$$

2.1.3. Schüttelsieb

Ein Schüttelsieb führt in senkrechter Richtung harmonische Schwingungen mit der Amplitude x_m aus.
Wie groß muß die Frequenz mindestens sein, damit Steine, die auf dem Sieb liegen, sich von diesem lösen?

x_m = 50 mm

Ablösebedingung:

$$a_x > g$$

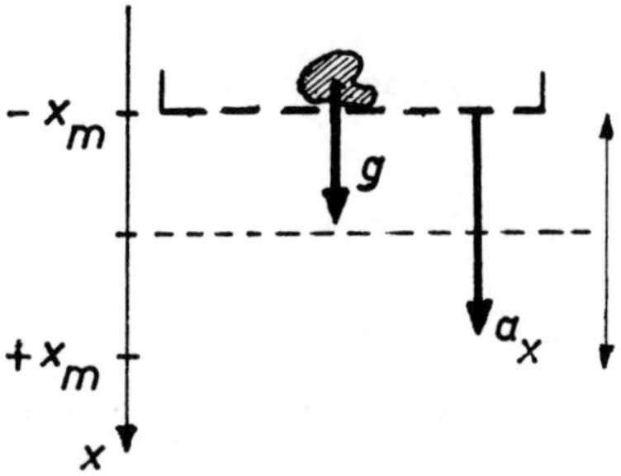

Ermittlung der Beschleunigung:

$$\ddot{x} = -\omega_0^2 x \qquad \text{oder} \qquad x = -x_m \cos \omega_0 t$$

$$x = -x_m \qquad\qquad \dot{x} = +x_m \omega_0 \sin \omega_0 t$$

$$a_x = \omega_0^2 x_m \qquad\qquad \ddot{x} = +x_m \omega_0^2 \cos \omega_0 t$$

$$t = 0:$$

$$a_x = x_m \omega_0^2$$

$$\omega_0^2 x_m > g \qquad \omega_0 = 2\pi f$$

$$4\pi^2 f^2 x_m > g$$

$$f^2 > \frac{g}{4\pi^2 x_m}$$

$$f > \frac{1}{2\pi}\sqrt{\frac{g}{x_m}}$$

$$f > \frac{1}{2\pi}\sqrt{\frac{g}{x_m}} = 2{,}2 \text{ Hz}$$

2.1.4. Tellerfederwaage

Eine Tellerfederwaage hat bei der maximalen Belastung mit der Masse m_0 die Auslenkung x_0. Die Waagschale hat die Masse m_1. Es wird ein Körper der Masse $m_2 < m_0$ auf die leere Schale gelegt.

a) Bis zu welcher Stelle x_1 wird die Waage ausgelenkt?

b) Bis zu welcher Auslenkung x_2 muß man die Waage niederdrücken, wenn sich nach dem Loslassen der Körper während der anschließenden Bewegung gerade noch nicht von der Waagschale ablösen soll?

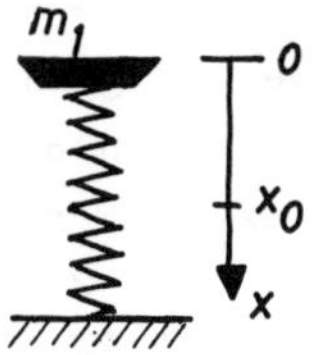

$m_0 = 10$ kg $\quad m_1 = 200$ g $\quad m_2 = 900$ g

$x_0 = 50$ mm

---

a) Gleichgewichtsbedingungen:

$$m_0 g - k x_0 = 0 \qquad (+)$$

$$m_2 g - k x_1 = 0$$

$$\Longrightarrow \quad \underline{x_1 = \frac{m_2}{m_0} x_0} = \underset{======}{4{,}5 \text{ mm}}$$

b) Ablösebedingung:

$$a_{xm} = g$$

Ermittlung von a_{xm}:

$$\ddot{x} = -\omega_0^2 x$$

$$x = -x_m = -(x_2 - x_1)$$

$$a_{xm} = \omega_0^2 (x_2 - x_1)$$

$$\omega_0 = \frac{2\pi}{T} = \sqrt{\frac{k}{m_1 + m_2}}$$

$$\frac{k(x_2 - x_1)}{m_1 + m_2} = g$$

Bestimmung von k mit (+): $\quad k = \dfrac{m_0 g}{x_0}$

$$\underline{x_2 = \frac{m_1 + m_2}{m_0} x_0 + x_1 = \frac{m_1 + 2m_2}{m_0} x_0} = \underset{=====}{10 \text{ mm}}$$

2.1.5. Laufkatze

Eine Last der Masse m hängt an der Laufkatze eines Kranes und wird mit der Geschwindigkeit v_0 horizontal bewegt. Der Schwerpunktabstand der Last vom Aufhängepunkt ist l. Beim plötzlichen Bremsen der Laufkatze beginnt die Last zu schwingen.

a) Wie groß ist die größte Beanspruchung (Kraft F_m) des Seiles?

b) Mit welcher Amplitude x_m schwingt die Last?

$m = 10$ t $\quad v_0 = 1{,}0$ m/s $\quad l = 5{,}0$ m

---

a) Bewegungsgleichung
(Kräfte in Richtung des Seiles):

$$ma_r = F - mg\cos\alpha$$

$$F = m\left(\frac{v^2}{r} + g\cos\alpha\right)\;; \quad r = l$$

Maximale Zugkraft bei $\alpha = 0$
($v = v_m = v_0$, $\cos\alpha = 1$):

$$\underline{F_m = m\left(\frac{v_0^2}{l} + g\right)} = \underline{\underline{100\ \text{kN}}}$$

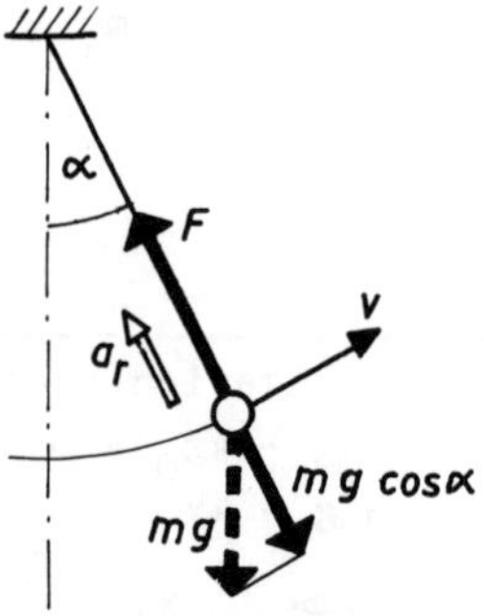

b)

$$x(t) = x_m \sin\omega_0 t$$

$$v_x(t) = \dot{x}(t) = \omega_0 x_m \cos\ \omega_0 t$$

$$v_x(0) = v_0 = \omega_0\ x_m$$

$$\omega_0 = \frac{2\pi}{T_0} = \sqrt{\frac{g}{l}}$$

$$\underline{x_m = v_0\sqrt{\frac{l}{g}}} = \underline{\underline{71\ \text{cm}}}$$

2.1.6. Seilschwingung

Durch Anhängen einer Last der Masse m_1 an einen Kranhaken der Masse m_0 dehnt sich das Seil um die Strecke Δl.
Mit welcher Frequenz f kann die Last vertikale Schwingungen ausführen?
Die Masse des Seiles und Reibungseinflüsse werden nicht berücksichtigt.

$m_1 = 1050$ kg $\qquad m_0 = 60$ kg $\qquad \Delta l = 32$ mm

---

$$f = \frac{1}{T} = \frac{1}{2\pi}\sqrt{\frac{k}{m}}$$

$$m = m_1 + m_0$$

Bestimmung von k:

$$m_1\, g = k\, \Delta l$$

$$k = \frac{m_1 g}{\Delta l}$$

$$\underline{f = \frac{1}{2\pi}\sqrt{\frac{m_1\, g}{(m_1 + m_0)\,\Delta l}}} = \underline{\underline{2{,}7\ \text{Hz}}}$$

2.1.7. Trägheitsmoment-Bestimmung

Zur Bestimmung des Trägheitsmomentes J_1 eines Körpers wird ein Drehtisch mit Drillachse verwendet.
Zunächst werden die Periodendauer T_0 der Schwingung des Drehtisches allein und das Richtmoment D bestimmt.
Nach Auflegen des Körpers und Justieren seiner Achse in bezug auf die des Drehtisches wird die Periodendauer T_1 bestimmt.
Berechnen Sie J_1 aus den Meßgrößen!

$T_0 = 0{,}444$ s D = 2,00 N·m/rad $T_1 = 1{,}539$ s

$$T_0 = 2\pi\sqrt{\frac{J_0}{D}}$$

$$\Longrightarrow \quad J_0 = D\left(\frac{T_0}{2\pi}\right)^2$$

$$T_1 = 2\pi\sqrt{\frac{J_0 + J_1}{D}}$$

$$\Longrightarrow \quad J_0 + J_1 = D\left(\frac{T_1}{2\pi}\right)^2$$

$$J_1 = D\left(\frac{T_1}{2\pi}\right)^2 - J_0$$

$$J_1 = \frac{D}{4\pi^2}\left(T_1^2 - T_0^2\right) = 0{,}110\ \mathrm{kg\cdot m^2}$$

2.1.8. Fadenpendel

Die Bewegung eines Fadenpendels (mathematisches Pendel) der Länge l soll durch den Auslenkwinkel φ beschrieben werden.

a) Wie groß ist der Betrag F_s der Kraft in Bahnrichtung bei einem beliebigen Winkel φ ?

b) Wie lautet die Differentialgleichung der Schwingung, wenn man große Ausschläge zuläßt?

c) Unterwelcher Bedingung geht die Differentialgleichung in b) in die Differentialgleichung der harmonischen Schwingung des Pendels über? Wie lautet diese?

d) Bestimmen Sie aus der Differentialgleichung der harmonischen Schwingung die Kreisfrequenz ω_0!

---

a) $\underline{F_s = - mg \sin \varphi}$

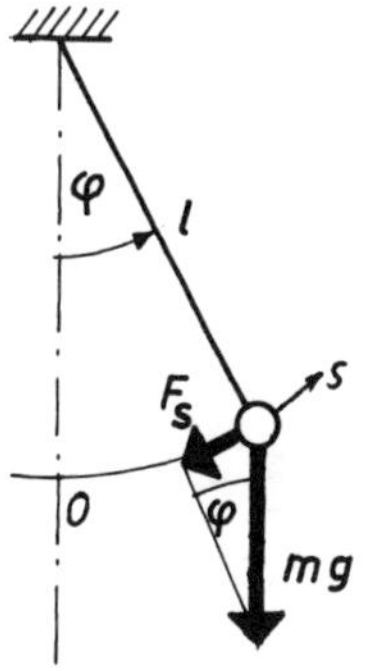

b) $ma_s = F_s$ $\qquad a_s = l\ddot{\varphi}$

$ml\ddot{\varphi} = - mg \sin \varphi$

$\underline{\ddot{\varphi} + \frac{g}{l} \sin \varphi = 0}$

c) $\underline{\varphi \ll 1}$

$\underline{\ddot{\varphi} + \frac{g}{l} \varphi = 0}$ (+)

d) $\ddot{\varphi} + \omega_0^2 \varphi = 0$

Vergleich mit (+) liefert $\omega_0^2 = \frac{g}{l}$.

$$\underline{\omega_0 = \sqrt{\frac{g}{l}}}$$

2.1.9. U - Rohr

In einem U-Rohr aus Glas befindet sich Quecksilber. Infolge eines Überdrucks auf der verschlossenen Seite ist die Flüssigkeit auf beiden Seiten um den Betrag von x_m von der Ruhelage $x = 0$ entfernt. Zur Zeit $t = 0$ wird der Verschluß geöffnet, und die Quecksilbersäule (Länge l) beginnt zu schwingen.

a) Stellen Sie die Bewegungsgleichung auf und leiten Sie daraus die Formel für die Schwingungsdauer T der Quecksilbersäule ab!

b) Welche maximale Geschwindigkeit v_{xm} hat die Säule?

c) Wie groß ist die Beschleunigung a_{x0} zur Zeit $t = 0$?

d) Wie groß ist die Beschleunigung a_{x1} zur Zeit $t = T/4$?

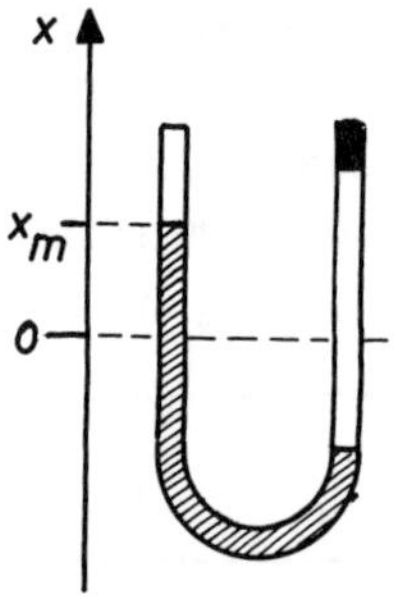

$l = 34{,}2$ cm $\qquad x_m = 3{,}5$ cm

---

a) $m\ddot{x} = F_x$

$$m = \varrho V = \varrho A l$$

$$F_x = -\varrho g \,\Delta V = -\varrho g A \cdot 2x$$

$$\ddot{x} + 2\frac{g}{l}x = 0$$

Ein Vergleich mit $\ddot{x} + \omega_0^2 x = 0$ liefert $\omega_0^2 = 2\frac{g}{l}$.

$$T = \frac{2\pi}{\omega_0} = 2\pi\sqrt{\frac{l}{2g}} = 0{,}83 \text{ s}$$

b) $x = x_m \cos \omega_0 t$

$v_x = \dot{x} = -\omega_0 x_m \sin \omega_0 t$

$v_{xm} = \omega_0 x_m = x_m\sqrt{\frac{2g}{l}} = 0{,}27$ m/s

c) $a_x = \ddot{x} = -\omega_0^2 x_m \cos \omega_0 t$

$a_{x0} = -\omega_0^2 x_m = -\frac{2g}{l}x_m = -2{,}0$ m/s^2

d) $a_{x1} = -\omega_0^2 x_m \cos\frac{\pi}{2}$

$a_{x1} = 0$

2.1.10. Stab

Ein dünner Stab (Masse m, Länge l) ist um die Achse A drehbar gelagert und kann unter dem Einfluß der Feder (k) Drehschwingungen ausführen.

Für kleine Ausschläge ist

a) die Bewegungsgleichung der Schwingung unter Verwendung des Auslenkwinkels φ aufzustellen,

b) eine Beziehung für die Periodendauer T herzuleiten!

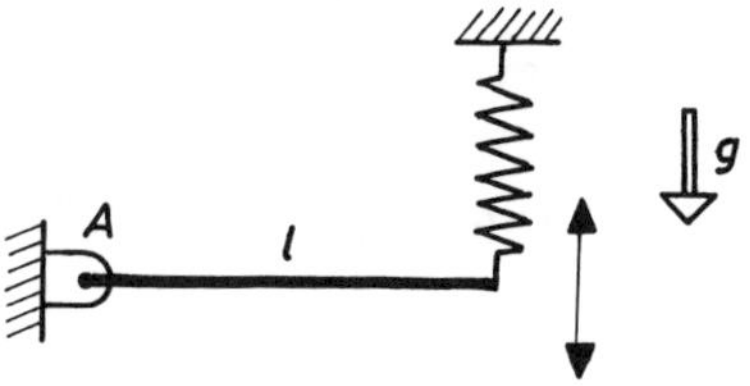

---

a) $J_A \ddot{\varphi} = M_A$

$$M_A = F\,l = -\,kx\,l$$

$$x = l\varphi$$

$$J_A = J_S + m\left(\frac{l}{2}\right)^2 = \frac{ml^2}{12} + \frac{ml^2}{4} = \frac{ml^2}{3}$$

$$\frac{ml^2}{3}\ddot{\varphi} = -\,kl^2\varphi$$

$$\ddot{\varphi} + \frac{3k}{m}\varphi = 0$$

b) Vergleich mit $\ddot{\varphi} + \omega_0^2\,\varphi = 0$ liefert $\omega_0^2 = \frac{3k}{m}$.

$$T = \frac{2\pi}{\omega_0} = 2\pi\sqrt{\frac{m}{3k}}$$

2.1.11. Stahlträger

Ein einseitig eingespannter Stahlträger senkt sich infolge der Belastung mit einem Körper der Masse m_1 am freien Ende von $y = 0$ auf $y = y_1$. Wird ein zweiter Körper (Masse m_2) am Ort y_1 auf den ersten Körper gebracht und zur Zeit $t = 0$ freigelassen, so beginnt eine Schwingbewegung. (Trägermasse nicht berücksichtigen)

a) An welchem Ort y_2 befindet sich die Gleichgewichtslage der Schwingung?

b) Wie groß ist die Amplitude y_m der Schwingung?

c) Wo liegt der untere Umkehrpunkt y_3?

d) Welchen Wert hat die Kreisfrequenz ω_0 ?

e) An welchem Ort y_4 befinden sich die Körper (m_1 und m_2) zur Zeit t_4 ?

f) Welche Geschwindigkeit v_{y4} haben die Körper zur Zeit t_4 ?

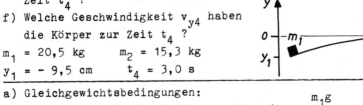

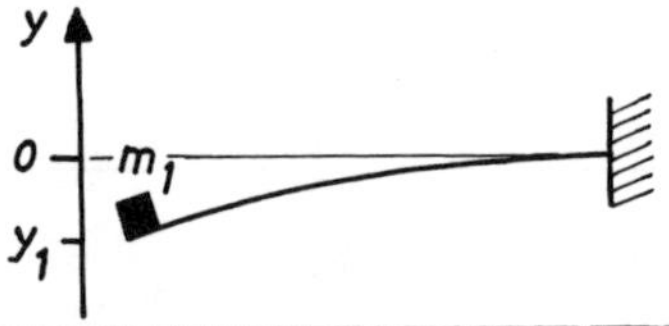

$m_1 = 20{,}5$ kg $m_2 = 15{,}3$ kg

$y_1 = -9{,}5$ cm $t_4 = 3{,}0$ s

---

a) Gleichgewichtsbedingungen:

$$F_{y1} = -m_1 g - k y_1 = 0 \quad \Longrightarrow \quad k = -\frac{m_1 g}{y_1}$$

$$F_{y2} = -(m_1 + m_2) g - k y_2 = 0 \quad \Longrightarrow \quad y_2 = -\frac{(m_1 + m_2) g}{k}$$

$$\underline{y_2 = \left(1 + \frac{m_2}{m_1}\right) y_1} = \underline{\underline{-16{,}6 \text{ cm}}}$$

b) $y_m = y_1 - y_2$

$$\underline{y_m = -\frac{m_2}{m_1} y_1} = \underline{\underline{7{,}1 \text{ cm}}}$$

c) $y_3 = y_2 - y_m$

$$\underline{y_3 = \left(1 + 2\frac{m_2}{m_1}\right) y_1} = \underline{\underline{-23{,}7 \text{ cm}}}$$

d) $(m_1 + m_2) a_y = -ky$

$$\ddot{y} - \frac{m_1 g}{(m_1 + m_2) y_1} y = 0$$

Vergleich mit $\ddot{x} + \omega_0^2 x = 0$ liefert:

$$\underline{\omega_0 = \sqrt{-\frac{m_1 g}{(m_1 + m_2) y_1}}} = \underline{\underline{7{,}69 \text{ s}^{-1}}}$$

e) $\underline{y_4 = y_2 + y_m \cos \omega_0 t_4} = \underline{\underline{-20{,}0 \text{ cm}}}$

f) $\underline{v_{y4} = -y_m \omega_0 \sin \omega_0 t_4} = \underline{\underline{48 \text{ cm/s}}}$

2.1.12. Federpendel

Man bestimme die Frequenz f des skizzierten Systems für kleine Ausschläge.

Es werde angenommen, daß die Schwingungen in der Zeichenebene stattfinden.

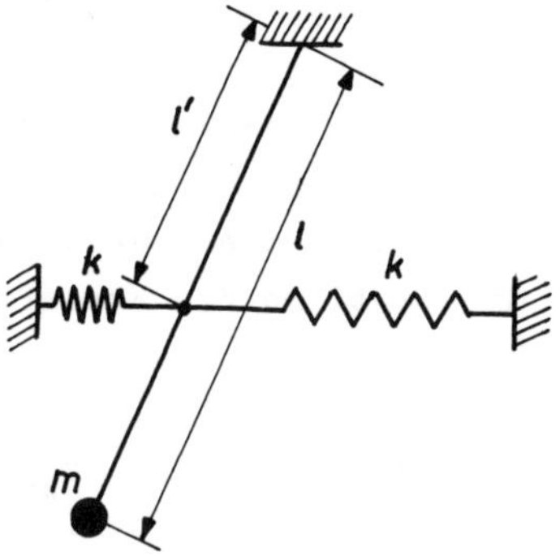

$J_A\ddot{\varphi} = M_A$

$J_A = ml^2$

$M_A = 2(-kl'\sin\varphi)l'\cos\varphi - mgl\sin\varphi$

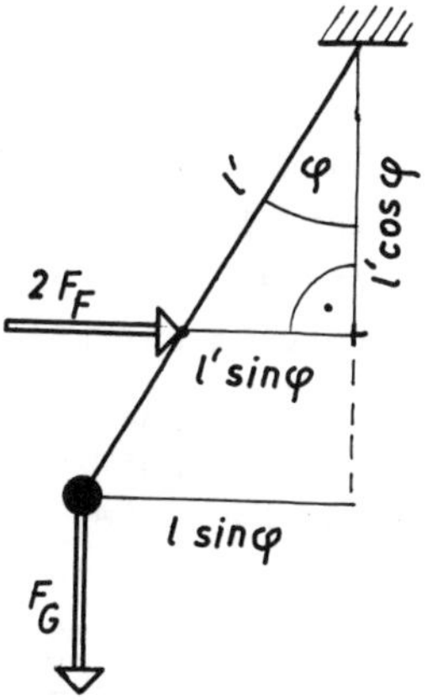

$ml^2\ddot{\varphi} + (2kl'^2\cos\varphi + mgl)\sin\varphi$

$\varphi \gg 1 \implies \cos\varphi \approx 1$

$\sin\varphi \approx \varphi$

$\ddot{\varphi} + (2\,\frac{k}{m}(\frac{l'}{l})^2 + \frac{g}{l})\,\varphi = 0$

Vergleich mit $\ddot{\varphi} + \omega_0^2\,\varphi = 0$ liefert:

$\omega_0^2 = \frac{g}{l} + 2\,\frac{k}{m}\,(\frac{l'}{l})^2$

$f = \frac{\omega_0}{2\pi} = \frac{1}{2\pi}\sqrt{\frac{g}{l} + \frac{2k}{m}(\frac{l'}{l})^2}$

2.2.1. Kugel in Öl

Eine Kugel der Masse m führt, an einer Feder der Federkonstanten k hängend, in einem Ölbad gedämpfte Schwingungen aus.
Für die Reibungskraft gilt $F_{Rx} = -rv_x$. Die Trägheit der Flüssigkeit wird nicht berücksichtigt. Die Ort-Zeit-Funktion dieser schwach gedämpften Schwingung ist $x = x_A e^{-\delta t}\sin(\omega t + \alpha)$.

a) Man stelle die Bewegungsgleichung auf!

b) Man bestimme die Kreisfrequenz ω und die Abklingkonstante δ!

c) Welche Werte haben die Konstanten x_A und α, wenn die Bewegung zur Zeit $t = 0$ bei $x = 0$ mit der Geschwindigkeit $v_{x0} > 0$ beginnt? Stellen Sie mit diesen Werten die Ort-Zeit-Funktion in möglichst übersichtlicher Form dar!

d) Zu welchen Zeitpunkten t_n ($n = 0,1,2,\ldots$) treten Maxima der Elongation auf? (Man mache sich ihre Lage im x(t)-Diagramm klar.)

e) Wie groß ist das Verhältnis zweier aufeinanderfolgender Maximalausschläge x_{n+1}/x_n ?

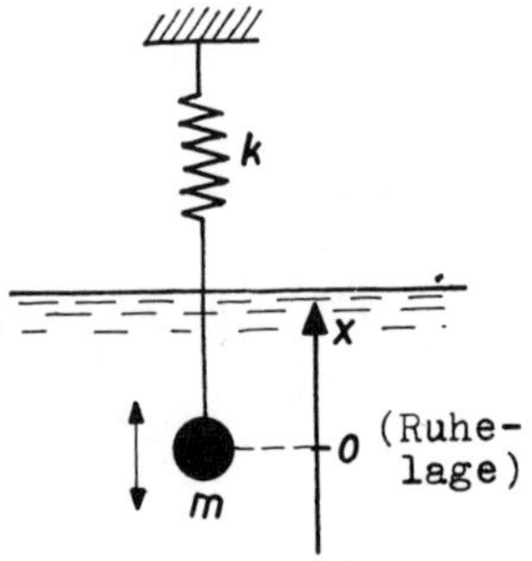

f) Welche dynamische Viskosität η besitzt das Öl? Die Dichte ρ_K der Kugel ist bekannt.

g) Wie groß müßte die Federkonstante k' sein, damit sich die Kugel im aperiodischen Grenzfall bewegt?

$m = 250$ g $\quad k = 50$ N/m $\quad r = 377$ g/s $\quad v_{x0} = 112$ cm/s

$\rho_K = 2{,}7$ g/cm^3

---

a) $\underline{ma_x = -kx - rv_x}$

b) $\ddot{x} + \frac{r}{m}\dot{x} + \frac{k}{m}x = 0$ Ein Vergleich mit $\ddot{x} + 2\delta\dot{x} + \omega_0^2 x = 0$

liefert: $2\delta = \frac{r}{m}$; $\omega_0^2 = \frac{k}{m}$

$$\Longrightarrow \quad \underline{\delta = \frac{r}{2m}} = \underline{\underline{0{,}75\ \mathrm{s}^{-1}}} \qquad \underline{\omega = \sqrt{\frac{k}{m} - \delta^2}} = \underline{\underline{14{,}1\ \mathrm{s}^{-1}}}$$

c) $x = x_A\, e^{-\delta t} \sin(\omega t + \alpha)$

$v_x = \dot{x} = x_A\, e^{-\delta t} [-\delta \sin(\omega t + \alpha) + \omega \cos(\omega t + \alpha)]$

$t = 0$: $x(0) = x_0 = 0 = x_A \sin\alpha$

$\Longrightarrow \alpha = 0,\ \pi$

$v_x(0) = v_{x0} = x_A(0 + \omega\cos\alpha) = x_A\omega\cos\alpha$

Wegen $v_{x0}, x_A, \omega > 0$ ist $\underline{\alpha = 0}$ und somit

$v_{x0} = x_A\omega$. $\underline{x_A = \frac{v_{x0}}{\omega}} = \underline{\underline{7{,}9\ \text{cm}}}$

$$\underline{x = \frac{v_{x0}}{\omega} e^{-\delta t} \sin\omega t}$$

d) $\dot{x}(t_n) = v_x(t_n) = 0$

$\Longrightarrow -\delta \sin\omega t_n + \omega\cos\omega t_n = 0$

$\underline{\tan\omega t_n = \frac{\omega}{\delta}}$

$\underline{t_n = t_0 + nT}$

$\underline{t_0 = \frac{1}{\omega}\arctan\frac{\omega}{\delta}}$

$= \underline{\underline{0{,}108\ \text{s}}}$

$\underline{T = \frac{2\pi}{\omega}} = \underline{\underline{0{,}445\ \text{s}}}$

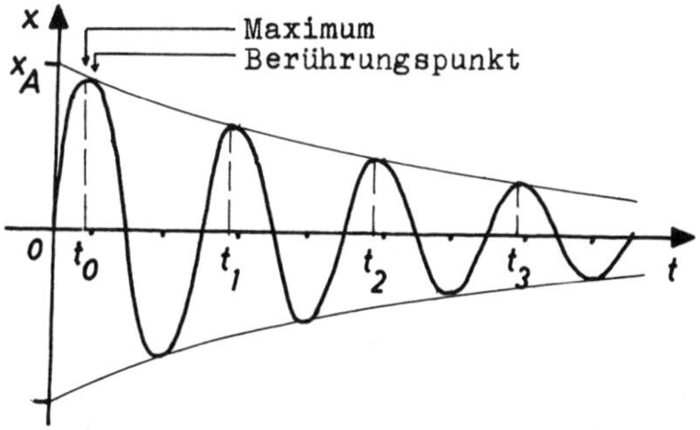

e) $\frac{x_{n+1}}{x_n} = e^{-\delta T} = \underline{e^{-2\pi\frac{\delta}{\omega}}} = \underline{\underline{0{,}716}}$

f) $F_{Rx} = -rv_x = -6\pi\eta r_K v_x$

$\Longrightarrow \eta = \frac{r}{6\pi r_K}$ Ermittlung von r_K: $m = \frac{4}{3}\pi r_K^3 \varrho_K$, $r_K = \sqrt[3]{\frac{3m}{4\pi\varrho_K}}$

$\underline{\eta = r\sqrt[3]{\frac{\varrho_K}{162\pi^2 m}}} = \underline{\underline{0{,}713\ \text{Pa}\cdot\text{s}}}$

g) Aperiodischer Grenzfall:

$\omega_0 = \delta$; $\sqrt{\frac{k'}{m}} = \frac{r}{2m}$; $\underline{k' = \frac{r^2}{4m}} = \underline{\underline{0{,}142\ \text{N/m}}}$

2.2.2. Amplitudenfunktion

Eine Last hängt an einem Kran und führt gedämpfte Schwingungen aus. Nach 10 Schwingungen ist die Amplitude x_{10}. Nach weiteren fünf Schwingungen ist sie auf x_{15} abgeklungen. Der Abstand des Lastschwerpunktes vom Aufhängepunkt am Kran ist l.

a) Mit welcher Amplitude x_0 hat die Schwingung begonnen?

b) Nach insgesamt wieviel Schwingungen (n) ist die Amplitude kleiner als $\tilde{x}$ geworden?

c) Man schätze die Zeit t_n ab, die es insgesamt dauert, bis die Amplitude x_n erreicht wird! (Hinweis: $\omega \approx \omega_0$)

d) Man berechne die Abklingkonstante δ für $\omega \approx \omega_0$!

$x_{10} = 46{,}0$ cm $\quad x_{15} = 37{,}6$ cm $\quad l = 5{,}00$ m $\quad \tilde{x} = 10$ cm

---

a) $$\frac{x_{10}}{x_0} = e^{-10\,\delta T} \qquad \frac{x_{15}}{x_{10}} = e^{-5\,\delta T} \qquad (+)$$

$$\left(\frac{x_{15}}{x_{10}}\right)^2 = (e^{-5\,\delta T})^2 = e^{-10\,\delta T}$$

$$\Longrightarrow \quad \frac{x_{10}}{x_0} = \left(\frac{x_{15}}{x_{10}}\right)^2 \qquad x_0 = \frac{x_{10}^3}{x_{15}^2} = 68{,}8 \text{ cm}$$

b) $$\frac{x_n}{x_{10}} = e^{-(n-10)\delta T}$$

$$(n - 10) = \frac{1}{\delta T} \ln \frac{x_{10}}{x_n}$$

Ermittlung von δT aus (+):

$$\delta T = \frac{1}{5} \ln \frac{x_{10}}{x_{15}}$$

$$n = 5\,\frac{\ln x_{10}/x_n}{\ln x_{10}/x_{15}} + 10$$

$x_n \leqq \tilde{x}$:

$$n \geqq 5\,\frac{\ln x_{10}/\tilde{x}}{\ln x_{10}/x_{15}} + 10 = 47{,}8 \qquad n = 48$$

c) $$t_n \approx nT_0 = 2\pi n\sqrt{\frac{l}{g}} = 215 \text{ s}$$

d) $$\delta T = \frac{1}{5} \ln \frac{x_{10}}{x_{15}}$$

$$\delta \approx \frac{1}{5T_0} \ln x_{10}/x_{15} = \frac{\ln x_{10}/x_{15}}{10\,\pi}\sqrt{\frac{g}{l}} = 9{,}0 \cdot 10^{-3}\ \text{s}^{-1}$$

2.2.3. Quecksilbersäule

Eine Quecksilbersäule (Länge l, Zähigkeit η, Dichte ϱ) schwingt in einem U-Rohr aus Glas (Innendurchmesser d).

a) Stellen Sie aus der Bewegungsgleichung die Schwingungsdifferentialgleichung auf!

b) Bestimmen Sie die Abklingkonstante δ, die Kreisfrequenz ω und das logarithmische Dekrement Λ!

c) In welcher Zeit t_H ist die Amplitudenfunktion auf die Hälfte abgeklungen, und wieviel Schwingungen (Anzahl N) finden innerhalb der Zeit t_H statt?

$\eta = 15{,}7\cdot 10^{-4}$ Pa·s $\qquad \varrho = 13{,}6\cdot 10^{3}$ kg/m^3

$l = 40{,}0$ cm $\qquad d = 5{,}0$ mm

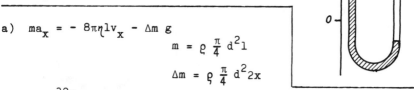

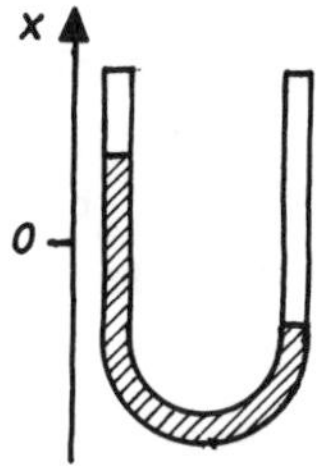

a) $m a_x = -\,8\pi\eta l v_x - \Delta m\, g$

$$m = \varrho\,\frac{\pi}{4}\,d^2 l$$

$$\Delta m = \varrho\,\frac{\pi}{4}\,d^2\, 2x$$

$$\ddot{x} + \frac{32\eta}{\varrho d^2}\,\dot{x} + 2\,\frac{g}{l}\,x = 0$$

b) Vergleich mit $\ddot{x} + 2\delta\dot{x} + \omega_0^2 x = 0$ liefert:

$$2\delta = \frac{32\eta}{\varrho d^2} \qquad \omega_0^2 = 2\,\frac{g}{l}$$

$$\Longrightarrow \quad \delta = \frac{16\eta}{\varrho d^2} = 7{,}39\cdot 10^{-2}\ \mathrm{s}^{-1} \qquad \omega = \sqrt{2\,\frac{g}{l} - \delta^2} = 7{,}00\ \mathrm{s}^{-1}$$

$$\Lambda = \delta T = \frac{2\pi\delta}{\omega} = 6{,}63\cdot 10^{-2}$$

c) Amplitudenfunktion: $x(t) = x_A\, e^{-\delta t}$; $x(0) = x_A$, $x(t_H) = \frac{x_A}{2}$

$$\frac{x(t_H)}{x(0)} = \frac{1}{2} = e^{-\delta t_H}\ ;\ 2 = e^{\delta t_H}\ ;\ t_H = \frac{\ln 2}{\delta} = 9{,}38\ \mathrm{s}$$

$$N = t_H/T = (\ln 2)/\Lambda = 10{,}5$$

2.2.4. Lagerschale

Eine dünne Lagerschale (Wanddicke d, Dichte ϱ) führt in einem Hohlzylinder nach einer maximalen Auslenkung φ_m gedämpfte Schwingungen aus. Der Spalt zwischen Hohlzylinder und Lagerschale hat die Breite b, das Öl die Viskosität η. Im Spalt ist ein lineares Geschwindigkeitsgefälle vorauszusetzen.

a) Man stelle aus der Bewegungsgleichung die Schwingungsdifferentialgleichung für kleine Auslenkwinkel φ auf!

b) Man bestimme die Abklingkonstante δ!

c) Wie groß muß der Radius r der Lagerschale gewählt werden, damit sich der aperiodische Grenzfall einstellt?

$d = 3{,}0$ mm $\varrho = 8{,}3$ g/cm^3

$\varphi_m \ll 1$ $b = 200$ µm

$\eta = 0{,}10$ Pa·s

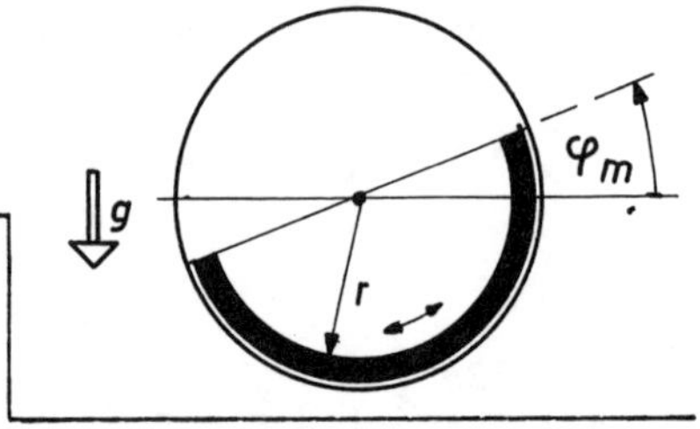

a) Bewegungsgleichung:

$$J_A \ddot{\varphi} = M_R + M_G$$

$$J_A = mr^2 = \varrho A d r^2$$

$$M_R = - r F_R \qquad F_R = \eta A \frac{\Delta v}{\Delta r} \; ; \quad \Delta v = \omega r = \dot{\varphi} r, \quad \Delta r = b$$

$$F_R = \eta A \frac{r}{b} \dot{\varphi}$$

$$M_R = - \eta A \frac{r^2}{b} \dot{\varphi}$$

$$M_G = - r \, \Delta m \, g = - r \varrho (A \frac{2\varphi r}{\pi r}) d g$$

$$\underline{\ddot{\varphi} + \frac{\eta}{\varrho b d} \dot{\varphi} + \frac{2g}{\pi r} \varphi = 0}$$

b) Vergleich mit $\ddot{\varphi} + 2\delta\dot{\varphi} + \omega_0^2 \varphi = 0$ liefert:

$$\underline{\delta = \frac{\eta}{2\varrho b d}} = \underline{\underline{10 \text{ s}^{-1}}}$$

c) Aperiodischer Grenzfall: $\delta^2 = \omega_0^2$; $(\frac{\eta}{2\varrho b d})^2 = \frac{2g}{\pi r}$

$$\underline{r = \frac{8g}{\pi} (\frac{b d \varrho}{\eta})^2} = \underline{\underline{6{,}2 \text{ cm}}}$$

2.2.5. LKW

Federn und Stoßdämpfer eines kleinen LKWs werden so berechnet, daß sich die Karosserie bei voller Zuladung (Masse m) um eine vorgegebene Strecke s **senkt** und daß die Räder (Radmasse m_R) bei Stößen im aperiodischen Grenzfall schwingen. Es soll vorausgesetzt werden, daß alle vier Räder gleich belastet sind und jedes Rad einzeln gefedert und gedämpft ist.
Wie groß müssen die Federkonstante k einer Feder und die Reibungskonstante r eines Stoßdämpfers sein?

$m = 1{,}8\ \text{t} \qquad m_R = 40\ \text{kg} \qquad s = 100\ \text{mm}$

Gleichgewicht bei voller Zuladung:

$$mg = 4\ ks$$

$$\Longrightarrow \quad \underline{k = \frac{mg}{4s}} = \underline{\underline{44\ \text{kN/m}}}$$

Bewegungsgleichung eines Rades:

$$m_R\, a_x = -\, r\, v_x - k\, x$$

$$\ddot{x} + \frac{r}{m_R}\,\dot{x} + \frac{k}{m_R}\,x = 0$$

Vergleich mit $\ddot{x} + 2\delta\dot{x} + \omega_0^2 x = 0$ liefert:

$$\delta = \frac{r}{2\,m_R} \qquad\qquad \omega_0 = \sqrt{\frac{k}{m_R}}$$

Aperiodischer Grenzfall: $\delta = \omega_0$

$$\frac{r}{2\,m_R} = \sqrt{\frac{k}{m_R}}$$

$$\underline{r = \sqrt{\frac{m\,m_R g}{s}}} = \underline{\underline{2{,}7\cdot 10^3\ \text{kg/s}}}$$

2.2.6. T - Λ - Bestimmung

Bei einem Federschwinger sind die Masse m, die Federkonstante k und die Reibungskonstante r bekannt. Zur Zeit t = 0 beträgt die Elongation $x(0) = x_0$.

a) Wie groß sind die Schwingungsdauer T und das logarithmische Dekrement Λ?

b) Berechnen Sie die Elongationen x(T) und x(2T)!

m = 30 g k = 1,5 N/m r = 0,12 N·s/m x_0 = 35 mm

---

a) Bewegungsgleichung:

$$ma_x = -rv_x - kx$$

$$\ddot{x} + \frac{r}{m}\dot{x} + \frac{k}{m}x = 0$$

Vergleich mit $\ddot{x} + 2\delta\dot{x} + \omega_0^2 = 0$ liefert:

$$\delta = \frac{r}{2m} \qquad \omega_0^2 = \frac{k}{m}$$

$$\omega = \sqrt{\omega_0^2 - \delta^2} = \sqrt{\frac{k}{m} - \left(\frac{r}{2m}\right)^2}$$

$$T = \frac{2\pi}{\omega} = \frac{2\pi}{\sqrt{\frac{k}{m} - \left(\frac{r}{2m}\right)^2}} = 0{,}93\ \text{s}$$

$$\Lambda = \delta T = \frac{rT}{2m} = 1{,}85$$

b) $$\frac{x(T)}{x(0)} = e^{-\delta T} = e^{-\Lambda}$$

$$x(T) = x_0\, e^{-\Lambda} = 5{,}5\ \text{mm}$$

$$\frac{x(2T)}{x(0)} = e^{-2\Lambda}$$

$$x(2T) = x_0\, e^{-2\Lambda} = 0{,}86\ \text{mm}$$

2.2.7. Federschwinger

Ein Körper (Masse m) führt an einer Feder (Federkonstante k) gedämpfte Schwingungen aus. Die Reibungskonstante des Dämpfers ist r.

a) In welcher Zeit t_n finden n volle Schwingungen statt?

b) Auf welchen Bruchteil der Anfangsamplitude x_0 verringert sich dabei die Amplitude der Schwingung?

$m = 10$ kg $\quad k = 2{,}5$ kN/m $\quad r = 4{,}6$ N·s/m $\quad n = 25$

---

a) $t_n = nT = n\,\frac{2\pi}{\omega}$

Ermittlung von ω:

$$ma_x = -\,rv_x - kx$$

$$\ddot{x} + \frac{r}{m}\dot{x} + \frac{k}{m}x = 0$$

Vergleich mit $\ddot{x} + 2\delta\dot{x} + \omega_0^2 x = 0$ liefert:

$$\delta = \frac{r}{2m} \qquad \omega_0^2 = \frac{k}{m}$$

$$\omega = \sqrt{\omega_0^2 - \delta^2} = \sqrt{\frac{k}{m} - \left(\frac{r}{2m}\right)^2}$$

$$t_n = \frac{2\pi n}{\sqrt{\frac{k}{m} - \left(\frac{r}{2m}\right)^2}} = 9{,}9 \text{ s}$$

b) $\frac{x_n}{x_0} = e^{-n\delta T}$

$$\frac{x_n}{x_0} = e^{-\frac{rt_n}{2m}} = 0{,}10$$

2.2.8. k - r - Bestimmung

Bei einem an einer Feder schwingenden Körper der Masse m werden das Verhältnis zweier aufeinanderfolgender Amplituden $\frac{x_{n+1}}{x_n}$ und die Schwingungsdauer T gemessen.
Berechnen Sie daraus die Federkonstante k und die Reibungskonstante r des schwingenden Systems!

$m = 2{,}0\ \text{kg} \qquad \frac{x_{n+1}}{x_n} = \frac{2}{3} \qquad T = 0{,}60\ \text{s}$

$$\frac{r}{2m} = \delta$$

$$r = 2m\delta$$

Ermittlung von δ:

$$\frac{x_{n+1}}{x_n} = e^{-\delta T}$$

$$\delta = \frac{1}{T} \ln \frac{x_n}{x_{n+1}}$$

$$\underline{r = \frac{2m}{T} \ln \frac{x_n}{x_{n+1}}} = \underline{\underline{2{,}7\ \text{N}\cdot\text{s/m}}}$$

$$\frac{k}{m} = \omega_0^2 = \omega^2 + \delta^2 \qquad \omega = \frac{2\pi}{T}$$

$$k = m\left(\frac{4\pi^2}{T^2} + \delta^2\right)$$

$$\underline{k = \frac{m}{T^2}\left[4\pi^2 + \left(\ln \frac{x_n}{x_{n+1}}\right)^2\right]} = \underline{\underline{220\ \text{N/m}}}$$

2.2.9. Schwingtür

An einer Schwingtür, die in bezug auf ihre vertikale Drehachse das Trägheitsmoment J besitzt und von einer Feder mit dem Richtmoment D zur Ruhelage zurückgezogen wird, ist ein Öldämpfer (Reibungskonstante r_0) angebracht, der im Abstand l von der Türachse mit einer tangentialen Kraft $F_R = r_0 v$ angreift.

a) Geben Sie die Bewegungsgleichung an!

b) Wie groß muß die Abklingkonstante δ_0 der Tür sein, damit sich die Tür nach dem Öffnen so schnell wie möglich von selbst schließt, ohne sich über die Ruhelage hinauszubewegen?

c) Durch Ölverlust verringert sich die Reibungskonstante r des Öldämpfers auf $\eta = 80$ °/o des Sollwertes r_0.
Mit welcher Periodendauer T und welchem Amplitudenverhältnis $\frac{\varphi_{n+1}}{\varphi_n}$ pendelt jetzt die Tür?

$J = 15{,}0\ \mathrm{kg \cdot m^2}$ $\qquad D = 60\ \mathrm{N \cdot m}$

a) $J\ddot{\varphi} = M_R - D\varphi \qquad M_R = -F_R l = -r_0 v l \qquad v = \omega l$

$$M_R = -r_0 \omega l^2$$

$$J\ddot{\varphi} = -r_0 \omega l^2 - D\varphi \qquad \omega = \dot{\varphi}$$

b) $$\ddot{\varphi} + \frac{r_0 l^2}{J}\dot{\varphi} + \frac{D}{J}\varphi = 0 \qquad (+)$$

Vergleich mit $\ddot{\varphi} + 2\delta\dot{\varphi} + \omega_0^2\varphi = 0$ liefert: $\omega_0^2 = \frac{D}{J}$

Aperiod. Grenzfall: $\delta_0 = \omega_0 = \sqrt{\frac{D}{J}} = 2{,}0\ \mathrm{s^{-1}}$

c) $r_0 \rightarrow r$ in (+). Vergleich liefert: $\quad 2\delta = \frac{l^2 r}{J}$

$$\delta = \frac{l^2}{2J}\eta r_o = \eta\delta_0 = \eta\omega_0 \ ; \ \omega = \sqrt{\omega_0^2 - \delta^2} = \sqrt{\delta_0^2 - \eta^2\delta_0^2}$$

$$= \delta_0\sqrt{1 - \eta^2}$$

$$T = \frac{2\pi}{\omega} = \frac{2\pi}{\delta_0\sqrt{1 - \eta^2}} = 5{,}2\ \mathrm{s}$$

$$\frac{\varphi_{n+1}}{\varphi_n} = e^{-\delta T} = e^{-\eta\delta_0 T}$$

$$\frac{\varphi_{n+1}}{\varphi_n} = e^{-2\pi\frac{\eta}{\sqrt{1-\eta^2}}} = 2{,}3 \cdot 10^{-4}$$

2.2.10. Elektrische Schwingung

Bei einer gedämpften elektrischen Schwingung werden die Maximalwerte der Spannung nach 11 Schwingungen (U_{11}) und nach 15 Schwingungen (U_{15}) aus dem Oszillogramm bestimmt. Die Periodendauer der gedämpften Schwingung ist T.

a) Mit welchem Maximalwert U_0 hat die Schwingung begonnen?

b) Wie groß wäre die Periodendauer T_0 nach Beseitigen des Dämpfungswiderstandes?

$U_{11} = 32{,}5$ mV $\quad$ U 15 = 1,16 mV $\quad$ T = 125 µs

---

a)

$$\frac{U_{11}}{U_0} = e^{-11\delta T} \qquad \frac{U_{15}}{U_{11}} = e^{-4\delta T} \qquad (+)$$

$$U_0 = U_{11}\, e^{11\delta T} \qquad e^{\delta T} = \left(\frac{U_{11}}{U_{15}}\right)^{\frac{1}{4}}$$

$$U_0 = U_{11}\left(\frac{U_{11}}{U_{15}}\right)^{\frac{11}{4}} = \underline{\underline{311\ \text{V}}}$$

b)

$$T_0 = \frac{2\pi}{\omega_0} \qquad \omega_0^2 = \omega^2 + \delta^2$$

$$T_0 = \frac{2\pi}{\sqrt{\omega^2 + \delta^2}}$$

Aus (+) folgt:

$$\delta T = \frac{1}{4} \ln \frac{U_{11}}{U_{15}}$$

$$\delta = \frac{1}{4T} \ln \frac{U_{11}}{U_{15}}$$

$$T_0 = \frac{T}{\sqrt{1 + \left(\frac{\ln U_{11}/U_{15}}{8\pi}\right)^2}} = \underline{\underline{124\ \mu\text{s}}}$$

2.3.1. Stanze

Eine Stanze mit der maximalen Hubfrequenz f soll auf vier federnden Puffern erschütterungsarm aufgestellt werden. Die Gesamtmasse der Stanze ist m, der Stempel hat die Masse m' und die Hubhöhe h. Die Dämpfung ist vernachlässigbar gering.

a) Wie groß muß die Federkonstante k jeder Feder (Puffer) mindestens sein, damit die Arbeitsfrequenz f nicht $\frac{2}{3}$ der Resonanzfrequenz f_0 überschreitet?

b) Um welche Strecke x_0 werden die Federn im Ruhezustand der Stanze zusammengedrückt?

c) Wie groß ist die Schwingungsamplitude x_m der gesamten Stanze?

(Es sei näherungsweise vorausgesetzt, daß der Stempel eine harmonische Schwingung ausführt.)

$f = 3{,}0\ s^{-1}$ $h = 100\ mm$ $m = 750\ kg$ $m' = 12{,}5\ kg$

---

a)

$$f \leq \frac{2}{3} f_0 = \frac{2}{3T_0} \qquad T_0 = 2\pi\sqrt{\frac{m}{4k}}$$

$$f \leq \frac{1}{3\pi}\sqrt{\frac{4k}{m}}$$

$$k \geq m\left(\frac{3}{2}\pi f\right)^2 = 1{,}50 \cdot 10^5\ kg/s^2$$

b)

$$mg = 4kx_0$$

$$x_0 = \frac{mg}{4k} = \frac{g}{(3\pi f)^2} = 1{,}2\ cm$$

c) Für vernachlässigbar geringe Dämpfung gilt:

$$x_m = \frac{F_m/m}{|\omega_0^2 - \omega^2|}$$

Innere Erregung:

$$\frac{F_m}{m} = \xi_m \frac{m'}{m}\omega^2 \qquad \omega = \frac{2}{3}\omega_0 ; \quad \xi_m = \frac{h}{2}$$

$$x_m = \frac{2}{5}\frac{m'h}{m} = 0{,}67\ mm$$

2.3.2. Zungenfrequenzmesser

Am Ende einer Blattfeder eines Zungenfrequenzmessers befindet sich ein Körper der Masse m. Das System hat die Eigenfrequenz ω_0 und die Abklingkonstante δ. Auf den Körper wirkt die Kraft $F = F_m \cos \omega t$.

Zu berechnen sind

a) die Resonanzkreisfrequenz ω_R,

b) die Resonanzamplitude x_{mR},

c) die Phasenverschiebung α_R zwischen Erreger und Resonator im Resonanzfall,

d) die Kreisfrequenz ω_1, bei der die Geschwindigkeitsamplitude ihr Maximum v_{xm1} erreicht,

e) v_{xm1} selbst und

f) die Halbwertszeit t_H der gedämpften Schwingung des Resonators nach Abschalten der Erregung!

$m = 50$ g $\quad F_m = 0{,}10$ N $\quad \omega_0 = 10\ \text{s}^{-1} \quad \delta = 2{,}0\ \text{s}^{-1}$

---

a) $$x_m(\omega) = \frac{F_m/m}{\sqrt{(\omega_0^2 - \omega^2)^2 + 4\delta^2\omega^2}} = \frac{F_m/m}{\sqrt{R}}$$

Extremwert von x_m:

$$\frac{dx_m}{d\omega} = 0 \ ; \quad \text{es genügt:} \quad \frac{dR}{d\omega} = 0$$

$$\frac{dR}{d\omega} = 2(\omega_0^2 - \omega^2)(-2\omega) + 8\delta^2\omega$$

$$-\omega_0^2 + \omega_R^2 + 2\delta^2 = 0$$

$$\omega_R = \sqrt{\omega_0^2 - 2\delta^2} = 9{,}6\ \text{s}^{-1}$$

b) $$x_{mR} = x_m(\omega_R) = \frac{F_m/m}{\sqrt{(2\delta^2)^2 + 4\delta^2(\omega_0^2 - 2\delta^2)}}$$

$$x_{mR} = \frac{F_m/m}{2\delta\sqrt{\omega_0^2 - \delta^2}} = 5{,}1\ \text{cm}$$

c) $\tan\alpha_R = \frac{2\omega_R\delta}{\omega_0^2 - \omega_R^2} = \frac{\sqrt{\omega_0^2 - 2\delta^2}}{\delta}$

$\tan\alpha_R = \sqrt{(\frac{\omega_0}{\delta})^2 - 2}$ $\qquad\qquad \alpha_R = 78^\circ$

d) $v_x = \dot{x}(t) = - x_m\,\omega\,\sin(\omega t - \alpha)$

$v_{xm} = x_m\omega = \frac{\omega\,F_m/m}{\sqrt{(\omega_0^2 - \omega^2)^2 + 4\delta^2\omega^2}} = \frac{F_m/m}{\sqrt{(\frac{\omega_0^2}{\omega} - \omega)^2 + 4\delta^2}} = \frac{F_m/m}{\sqrt{R}}$

$\frac{dR}{d\omega} = 2(\frac{\omega_0^2}{\omega} - \omega)(-\frac{\omega_0^2}{\omega^2} - 1)$

$(\frac{\omega_0^2}{\omega_1} - \omega_1)(\frac{\omega_0^2}{\omega_1^2} + 1) = 0$

$\omega_1 = \omega_0 = 10\ s^{-1}$

e) $v_{xm1} = \frac{F_m}{2m\delta} = 50\ cm/s$

f) Abklingfunktion der gedämpften Schwingung:

$x(t) = x_A\,e^{-\delta t}$

$x(t_H) = x_A\,e^{-\delta t_H} = \frac{x_A}{2}$

$\Longrightarrow \qquad 2 = e^{\delta t_H}$

$t_H = \frac{\ln 2}{\delta} = 0{,}35\ s$

2.3.3. Mathematisches Pendel

Ein mathematisches Pendel der Länge l wird zu erzwungenen Schwingungen angeregt, indem der Aufhängepunkt in horizontaler Richtung mit der Amplitude ξ_m und der Periodendauer T harmonisch bewegt wird. Reibungseinflüsse machen sich nicht bemerkbar.

a) Stellen Sie die Bewegungsgleichung des Pendels für kleine Amplituden x_m auf!

b) Mit welcher Amplitude x_m schwingt das Pendel?

c) Ermitteln Sie die Phasendifferenz α zwischen Pendelschwingung und Erregerschwingung aus dem $\alpha(\omega)$-Diagramm!

$\xi_m = 3{,}0$ mm $l = 120$ cm $T = 2{,}00$ s

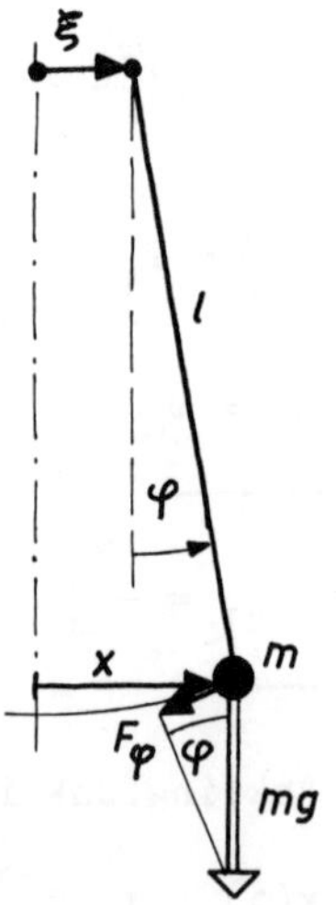

a) $m\ddot{x} = F_\varphi$

$$F_\varphi = -mg\sin\varphi$$

$$\sin\varphi = \frac{x-\xi}{l}$$

$$m\ddot{x} = -\frac{mg}{l}(x-\xi)$$

$$\xi = \xi_m \sin\left(\frac{2\pi}{T}t\right)$$

$$\ddot{x} + \frac{g}{l}x = \frac{g}{l}\xi_m \sin\left(\frac{2\pi}{T}t\right)$$

b) $$x_m = \frac{F_m/m}{|\omega_0^2 - \omega^2|} \quad (\text{wegen } \delta = 0)$$

Äußere Erregung: $\frac{F_m}{m} = \omega_0^2 \xi_m$

$$\omega_0^2 = \frac{g}{l}, \quad \omega = \frac{2\pi}{T}$$

$$x_m = \frac{\frac{g}{l}\xi_m}{\frac{g}{l} - \frac{4\pi^2}{T^2}} = \frac{\xi_m}{\left|1 - \frac{4\pi^2 l}{gT^2}\right|} = 14{,}5 \text{ mm}$$

c) $\alpha(\omega)$ liefert bei $\delta = 0$:

ω/ω_0	α
< 1	0
1	$\frac{\pi}{2}$
> 1	π

Aus $\omega = \frac{2\pi}{T}$ und $\omega_0 = \sqrt{\frac{g}{l}}$ folgt

$$\frac{\omega}{\omega_0} = \frac{2\pi}{T}\sqrt{\frac{l}{g}} = 1{,}1 > 1$$

$$\Longrightarrow \quad \alpha = \pi$$

2.3.4. Bodenwellen

Auf einer Fernverkehrsstraße folgen mehrere Bodenwellen der Höhe h im gleichen Abstand l aufeinander. Ein PKW der Masse m (Radmassen nicht enthalten) befährt die Strecke. Die Gesamtfederkonstante seiner Federn ist k, die Reibungskonstante seiner Stoßdämpfer r.

a) Bei welcher Geschwindigkeit v sind die vertikalen Schwingungen des PKW am größten?

b) Auf welchen Wert x_m kann die Schwingungsamplitude anwachsen?

$l = 11$ m $\quad h = 5$ cm $\quad k = 1{,}3\cdot 10^5$ N/m $\quad r = 2{,}8\cdot 10^3$ kg·s^{-1}

$m = 980$ kg

---

a) Resonanzfall ist zu betrachten.

$$x_m = \frac{F_m/m}{\sqrt{(\omega_0^2 - \omega^2)^2 + 4\delta^2\omega^2}} \qquad \text{Äußere Erregung: } \frac{F_m}{m} = \xi_m\,\omega_0^2$$

$$x_m = \frac{\xi_m\,\omega_0^2}{\sqrt{(\omega_0^2 - \omega^2)^2 + 4\delta^2\omega^2}} = \frac{\xi_m\,\omega_0^2}{\sqrt{A}}$$

$\frac{dx_m}{d\omega}(\omega_R) = 0$; Differenzieren des Radikanden A genügt:

$$\frac{dA}{d\omega} = 2(\omega_0^2 - \omega^2)(-2\omega) + 8\delta^2\omega \quad ; \quad -(\omega_0^2 - \omega_R^2) + 2\delta^2 = 0$$

$$\omega_R = \sqrt{\omega_0^2 - 2\delta^2} \qquad \delta = \frac{r}{2m} \qquad \omega_0^2 = \frac{k}{m}$$

Die Geschwindigkeit v muß sich nach der Resonanz-Schwingungsdauer T_R richten:

$$v = \frac{l}{T_R} = f_R\, l = \frac{\omega_R}{2\pi}\, l \quad ; \quad \underline{v = \frac{l}{2\pi}\sqrt{\frac{k}{m} - \frac{1}{2}\left(\frac{r}{m}\right)^2}} = \underline{\underline{71 \text{ km/h}}}$$

b) $$x_m(\omega_R) = \frac{\xi_m\,\omega_0^2}{\sqrt{(2\delta^2)^2 + 4\delta^2(\omega_0^2 - 2\delta^2)}} = \frac{\xi_m\left(\frac{\omega_0}{\delta}\right)^2}{2\sqrt{\left(\frac{\omega_0}{\delta}\right)^2 - 1}}$$

$$\xi_m = \frac{h}{2} \qquad \left(\frac{\omega_0}{\delta}\right)^2 = \frac{4mk}{r^2}$$

$$\underline{x_m = \frac{\frac{mk}{r^2}}{\sqrt{\frac{4mk}{r^2} - 1}}\, h} = \underline{\underline{10 \text{ cm}}}$$

2.3.5. Fundamentplatte

Auf eine Maschine der Masse m_1 wird bei der Drehfrequenz f durch die Unwucht des Rotors eine Erregerkraft $F = F_m \cos \omega t$ in vertikaler Richtung übertragen. Die Maschine steht auf einer Fundamentplatte, die auf einer Schicht Gummischrot elastisch gelagert ist. Die Kraft auf das Gebäude soll nur den Bruchteil $\eta < 1$ der Erregerkraft betragen.
Berechnen Sie für diesen Fall
a) die Schwingungsamplitude x_m des Systems,
b) die erforderliche Masse m_2 der Fundamentplatte!

$m_1 = 1{,}5$ t $F_m = 800$ N $f = 40\ s^{-1}$ $\eta = 5{,}0$ %

$k = 128$ kN/cm ("Federkonstante" des Gummischrots)

---

a) Maximale Kraft auf das Gebäude:

$$F'_m = k\,x_m \qquad F'_m = \eta F_m$$

$$\Longrightarrow \quad x_m = \frac{\eta F_m}{k} = 3{,}1\ \mu m \qquad (+)$$

b) Mit $\delta = 0$ (elastisch gelagert) wird:

$$x_m = \frac{F_m/(m_1 + m_2)}{|\omega_0^2 - \omega^2|} \qquad \omega_0^2 = \frac{k}{m_1 + m_2}$$

$$\omega_0 < \sqrt{\frac{k}{m_1}} \approx 90\ s^{-1} \qquad \omega = 2\pi f \approx 250\,s^{-1}$$

d.h.: $\omega_0 < \omega$

Mit (+) erhalten wir:

$$\frac{\eta F_m}{k} = \frac{F_m}{(m_1 + m_2)(\omega^2 - \omega_0^2)}$$

$$\frac{\eta}{k} = \frac{1}{(m_1 + m_2)\left(4\pi^2 f^2 - \frac{k}{m_1 + m_2}\right)}$$

$$4\pi^2 f^2 (m_1 + m_2) - k = \frac{k}{\eta}$$

$$m_2 = \frac{k}{4\pi^2 f^2}\left(1 + \frac{1}{\eta}\right) - m_1 = 2{,}76\ t$$

2.3.6. Resonanzüberhöhung

Unter Resonanzüberhöhung versteht man das Verhältnis der Resonanzamplitude x_{mR} eines Oszillators zur Amplitude ξ_m der Erregerschwingung. Ein Federschwinger mit der Eigenkreisfrequenz ω_0 wird durch äußere Erregung zu erzwungenen Schwingungen veranlaßt.

a) Unterhalb welchen Wertes muß die Abklingkonstante δ liegen, wenn es Erregerfrequenzen geben soll, für die $\frac{x_m}{\xi_m} > 1$ gilt?

b) Geben Sie die Resonanzüberhöhung x_{mR}/ξ_m als Funktion von δ/ω_0 an und stellen Sie sie grafisch dar!

---

a) $$x_m(\omega) = \frac{F_m/m}{\sqrt{(\omega_0^2 - \omega^2)^2 + 4\delta^2\omega^2}} = \frac{F_m/m}{\sqrt{A}}$$

$$\frac{dx_m}{d\omega} = 0$$

Differentiation des Radikanden A genügt:

$$\frac{dA}{d\omega} = 2(\omega_0^2 - \omega^2)(-2\omega) + 8\delta^2\omega$$

$$-(\omega_0^2 - \omega_R^2) + 2\delta^2 = 0$$

$$\omega_R^2 = \omega_0^2 - 2\delta^2 = 0$$

$\Longrightarrow$ Höchstwert $\quad \underline{\delta = \frac{\omega_0}{\sqrt{2}}}$

b) Äußere Erregung:

$$\frac{F_m}{m} = \omega_0^2\,\xi_m$$

$$\frac{x_{mR}}{\xi_m} = \frac{\omega_0^2}{\sqrt{(\omega_0^2 - \omega_R^2)^2 + 4\delta^2\omega_R^2}}$$

$$\underline{\frac{x_{mR}}{\xi_m} = \frac{1}{2\left(\frac{\delta}{\omega_0}\right)\sqrt{1 - \left(\frac{\delta}{\omega_0}\right)^2}}}$$

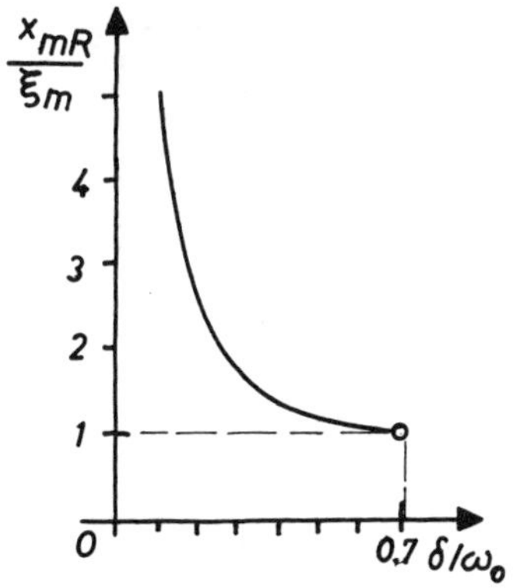

2.3.7. Elektromotor

Ein Elektromotor der Masse m ist auf Silentblöcken gelagert, die die Federkonstante k und die Reibungskonstante r besitzen. Der Schwerpunkt des Ankers (Masse m') liegt um ε außerhalb der Achse. Der Motor läuft mit der Drehzahl f.

a) Wie groß sind x_m und α der Schwingung des Motors?

b) Welche mittlere Leistung $\overline{P} = P_m/2$ wird in den Silentblöcken in Wärme umgesetzt?

$\varepsilon = 0{,}15$ mm $\quad m' = 6{,}5$ kg $\quad m = 24$ kg $\quad f = 1500\ \text{min}^{-1}$

$r = 850$ kg/s $\quad k = 48\ \frac{N}{mm}$

---

a) $$x_m = \frac{F_m/m}{\sqrt{(\omega_0^2 - \omega^2)^2 + 4\delta^2\omega^2}}$$

Innere Erregung:

$$\frac{F_m}{m} = \xi_m \frac{m'}{m} \omega^2$$

Dazu:

$$\omega_0^2 = \frac{k}{m} \quad ; \quad \delta = \frac{r}{2m}$$

$$\xi_m = \varepsilon \quad ; \quad \omega = 2\pi f$$

$$x_m = \frac{\varepsilon \frac{m'}{m} (2\pi f)^2}{\sqrt{\left[\frac{k}{m} - (2\pi f)^2\right]^2 + \left(\frac{2\pi f r}{m}\right)^2}} = 43\ \mu m$$

$$\tan\alpha = \frac{2\omega\delta}{\omega_0^2 - \omega^2}$$

$$\tan\alpha = \frac{2\pi f r}{k - (2\pi f)^2 m} = -0{,}245 \qquad \alpha = 166^\circ$$

b) $$P = F_R v_x \qquad F_R = r v_x$$

$$P = r v_x^2$$

$$P_m = r v_{xm}^2$$

Ermittlung von v_{xm}:

$$v_{xm} = \dot{x}_m = x_m\omega = 2\pi f\ x_m$$

$$\overline{P} = \frac{P_m}{2} = 2\pi^2 f^2 r\ x_m^2 = 19\ mW$$

2.3.8. Meßgerät

Ein Meßgerät der Masse m ist über eine Feder (Federkonstante k) erschütterungsarm mit einer Maschine verbunden, die im Frequenzbereich 1...50 Hz mit der größten Auslenkung ξ_m schwingt.

a) Bei welcher Frequenz f_1 tritt die Beschleunigung a_{xm1} des Meßgerätes auf?

b) Wie groß ist a_{xm1}?

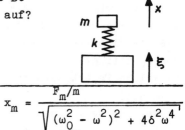

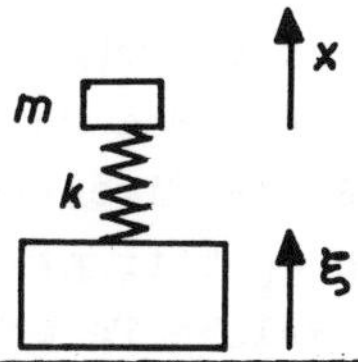

$m = 0{,}5$ kg $\qquad k = 200$ N/m

$\delta = 0{,}5\ s^{-1}$ $\qquad \xi_m = 1$ mm

---

a) $a_{xm} = \ddot{x}_m = \omega^2 x_m$ $\qquad x_m = \dfrac{F_m/m}{\sqrt{(\omega_0^2 - \omega^2)^2 + 4\delta^2\omega^4}}$

$$a_{xm} = \frac{\omega_0^2\,\xi_m}{\sqrt{[(\frac{\omega_0}{\omega})^2 - 1]^2 + (\frac{2\delta}{\omega})^2}} \qquad F_m/m = \omega_0^2\,\xi_m \quad \text{(äuß. Erreg.)}$$

$\dfrac{da_{xm}}{d\omega}(\omega_2) = 0$; Ableitung des Radikanden genügt:

$$\frac{dR}{d\omega} = 2[(\frac{\omega_0}{\omega})^2 - 1](-\frac{2\omega_0^2}{\omega^3}) - \frac{8\delta^2}{\omega^3} \ ; \quad [(\frac{\omega_0}{\omega_1})^2 - 1]\omega_0^2 + 2\delta^2 = 0$$

$$f_1 = \frac{\omega_1}{2\pi} = \frac{1}{2\pi}\,\frac{\omega_0}{\sqrt{1 - 2(\frac{\delta}{\omega_0})^2}} = \frac{\omega_0^2}{2\pi\sqrt{\omega_0^2 - 2\delta^2}} \ ; \quad \omega_0^2 = \frac{k}{m}$$

$$f_1 = \frac{\frac{k}{m}}{2\pi\sqrt{\frac{k}{m} - 2\delta^2}} \approx \frac{1}{2\pi}\sqrt{\frac{k}{m}} = 3{,}2 \text{ Hz}$$

======

---

b) $a_{xm1} = a_{xm}(\omega_1)$ mit $\omega_1 = \omega_0/\sqrt{1 - 2(\delta/\omega_0)^2}$ aus a).

$$a_{xm1} = \frac{\omega_0^2\xi_m}{\sqrt{4(\frac{\delta}{\omega_0})^2 - 4(\frac{\delta}{\omega_0})^4}} = \frac{\omega_0^4\xi_m}{2\delta\sqrt{\omega_0^2 - \delta^2}}$$

$$a_{xm1} = \frac{(\frac{k}{m})^2\,\xi_m}{2\delta\sqrt{\frac{k}{m} - \delta^2}} \approx \frac{\xi_m}{2\delta}\sqrt{\frac{k}{m}}^{\,3} = 8 \text{ m/s}^2$$

======

2.3.9. Anfahren einer Maschine

Beim Anfahren einer Maschine führt der Fußboden des Maschinengebäudes vertikale Schwingungen mit zunehmender Frequenz aus. Für ein Meßgerät (Masse m), das hohe Schwingungsfrequenzen nicht verträgt, ist die kritische Kreisfrequenz ω_k. Das Gerät ist federnd und gedämpft gelagert. Die Feder ist so ausgewählt, daß die Eigenkreisfrequenz ω_0 für Meßgerät und Feder $\varepsilon = 10^o/o$ von ω_k beträgt.

a) Welche Federkonstante k hat die Aufhängung des Meßinstruments?

b) Welchen Wert muß die Abklingkonstante δ haben, damit die Schwingungsamplitude x_m des Meßinstruments bei ω_0 gerade so groß wie die Amplitude ξ_m der Erregerschwingung ist?

c) Bei welcher Kreisfrequenz ω_M ist das Amplitudenverhältnis x_m/ξ_m am größten, wenn die Abklingkonstante δ den in b) errechneten Wert hat?

d) Welchen Wert hat x_m/ξ_m bei ω_M und bei ω_k?

$m = 100\ g \qquad \omega_k = 200\ s^{-1}$

---

a) $\omega_0 = \frac{k}{m} \qquad \omega_0 = \varepsilon\,\omega_k$

$$\underline{k = m(\varepsilon\omega_k)^2} = \underline{\underline{40\ N/m}}$$

b) $$x_m = \frac{F_m/m}{\sqrt{(\omega_0^2 - \omega^2)^2 + 4\delta^2\omega^2}}$$

$\omega = \omega_0$

$\frac{F_m}{m} = \omega_0^2\xi_m$ (äuß. Erregung)

$$x_m = \frac{\omega_0}{2\delta}\xi_m$$

mit $x_m = \xi_m$ wird

$$\delta = \frac{\omega_0}{2}$$

und wenn $\omega_0 = \varepsilon\omega_k$ gefordert wird, erhalten wir

$$\underline{\delta = \frac{\varepsilon}{2}\omega_k} = \underline{\underline{10\ s^{-1}}}$$

c) $$x_m = \frac{\omega_0^2 m}{\sqrt{(\omega_0^2 - \omega^2)^2 + 4\delta^2\omega^2}} = \frac{\omega_0^2 m}{\sqrt{R}}$$

$\frac{dx_m}{d\omega} = 0$ Differentiation des Radikanden R genügt:

$$\frac{dR}{d\omega} = 2(\omega_0^2 - \omega^2)(-2\omega) + 8\delta^2\omega$$

$$-(\omega_0^2 - \omega_M^2) + 2\delta^2 = 0$$

$$(\delta = \frac{\omega_0}{2})$$

$$\omega_M^2 = \omega_0^2 - 2\delta^2 = \frac{\omega_0^2}{2}$$

$$(\omega_0 = \varepsilon\, \omega_k)$$

$$\omega_M = \frac{\omega_0}{\sqrt{2}} = \frac{\varepsilon}{\sqrt{2}}\omega_k = 14 \text{ s}^{-1}$$

d) Mit $\delta = \omega_0/2$ wird

$$\frac{x_m}{\xi_m}(\omega_M) = \frac{\omega_0^2}{\sqrt{(\omega_0^2 - \frac{\omega_0^2}{2})^2 + \omega_0^2 \frac{\omega_0^2}{2}}}$$

$$\frac{x_m}{\xi_m}(\omega_M) = \frac{2}{\sqrt{3}} = 1{,}15$$

und

$$\frac{x_m}{\xi_m}(\omega_k) = \frac{\omega_0^2}{\sqrt{[\omega_0^2 - (\frac{\omega_0}{\varepsilon})^2]^2 + \omega_0^2(\frac{\omega_0}{\varepsilon})^2}}$$

$$= \frac{1}{\sqrt{(1 - \frac{1}{\varepsilon^2})^2 + \frac{1}{\varepsilon^2}}} = \frac{\varepsilon^2}{\sqrt{\varepsilon^4 - 2\varepsilon^2 + 1 + \varepsilon^2}}$$

$$\frac{x_m}{\xi_m}(\omega_k) = \frac{\varepsilon^2}{\sqrt{1 - \varepsilon^2 + \varepsilon^4}} \approx \varepsilon^2 = 0{,}01$$

2.3.10. Brücke

Eine Brücke wird modellmäßig als ein Träger auf zwei Stützen betrachtet. Die Eigenmasse ist m_0. Unter dem Einfluß der maximalen Verkehrslast (m_V) biegt sich die Brücke in der Mitte zwischen den beiden Stützpfeilern um die Strecke s durch. Eine Marschkolonne marschiert im Gleichschritt mit der Schrittfrequenz f über die Brücke. Die Amplitude der periodischen Kraft pro Person sei F. Insgesamt befinden sich gleichzeitig N Personen der mittleren Masse m_P auf der Brücke. Vereinfachend soll angenommen werden, daß die tatsächliche Biegeschwingung der Brücke durch die Schwingung einer gedachten Punktmasse in der Brückenmitte ersetzt ist, wobei nur die Hälfte der über die Brücke verteilten Massen und Kräfte in Rechnung gestellt wird.

a) Welche fiktive Federkonstante k hat die Brücke?

b) Wie groß ist die Eigenfrequenz f_0 der mit der Marschkolonne belasteten Brücke?

c) Auf welche Schwingungsamplitude x_m kann sich die Brücke bei vernachlässigbarer Dämpfung aufschaukeln?

$m_0 = 550$ t $\quad$ $s = 25$ mm $\quad$ $f = 1{,}8$ Hz $\quad$ $F = 150$ N

$N = 120$ $\quad$ $m_P = 75$ kg $\quad$ $m_V = 170$ t

---

a) Gleichgewicht:

$$\frac{1}{2} m_V g = ks$$

$$k = \frac{m_V g}{2s} = 3{,}3 \cdot 10^7 \text{ kg/s}^2$$

b) $f_0 = \frac{\omega_0}{2\pi}$ $\qquad$ $\omega_0^2 = \frac{k}{m}$ $\qquad$ $m = \frac{m_0}{2} + \frac{N}{2} m_P$

$$f_0 = \frac{1}{2\pi}\sqrt{\frac{m_V\, g}{(m_0 + Nm_P)s}} = 1{,}7 \text{ Hz}$$

c) Mit $\delta = 0$ wird

$$x_m = \frac{F_m / m}{|\omega_0^2 - \omega^2|} \cdot$$

$$F_m = \frac{N}{2} F$$

$$m = \frac{1}{2} (m_0 + N m_p)$$

$$\omega_0^2 = \frac{m_V g}{(m_0 + N m_P)s} \quad \text{aus b)}$$

$$\omega = 2\pi f > \omega_0$$

$$x_m = \frac{N F}{(m_0 + N m_p)(4\pi^2 f^2 - \frac{m_V g}{(m_0 + N m_P)s})}$$

$$x_m = \frac{N F}{4\pi^2 f^2 (m_0 + N m_P) - \frac{m_V g}{s}} = 3{,}8 \text{ mm}$$

2.4.1. Seilwelle

Auf einem Seil werden Wellen erzeugt, indem dieses an der Stelle $x = 0$ mit einer Schwingung der Frequenz f und der Amplitude η_m erregt wird. Die Wellenlänge beträgt λ. Zur Zeit $t = 0$ befindet sich bei $x = 0$ gerade ein Wellental.

a) Wie lautet die Ort-Zeit-Funktion $\eta(t)$ eines Seilteilchens, das sich am Ort $x = 0$ befindet?

b) Welche Maximalgeschwindigkeit v_m erreicht dieses Teilchen?

c) Man berechne η_1, v_1 und a_1 für t_1!

d) Wie lautet die Funktion $\eta(t,x)$ für die gesamte Welle?

e) Wie groß ist die Elongation η in den folgenden fünf Fällen?

1) $t = 0 \quad x = 0$ 4) $t = \frac{T}{4} \quad x = \frac{\lambda}{4}$

2) $t = 0 \quad x = \frac{\lambda}{2}$ 5) $t = \frac{T}{4} \quad x = \frac{3}{4}\lambda$

3) $t = \frac{T}{4} \quad x = 0$

Skizzieren Sie die Momentbilder der Welle und kennzeichnen Sie die fünf Werte für η!

f) Welche Phasengeschwindigkeit c hat die Welle?

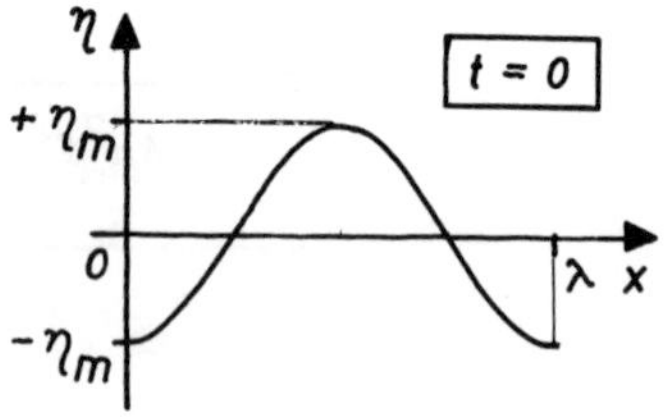

$f = 4,0$ Hz $\quad \eta_m = 6,0$ cm

$\lambda = 32$ cm $\quad t_1 = 2,2$ s

---

a) Der Skizze entnehmen wir für die Bewegung des Seilteilchens:

$$\eta(t,0) = -\eta_m \cos(\omega t) \qquad \omega = 2\pi f$$

$$\eta(t,0) = -\eta_m \cos(2\pi f t)$$

b) $$v = \dot{\eta} = 2\pi f \eta_m \sin(2\pi f t)$$

$$v_m = 2\pi f \eta_m = 1,5 \text{ m/s}$$

c) $$a = \dot{v} = (2\pi f)^2 \eta_m \cos(2\pi f t)$$

$$\eta_1 = -\eta_m \cos(2\pi f t_1) = -1,9 \text{ cm}$$

$$v_1 = 2\pi f \eta_m \sin(2\pi f t_1) = -1,4 \text{ m/s}$$

$$a_1 = (2\pi f)^2 \eta_m \cos(2\pi f t_1) = +12 \text{ m/s}^2$$

d) $\eta(t,x) = \eta_m \cos(\omega t - kx + \alpha)$

$\eta(0,0) = \eta_m \cos\alpha = -\eta_m$ (Wellental)

$\Longrightarrow \quad \cos\alpha = -1 \; ; \alpha = \pi$

$\eta(t,x) = \eta_m \cos(\omega t - kx + \pi)$

$$\eta(t,x) = -\eta_m \cos(\omega t - kx) = -\eta_m \cos 2\pi(ft - \frac{x}{\lambda})$$

e) $\eta(t,x) = -\eta_m \cos 2\pi(\frac{t}{T} - \frac{x}{\lambda})$

Fall	t	x	η
1	0	0	$-\eta_m$
2	0	$\frac{\lambda}{2}$	$+\eta_m$
3	$\frac{T}{4}$	0	0
4	$\frac{T}{4}$	$\frac{\lambda}{4}$	$-\eta_m$
5	$\frac{T}{4}$	$\frac{3}{4}\lambda$	$+\eta_m$

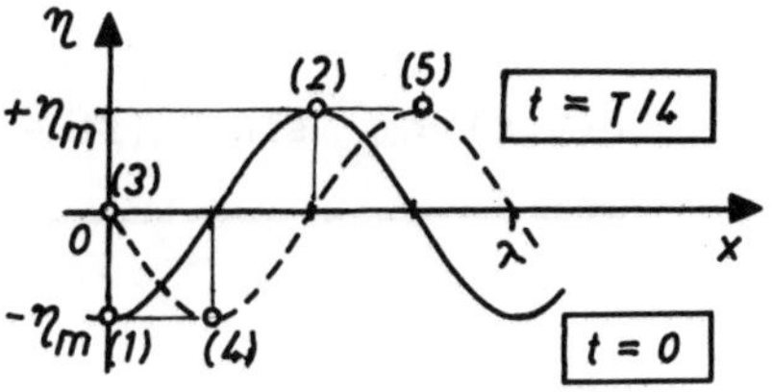

f) $c = \frac{\lambda}{T} = \lambda f = 1{,}28 \text{ m/s}$

2.4.2. Wellenfunktion I

Eine Seilwelle mit der Wellenlänge λ, der Frequenz f und der Amplitude η_m läuft in positiver x-Richtung. Zur Zeit t_1 befindet sich bei x_1 ein Wellental.

Stellen Sie die Funktion $\eta(t,x)$ für diese Welle auf!

Gegeben: λ, f, η_m, $t_1 = \frac{T}{2}$, $x_1 = \frac{3}{4}\lambda$

$$\eta(t,x) = \eta_m \cos(\omega t - kx + \alpha) \qquad \omega = \frac{2\pi}{T} \qquad k = \frac{2\pi}{\lambda}$$

$$\eta(t_1,x_1) = \eta_m \cos(\pi - \tfrac{3}{2}\pi + \alpha) = -\eta_m \quad \text{(Wellental)}$$

$$\Longrightarrow \qquad \cos(\alpha - \tfrac{\pi}{2}) = -1$$

$$\alpha - \frac{\pi}{2} = \pi \qquad \underline{\alpha = \tfrac{3}{2}\pi}$$

$$\eta(t,x) = \eta_m \cos(\omega t - kx + \tfrac{3}{2}\pi)$$

$$= \eta_m \sin(\omega t - kx)$$

$$\underline{\eta(t,x) = \eta_m \sin 2\pi(ft - \tfrac{x}{\lambda})}$$

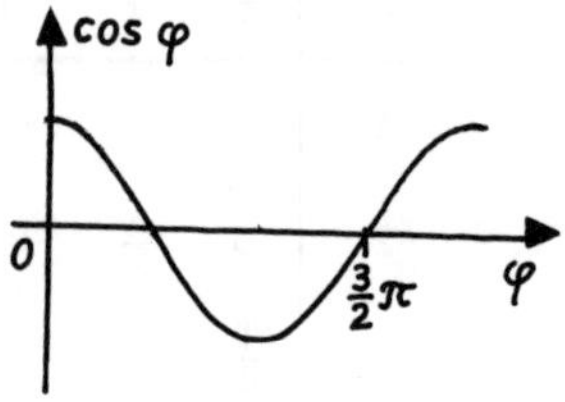

2.4.3. Wellenfunktion II

Eine Seilwelle läuft in negativer x-Richtung. An der Stelle x_1 verläuft die Schwingung des Seiles nach der Funktion

$$\eta(t,x_1) = \eta_m \sin \omega t \; .$$

Ermitteln Sie die Funktion $\eta(t,x)$ für das ganze Seil!

Gegeben: λ, f, η_m, $x_1 = \frac{\lambda}{2}$

$$\eta(t,x) = \eta_m \cos(\omega t + kx + \alpha) \qquad \omega = \frac{2\pi}{T} \qquad k = \frac{2\pi}{\lambda}$$

$$\eta(t,x_1) = \eta_m \cos(\omega t + \pi + \alpha) = \eta_m \sin \omega t \qquad \text{(Schwingung)}$$

$$= \eta_m \cos(\omega t + \tfrac{3}{2}\pi)$$

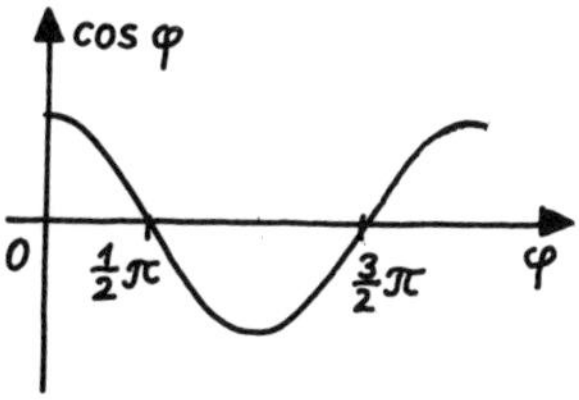

$$\Longrightarrow \qquad \omega t + \pi + \alpha = \omega t + \frac{3}{2}\pi$$

$$\underline{\alpha = \frac{\pi}{2}}$$

$$\eta(t,x) = \eta_m \cos(\omega t + kx + \frac{\pi}{2})$$

$$= - \eta_m \sin (\omega t + kx)$$

$$\underline{\eta(t,x) = - \eta_m \sin 2\pi(ft + \frac{x}{\lambda})}$$

2.4.4. Teilchenschwingung

Auf einem Seil breitet sich eine Welle in positiver x-Richtung aus. Das Teilchen an der Stelle x_1 schwingt nach der Ort-Zeit-funktion $\eta(t,x_1) = \eta_m \sin \omega t$.
Ermitteln Sie die Ort-Zeit-Funktion für die Teilchenschwingung an der Stelle x_0!
Gegeben: λ, f, η_m, $x_0 = 0$, $x_1 = \frac{\lambda}{4}$

$$\eta(t,x) = \eta_m \cos(\omega t - kx + \alpha) \qquad \omega = \frac{2\pi}{T} \qquad k = \frac{2\pi}{\lambda}$$

$$\eta(t,x_1) = \eta_m \cos(\omega t - \frac{\pi}{2} + \alpha) = \eta_m \sin \omega t \quad \text{(Bedingung)}$$

$$= \eta_m \cos(\omega t + \frac{3}{2}\pi)$$

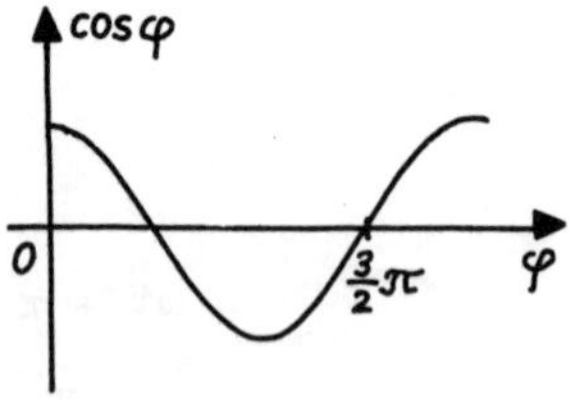

$$\Longrightarrow \quad \omega t - \frac{\pi}{2} + \alpha = \omega t + \frac{3}{2}\pi$$

$$\alpha = 2\pi \quad \Longrightarrow \quad \underline{\alpha = 0}$$

$$\underline{\eta(t,x_0) = \eta_m \cos \omega t = \eta_m \cos 2\pi f t}$$

2.4.5. Interferenz

Zwei Wellen $\eta_1 = \eta_m \cos(\omega t - kx)$ und $\eta_2 = \eta_m \cos(\omega t - kx + \alpha)$ überlagern sich.

a) Stellen Sie die Wellenfunktion $\eta(t,x)$ der resultierenden Welle auf!

b) Geben Sie die Amplitude A der resultierenden Welle an!

c) Zeichnen Sie das Momentbild der resultierenden Welle für $t = 0$!

Gegeben: ω, k, η_m, $\alpha = \frac{\pi}{2}$

Lösungshilfe: $\cos\alpha + \cos\beta = 2\cos\frac{\alpha+\beta}{2}\cos\frac{\alpha-\beta}{2}$

---

a) $$\eta = \eta_1 + \eta_2 = \eta_m[\cos(\omega t - kx) + \cos(\omega t - kx + \alpha)]$$

$$= \eta_m\, 2\cos(\omega t - kx + \tfrac{\alpha}{2})\cos\tfrac{\alpha}{2}$$

$$\underline{\eta(t,x) = 2\eta_m \cos\tfrac{\pi}{4}\cos(\omega t - kx + \tfrac{\pi}{4})}$$

b) $$\underline{A = 2\eta_m \cos\tfrac{\pi}{4} = \sqrt{2}\,\eta_m}$$

c) $$\eta(0,x) = \eta_m\sqrt{2}\cos(-kx + \tfrac{\pi}{4})$$

$$= \eta_m\sqrt{2}\cos(kx - \tfrac{\pi}{4})$$

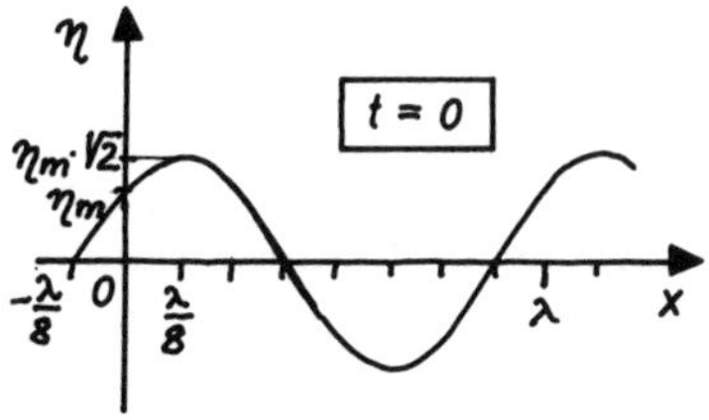

2.4.6. Phasenausbreitung

Für eine Welle gilt $\eta(t,x) = \eta_m \sin 2\pi(\frac{t}{T} - \frac{x}{\lambda})$.
Nach welcher Ort-Zeit-Funktion x(t) breitet sich die Bewegungsphase aus, in der sich das Teilchen an der Stelle x_0 zur Zeit t_0 befindet?
Gegeben: λ, T, $x_0 = \frac{\lambda}{2}$, $t_0 = \frac{T}{4}$

$$\eta(t,x) = \eta_m \sin 2\pi(\frac{t}{T} - \frac{x}{\lambda})$$

$$\eta(t_0,x_0) = \eta_m \sin 2\pi(\frac{1}{4} - \frac{1}{2}) = \eta_m \sin 2\pi(- \frac{1}{4})$$

Die Phase muß konstant bleiben:

$$\eta(t,x) = \eta(t_0,x_0)$$

$$\Longrightarrow \quad \frac{t}{T} - \frac{x}{\lambda} = - \frac{1}{4}$$

$$\underline{x = \frac{\lambda}{T} t + \frac{\lambda}{4}}$$

2.4.7. Auswertung der Wellenfunktion

Für eine Welle gilt $\eta(t,x) = \eta_m \cos(\omega t + kx + \alpha)$.

a) Wie groß ist die Ausbreitungsgeschwindigkeit c der Welle?

b) Wie groß ist ihre Wellenlänge λ?

c) Wie lautet die Ort-Zeit-Funktion $\eta(t)$ der Schwingung eines Teilchens am Ort x_1?

d) Wie groß ist die Elongation η_1 dieses Teilchens (am Ort x_1) zur Zeit t_1?

$\omega = 10\,\pi\ s^{-1}$ $\quad k = \pi\ m^{-1}$ $\quad \alpha = 70^o$ $\quad t_1 = 0{,}25\ s$

$x_1 = 0{,}800\ m$ $\quad \eta_m = 53\ mm$

---

a) $c = \lambda f = \frac{\lambda}{T} = \frac{2\pi}{T}\frac{\lambda}{2\pi} = \frac{\omega}{k} = 10\ m/s$

b) $\lambda = \frac{2\pi}{k} = 2{,}0\ m$

c) $\eta(t,x_1) = \eta_m \cos(\omega t + kx_1 + \alpha) = \eta_m \cos(\omega t + 214^o)$

d) $\eta(t_1,x_1) = \eta_m \cos(\omega t_1 + kx_1 + \alpha) = \eta_m \cos 304^o = 30\ mm$

2.4.8. Knotenpunkte

Wie lautet die Funktion $\eta_2(t,x)$ einer Welle, die zusammen mit der Welle $\eta_1(t,x) = \eta_m \cos(\omega t + kx + \alpha_1)$ bewirkt, daß das Teilchen am Ort x_1 dauernd in Ruhe bleibt (stehende Welle)?
$\omega = 10\,\pi\,s^{-1}$ $\quad k = \pi\,m^{-1}$ $\quad \alpha_1 = 70^o$ $\quad x_1 = 0{,}800\,m$

$$\eta_2\,(t,x) = \eta_m \cos(\omega t - kx + \alpha_2)$$

Bedingung am Ort x_1:

$$\eta(t,x_1) = \eta_1(t,x_1) + \eta_2(t,x_1) = 0 \quad \text{(Ruhe)}$$

$$0 = \eta_m[\cos(\omega t + kx_1 + \alpha_1) + \cos(\omega t - kx_1 + \alpha_2)]$$

$$\Longrightarrow \quad \cos(\omega t + kx_1 + \alpha_1) = - \cos(\omega t - kx_1 + \alpha_2)$$

$$= \cos(\omega t - kx_1 + \alpha_2 + \pi)$$

$$kx_1 + \alpha_1 = - kx_1 + \alpha_2 + \pi$$

$$\alpha_2 = \alpha_1 + 2kx_1 - \pi$$

$$\alpha_2 = 178^o$$

$$\eta_2(t,x) = \eta_m \cos(\omega t - kx + 178^o)$$

2.4.9. Reflexion einer Welle

Eine Welle (λ, f, η_m) kommt aus großer Entfernung und schreitet in positiver x-Richtung fort. Zur Zeit t = 0 passiert ein Wellenberg den Ort x = 0. Die Welle wird an einem festen Hindernis bei $x_1 > 0$ reflektiert. Dadurch bildet sich eine stehende Welle.

a) Wo liegen die Knoten und Bäuche?

b) Stellen Sie die Wellenfunktion $\eta(t,x)$ für diese stehende Welle auf!

c) Wie groß ist die Amplitude η_B der Schwingungsbäuche?

$\lambda = 28$ cm $\quad \eta_m = 5{,}0$ cm $\quad x_1 = 60$ cm

Lösungshilfe: $\cos\alpha - \cos\beta = -2\sin\frac{\alpha+\beta}{2}\sin\frac{\alpha-\beta}{2}$

---

a) $\underline{x_K = x_1 - n\frac{\lambda}{2}}$ $\qquad x_B = x_1 - \frac{\lambda}{4} - n\frac{\lambda}{2} \qquad n = 0, 1, 2, \ldots$

$x_K = \underline{\underline{60\text{ cm}}}\,;\ \underline{\underline{46\text{ cm}}}\,;\ \underline{\underline{32\text{ cm}}}, \ldots \qquad = \underline{x_1 - (2n+1)\frac{\lambda}{4}}$

$x_B = \underline{\underline{53\text{ cm}}}\,;\ \underline{\underline{39\text{ cm}}}\,;\ \underline{\underline{25\text{ cm}}}, \ldots$

b) $\eta(t,x) = \eta_e(t,x) + \eta_r(t,x)$

$$\eta_e(t,x) = \eta_m\cos(\omega t - kx + \alpha_e)$$

$$\eta_e(0,0) = \eta_m\cos\alpha_e = \eta_m \quad \text{(Wellenberg)} \Longrightarrow \alpha_e = 0$$

$$\eta_r(t,x) = \eta_m\cos(\omega t + kx + \alpha_r)$$

Reflexion am festen Ende: $\eta_e(t,x_1) + \eta_r(t,x_1) = 0$

$$\Longrightarrow \cos(\omega t - kx_1) = -\cos(\omega t + kx_1 + \alpha_r)$$
$$= \cos(\omega t + kx_1 + \alpha_r + \pi)$$
$$\omega t - kx_1 = \omega t + kx_1 + \alpha_r + \pi$$
$$\underline{\alpha_r = -2kx_1 - \pi}$$

$$\eta_r(t,x) = \eta_m\cos(\omega t + kx - 2kx_1 - \pi)$$
$$= -\eta_m\cos(\omega t + kx - 2kx_1)$$

$$\eta(t,x) = \eta_m[\cos(\omega t - kx) - \cos(\omega t + kx - 2kx_1)]$$
$$= -2\eta_m\sin(\omega t - kx_1)\sin(-kx + kx_1)$$
$$\underline{\eta(t,x) = 2\eta_m\sin 2\pi\left(ft - \frac{x_1}{\lambda}\right)\sin 2\pi\frac{x - x_1}{\lambda}}$$

c) $\underline{\eta_B} = 2\eta_m = \underline{\underline{10\text{ cm}}}$

2.4.10. Saite

Eine Saite der Länge l ist an einem Ende fest eingespannt und wird am anderen Ende zu Schwingungen der Frequenz f und der Amplitude η_m angeregt. Die Ausbreitungsgeschwindigkeit der Wellen auf der Saite ist c.
Berechnen Sie die Amplitude η_B im Schwingungsbauch!

l = 190 cm   f = 50 Hz η_m = 0,65 mm   c = 90 m/s

Schwingungsphase maximaler Elongation:

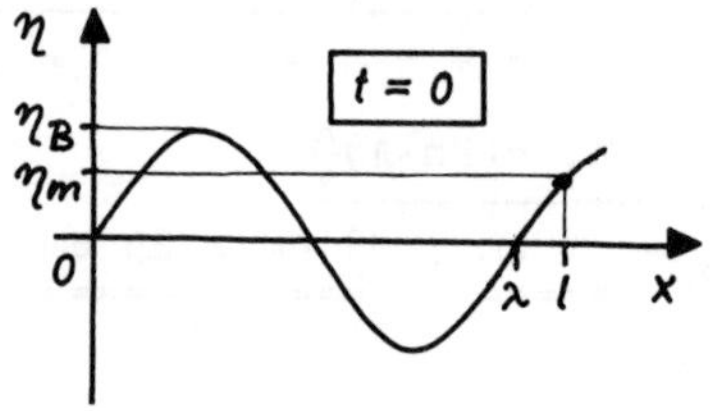

(Momentbild der Welle)

$$\eta(0,x) = \eta_B \sin kx = \eta_B \sin 2\pi \frac{x}{\lambda}$$

Ermittlung von η_B mit Hilfe der Randbedingung (Ort der Anregung):

$$\eta(0,l) = \eta_B \sin 2\pi \frac{l}{\lambda} = \eta_m \qquad \lambda = \frac{c}{f}$$

$$\Longrightarrow \quad \eta_B \sin 2\pi \frac{lf}{c} = \eta_m$$

$$\underline{\eta_B = \frac{\eta_m}{\sin 2\pi \frac{lf}{c}}} = \underline{\underline{1{,}9 \text{ mm}}}$$

2.4.11. Schwebung

Eine Schallwelle der Frequenz f_1 breitet sich in Luft geradlinig aus: $\xi_1 = \xi_m \cos 2\pi(f_1 t - \frac{x}{\lambda_1})$. In gleicher Ausbreitungsrichtung überlagert sich ihr eine zweite Schallwelle mit geringfügig höherer Frequenz $f_2 = f_1 + \Delta f$, aber gleicher Amplitude: $\xi_2 = \xi_m \cos 2\pi(f_2 t - \frac{x}{\lambda_2})$. Die Schallgeschwindigkeit ist c.

a) Welche resultierende Wellenfunktion $\xi(t,x) = \xi_1 + \xi_2$ ergibt sich?

b) Skizzieren Sie das Momentbild der resultierenden Welle zur Zeit t = 0 und berechnen Sie die in dieser Darstellung auftretenden charakteristischen Wellenlängen λ_a (der resultierenden Welle) und λ_b (der Amplitudenfunktion)!

c) Was für einen Ton (Frequenz f_a) hört der Beobachter, der sich beispielsweise bei x = 0 befindet?

d) Wie groß ist die Periodendauer τ des An- und Abschwellens (Schwebung)? Hinweis: $\tau = T_b/2$

f_1 = 677 Hz $\quad$ Δf = 6,8 Hz $\quad$ c = 340 m/s

Lösungshilfe: $\cos\alpha + \cos\beta = 2\cos\frac{\alpha+\beta}{2}\cos\frac{\alpha-\beta}{2}$

---

a) $\xi(t,x) = \xi_1(t,x) + \xi_2(t,x)$ $\qquad \lambda = \frac{c}{f}$

$$\xi_1 = \xi_m \cos 2\pi f_1 (t - \frac{x}{c})$$

$$\xi_2 = \xi_m \cos 2\pi (f_1 + \Delta f)(t - \frac{x}{c})$$

$$\xi(t,x) = \xi_m[\cos 2\pi f_1(t - \frac{x}{c}) + \cos 2\pi(f_1 + \Delta f)(t - \frac{x}{c})]$$

$$\xi(t,x) = 2\,\xi_m \cos 2\pi(f_1 + \frac{\Delta f}{2})(t - \frac{x}{c}) \cos 2\pi \frac{\Delta f}{2}(t - \frac{x}{c})$$

---

b) $\xi(0,x) = 2\,\xi_m(\cos 2\pi f_a \frac{x}{c})(\cos 2\pi f_b \frac{x}{c})$

wobei $f_a = f_1 + \frac{\Delta f}{2}$

und $f_b = \frac{\Delta f}{2}$

(s. Skizze auf der nächsten Seite)

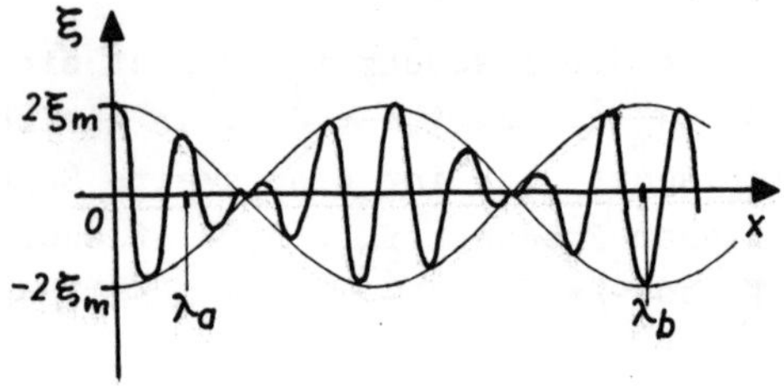

$$\lambda_a = \frac{c}{f_a} = \frac{c}{f_1 + \frac{\Delta f}{2}} = 0{,}50 \text{ m}$$

$$\lambda_b = \frac{c}{f_b} = \frac{2c}{\Delta f} = 100 \text{ m}$$

c) $$f_a = f_1 + \frac{\Delta f}{2} = 680 \text{ Hz}$$

d) $$\tau = \frac{T_b}{2} = \frac{1}{2f_b} \qquad f_b = \frac{\Delta f}{2}$$

$$\tau = \frac{1}{\Delta f} = 0{,}15 \text{ s}$$

2.5.1. Kompression

In Wasser wird die Schallgeschwindigkeit $c = 1480$ m/s gemessen.
Schätzen Sie ab, um welches Volumen ΔV demnach ein Kubikmeter (V_0) Wasser am Grunde der Tiefsee ($h = 11{,}5$ km) zusammengedrückt wird?

$$\frac{\Delta V}{V_0} = -\frac{p}{K}$$

ΔV hier Volumenabnahme:

$$\frac{\Delta V}{V_0} = \frac{p}{K}$$

$$c = \sqrt{\frac{K}{\varrho}} \implies K = c^2\varrho$$

$$p = \varrho g h$$

$$\frac{\Delta V}{V_0} = \frac{\varrho g h}{c^2 \varrho}$$

$$\underline{\Delta V = \frac{gh}{c^2} V_0} \approx \underline{\underline{50\ \text{l}}}$$

2.5.2. Kundtsches Rohr

Beim Kundtschen Rohr wird ein Messingstab durch Reiben zu Longitudinalschwingungen (Grundschwingung) angeregt. Die Schwingungen werden mit einer Membran auf die in einem Glasrohr eingeschlossene Luftsäule übertragen, deren Länge veränderlich ist. Im Inneren des Glasrohres läßt sich die stehende Schallwelle mit Korkpulver sichtbar machen.

a) Mit welcher Grundfrequenz schwingt der Metallstab, der die Länge l_0 hat und an einem Ende fest eingespannt ist?

b) Wie lang (l_2) müßte eine gespannte Stahlsaite sein, um mit der gleichen Frequenz zu schwingen, wenn deren Spannung σ nur den Bruchteil η der Zerreißspannung σ_Z betragen darf?

c) Wie groß ist die Schallgeschwindigkeit c in der Luft im Glasrohr, wenn bei der Rohrlänge l_1 n Schwingungsbäuche auftreten? (Auch an der Membran befindet sich ein Schwingungsknoten in unmittelbarer Nähe.)

Messing: $E = 1{,}03 \cdot 10^{11}\ \mathrm{N/m^2}$ $\quad \varrho_M = 8300\ \mathrm{kg/m^3}$

Stahl: $\sigma_Z = 1{,}8 \cdot 10^{9}\ \mathrm{N/m^2}$ $\quad \varrho_S = 7850\ \mathrm{kg/m^3}$

$l_0 = 0{,}25\ \mathrm{m}$ $\quad l_1 = 1{,}07\ \mathrm{m}$ $\quad n = 22$ $\quad \eta = 50\ \%$

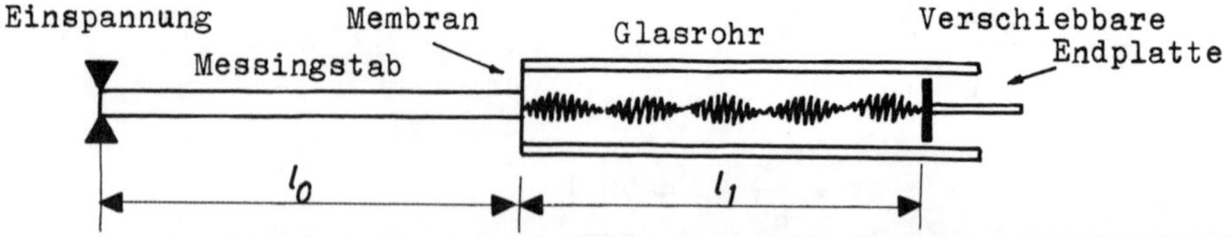

---

a) $f_0 = \dfrac{c}{\lambda}$ $\quad \lambda = 4\, l_0$ $\quad c = \sqrt{E/\varrho_M}$ (Longitudinalwelle im Messingstab)

$$\underline{f_0 = \frac{1}{4 l_0}\sqrt{E/\varrho_M}} = \underline{\underline{3{,}52\ \mathrm{kHz}}}$$

b) $l_2 = \dfrac{\lambda}{2}$ $\quad \lambda = \dfrac{c}{f_0}$ $\quad c = \sqrt{\dfrac{\sigma}{\varrho_S}}$ $\quad \sigma = \eta\, \sigma_Z$ (Transversalwelle der Stahlsaite)

$$\underline{l_2 = 2\, l_0 \sqrt{\frac{\varrho_M \eta \sigma_Z}{\varrho_S E}}} = \underline{\underline{4{,}8\ \mathrm{cm}}}$$

c) $c = \lambda f_0$ $\quad l_1 = n\, \dfrac{\lambda}{2}$ (Longitudinalwelle in Luft)

$$\underline{c = \frac{2 l_1}{n} f_0} = \underline{\underline{342\ \mathrm{m/s}}}$$

2.5.3. Klavier

Der Tonumfang eines Klaviers beträgt 7 Oktaven. Für den höchsten Ton beträgt die Saitenlänge l_0, für den tiefsten l_1.

a) In welchem Verhältnis σ_1/σ_0 müßten die Zugspannungen dieser Saiten stehen, wenn beide aus Stahl sind?

b) Die Saite des tiefen Tons ist mit Kupferdraht umwickelt, der zwar die Masse, aber nicht die Zugspannung beeinflußt. In welchem Verhältnis m_K/m_S müßte die Kupfermasse zur Stahlmasse stehen, wenn die Zugspannung genau so groß wie bei der Saite des höchsten Tons werden soll?

$l_0 = 5{,}5$ cm $\quad l_1 = 150$ cm $\quad$ (Oktave $\hat{=}$ Frequenzverhältnis 1:2)

---

a) $f = \frac{c}{\lambda} \qquad c = \sqrt{\frac{\sigma}{\varrho}} \qquad \lambda = 2l$

$$\Longrightarrow \quad \sigma = \varrho(2fl)^2 \qquad (+)$$

$$\frac{\sigma_1}{\sigma_2} = \left(\frac{f_1\, l_1}{f_0\, l_0}\right)^2 \qquad \frac{f_0}{f_1} = 2^7 = 128$$

$$\frac{\sigma_1}{\sigma_0} = 0{,}045$$

b) Für die gesamte Saite gilt $\varrho = \frac{m}{lA}$ und $\sigma = \frac{F}{A}$.

$$\Longrightarrow \quad \frac{\sigma}{\varrho} = \frac{Fl}{m}$$

Da σ, F, und l nicht verändert werden, gilt $\varrho \sim m$:

$$\varrho_1 = \frac{m_K + m_S}{m_S}\,\varrho_0$$

$$\frac{m_K}{m_S} = \frac{\varrho_1}{\varrho_0} - 1$$

Gleiche Zugspannung: $\sigma_1 = \sigma_0$

(+) liefert $\varrho_1(f_1 l_1)^2 = \varrho_0(f_0 l_0)^2$.

$$\frac{m_K}{m_S} = \left(\frac{f_0 l_0}{f_1 l_1}\right)^2 - 1 = 21$$

2.5.4. Schallfeldgrößen

Eine Schallwelle hat in Luft (Dichte ϱ) die Schallgeschwindigkeit c, die Frequenz f und die Intensität $\overline{I}$.

Wie groß sind die Amplituden von

a) Schallschnelle (v_m),

b) Schallausschlag (ξ_m),

c) Dichteänderung ($\Delta\varrho_m$),

d) Schalldruck (Δp_{Wm}) ?

Wie groß ist

e) der Mittelwert des Schallstrahlungsdruckes ($\overline{\Delta p_S}$) ?

$f = 2500$ Hz $\varrho = 1{,}205$ kg/m^3

$\overline{I} = 0{,}500$ W/m^2 $c = 344$ m/s

---

a) $$\overline{I} = \frac{1}{2}\varrho c\, v_m^2$$

$$v_m = \sqrt{\frac{2\overline{I}}{\varrho c}} = \underline{\underline{4{,}91 \text{ cm/s}}}$$

b) $$v = \frac{\partial\xi}{\partial t} = -\,\omega\,{}_m \sin(\omega t - kx + \alpha)$$

$$v_m = \omega\,\xi_m = 2\pi f\,\xi_m$$

$$\xi_m = \frac{v_m}{2\pi f} = \underline{\underline{3{,}13\ \mu\text{m}}}$$

c) $$\Delta\varrho = -\,\varrho\,\frac{\partial\xi}{\partial x} = -\,\varrho k\xi_m \sin(\omega t - kx + \alpha)$$

$$\Delta\varrho_m = \varrho k\xi_m \quad , \quad k = \frac{\omega}{c} \qquad \omega\xi_m = v_m$$

$$\Delta\varrho_m = \frac{\varrho\, v_m}{c} = \underline{\underline{0{,}172 \text{ g/m}^3}}$$

d) $$\Delta p_W = \varrho c\,\frac{\partial\xi}{\partial t}$$

$$\Delta p_{Wm} = \varrho c\, v_m = \underline{\underline{20{,}4 \text{ Pa}}}$$

e) $$\overline{\Delta p_S} = \frac{\varrho}{2}\, v_m^2 = \underline{\underline{1{,}45 \text{ mPa}}}$$

2.5.5. Schallradiometer

Mit einem Schallradiometer wird der Schallstrahlungsdruck $\overline{\Delta p_S}$ einer Schallwelle gemessen. Die Lufttemperatur beträgt T_0. Wie groß sind die Intensität $\bar{I}$ und der Schallpegel L der Schallwelle?

Luft: $R' = 287$ Ws/(kg·K) $\qquad \kappa = 1{,}4 \qquad \overline{\Delta p_S} = 2{,}15$ mPa

$T_0 = 295$ K

$$\bar{I} = \frac{1}{2}\,\varrho c\, v_m^2 \qquad \overline{\Delta p_S} = \frac{\varrho}{2}\, v_m^2 \qquad c = \sqrt{\kappa R' T_0}$$

$$\bar{I} = \overline{\Delta p_S}\sqrt{\kappa R' T_0} = 0{,}74\ \mathrm{W/m^2}$$

$$L = 10\ \lg\left(\frac{10^{12}\ \bar{I}}{\mathrm{W/m^2}}\right)\ \mathrm{dB} = 118{,}7\ \mathrm{dB}$$

2.5.6. Schallenergie

Wie groß ist die in einem Zimmer (Grundfläche A, Höhe h) vorhandene Schallenergie E_S, wenn der Schallpegel den Wert L hat?

$A = 25\ m^2 \qquad h = 2{,}8\ m \qquad L = 52\ dB \qquad c = 340\ m/s$

$$E_S = \overline{w}Ah \qquad \overline{w} = \frac{\rho}{2} v_m^2 \qquad \overline{I} = \frac{\rho}{2} v_m^2 c$$

$$\overline{w} = \frac{\overline{I}}{c}$$

$$L = 10 \lg \frac{\overline{I}}{\overline{I}_0}\ dB$$

$$\overline{I} = \overline{I}_0\ 10^{\frac{L}{10\ dB}}$$

$$E_S = \frac{Ah}{c} \cdot \overline{I}_0 \cdot 10^{\frac{L}{10\ dB}} = 3{,}3 \cdot 10^{-8}\ J$$

2.5.7. Ultraschallstrahl

Ein Ultraschallstrahl verläuft im Wasser senkrecht nach oben und wird an der Wasseroberfläche nahezu vollständig reflektiert. Dabei entsteht eine Fontäne der Höhe h.
Welche Intensität $\overline{I}$ hat der einfallende Strahl?
(Man beachte, daß sich der Schallstrahlungsdruck von einfallendem und reflektiertem Strahl addieren.)
c = 1480 m/s h = 10 cm

$$\overline{I} = \frac{\varrho_W}{2} v_m^2 c \qquad \overline{w} = \overline{\Delta p_S} = \frac{\varrho_W}{2} v_m^2$$

$$\overline{I} = \overline{\Delta p_S}\, c$$

$$\varrho_W gh = 2\,\overline{w} = 2\,\overline{\Delta p_S}$$

$$\underline{\overline{I} = \frac{\varrho_W ghc}{2}} = \underline{\underline{73\ W/cm^2}}$$

2.5.8. Punktquelle

Welche Leistung P muß eine "punktförmige" Schallquelle in der Entfernung l_0 vom Hörer mindestens haben, damit sie noch wahrgenommen werden kann

a) bei $f_1 = 40$ Hz,

b) bei $f_2 = 4$ kHz?

$l_0 = 10$ m

$$P = \overline{P}_S = \overline{I}\, A_S \qquad A_S = 4\pi l_0^2$$

$$\underline{P = 4\pi l_0^2\, \overline{I}}$$

a) $\overline{I}_1 = 8 \cdot 10^{-7}$ W/m² $\qquad \underline{\underline{P_1 = 1{,}0 \cdot 10^{-3} \text{ W}}}$

b) $\overline{I}_2 = 2 \cdot 10^{-13}$ W/m² $\qquad \underline{\underline{P_2 = 2{,}5 \cdot 10^{-10} \text{ W}}}$

(Die Werte für $\overline{I}_1$ und $\overline{I}_2$ werden dem Isophonendiagramm entnommen.)

2.5.9. Hörschwelle

Wie groß ist das Maximum ξ_m des Schallausschlages an der Hörschwelle bei

a) $f_1 = 30$ Hz,
b) $f_2 = 4$ kHz,
c) $f_3 = 15$ kHz?

$\varrho = 1{,}29$ kg/m^3 $\qquad c = 340$ m/s

$$\xi = \xi_m \cos(\omega t - kx + \alpha)$$

$$v = \frac{\partial \xi}{\partial t} = -\omega \xi_m \sin(\omega t - kx + \alpha)$$

$$v_m = \omega\, \xi_m = 2\pi f \xi_m$$

Ermittlung von v_m mit

$$\bar{I} = \frac{\varrho}{2} v_m^2 c \; : \qquad v_m = \sqrt{\frac{2\bar{I}}{\varrho c}}$$

$$\xi_m = \frac{1}{2\pi f}\sqrt{\frac{2\bar{I}}{\varrho c}}$$

a) $\bar{I}_1 = 3 \cdot 10^{-6}$ W/m^2 $\qquad \xi_{m1} = 11$ µm

b) $\bar{I}_2 = 1{,}5 \cdot 10^{-13}$ W/m^2 $\qquad \xi_{m2} = 0{,}019$ nm

c) $\bar{I}_3 = 1 \cdot 10^{-10}$ W/m^2 $\qquad \xi_{m3} = 0{,}13$ nm

2.5.10. Diskothek

Ein Lautsprecher hat die Nennleistung P. Bei einer Diskothek im Freien wird diese Leistung bei einer Frequenz f voll ausgenutzt.

a) Wie groß sind die Schallstärke $\overline{I}_1$ und die Lautstärke L_{N1} in der Entfernung l_1?

b) In welcher Entfernung l_2 verringert sich die Lautstärke auf L_{N2}?

Der Lautsprecher soll näherungsweise als Punktquelle angesehen werden, die in alle Richtungen des vorderen Halbraumes gleichmäßig, in den hinteren Halbraum gar nicht abstrahlt.

$P = 80\ W$ $\quad f = 400\ Hz$ $\quad l_1 = 3\ m$ $\quad L_{N2} = 80\ phon$

$$\overline{I} = \frac{\overline{P}_S}{A_S} = \frac{P}{\frac{1}{2}(4\pi l^2)}$$

a) $$\overline{I}_1 = \frac{P}{2\pi l_1^2} = 1{,}4\ W/m^2$$

L_{N1} wird aus dem Isophonendiagramm bei $\overline{I}_1 = 1{,}4\ W/m^2$ und $f = 400\ Hz$ entnommen:

$$L_{N1} = 120\ phon$$

b) Aus dem Isophonendiagramm entnimmt man $\overline{I}_2 = 10^{-4}\ W/m^2$.

$$\overline{I}_2 = \frac{P}{2\pi l_2^2}$$

$$l_2 = \sqrt{\frac{P}{2\pi \overline{I}_2}} = 360\ m$$

2.5.11. Mehrere Schallquellen

In einem Arbeitsraum befinden sich folgende Schallquellen mit bekanntem Schallpegel:
eine Schreibmaschine (L_1), zwei Sprechende (jeweils L_2), Straßenlärm durch ein offenes Fenster (L_3).

a) Wie groß sind die Gesamtwerte von Schallstärke ($\overline{I}$) und Schallpegel (L)?

b) Wie groß ist die Lautstärke L_N, wenn eine mittlere Frequenz f angenommen wird?

$L_1 = 68$ dB $\quad L_2 = 60$ dB $\quad L_3 = 57$ dB $\quad f = 250$ Hz

---

a) $\overline{I} = \overline{I}_1 + 2\overline{I}_2 + \overline{I}_3$

$$\overline{I}_1 = \overline{I}_0 \cdot 10^{L_1/10\text{ dB}} \quad \text{usw.}$$

$$\overline{I} = \overline{I}_0(10^{L_1/10\text{ dB}} + 2\cdot 10^{L_2/10\text{ dB}} + 10^{L_3/10\text{ dB}})$$

$$\overline{I} = 8{,}8\cdot 10^{-6}\text{ W/m}^2$$

$$L = 10\,\lg(10^{L_1/10\text{ dB}} + 2\cdot 10^{L_2/10\text{ dB}} + 10^{L_3/10\text{ dB}})\text{ dB}$$

$$L = 69\text{ dB}$$

b) Mit $\overline{I} = 8{,}8\cdot 10^{-6}$ W/m² und f = 250 Hz folgt aus dem Isophonendiagramm

$$L_N = 65\text{ phon}.$$

2.5.12. Verkehrspolizist

Ein an der Autobahn stehender Verkehrspolizist nimmt bei einem vorbeifahrenden PKW eine Tonänderung von genau einer großen Terz ($f_2/f_1 = 4:5$) wahr.
Auf welche Fahrtgeschwindigkeit kann er schließen?

$c = 340$ m/s

Bewegte Schallquelle nähert sich:

$$f_1 = \frac{f}{1 - \frac{v}{c}}$$

Bewegte Schallquelle entfernt sich:

$$f_2 = \frac{f}{1 + \frac{v}{c}}$$

$$\Longrightarrow \qquad \frac{f_2}{f_1} = \frac{1 - \frac{v}{c}}{1 + \frac{v}{c}}$$

$$(1 + \frac{v}{c})\left(\frac{f_2}{f_1}\right) = 1 - \frac{v}{c}$$

$$\frac{v}{c}\left(1 + \frac{f_2}{f_1}\right) = 1 - \frac{f_2}{f_1}$$

$$v = c\,\frac{1 - \frac{f_2}{f_1}}{1 + \frac{f_2}{f_1}} = 136 \text{ km/h}$$

2.5.13 Polizeifahrzeug

Die Sirene eines Polizeifahrzeuges, das mit der Geschwindigkeit keit v_1 fährt, erzeugt einen Ton der Frequenz f.

a) Welche Frequenz f' besitzt der Ton, den der Fahrer eines Wagens hört, der mit der Geschwindigkeit v_2 hinter dem Polizeifahrzeug fährt?

b) Wie groß ist f', wenn $v_1 = v_2$?

$f = 2500\ \text{Hz}$ $v_1 = 75\ \text{km/h}$ $v_2 = 30\ \text{km/h}$ $c = 335\ \text{m/s}$

---

a) Sich entfernendes Polizeifahrzeug (Schallquelle) und angenommener ruhender Beobachter:

$$f^* = \frac{f}{1 + \frac{v_1}{c}}$$

Auf eine ruhende Quelle mit der Frequenz f^* zufahrender Beobachter:

$$f' = f^*\left(1 + \frac{v_2}{c}\right)$$

Gesamtwirkung:

$$f' = f\,\frac{1 + \frac{v_2}{c}}{1 + \frac{v_1}{c}}$$

$$f' = f\,\frac{c + v_2}{c + v_1} = 2412\ \text{Hz}$$

b) $f' = f = 2500\ \text{Hz}$

2.5.14. Überschallflug

Ein Beobachter verfolgt den Flug eines Überschallflugzeuges. Er hört den Knall um die Zeit t_1 später, als sich das Flugzeug genau über ihm befunden hat. Dabei sieht er das Flugzeug unter dem Winkel γ über dem Horizont.

a) Mit welcher Geschwindigkeit v fliegt das Flugzeug?

b) In welcher Höhe h fliegt das Flugzeug?

$t_1 = 25$ s $\quad \gamma = 35^\circ \quad c = 340$ m/s

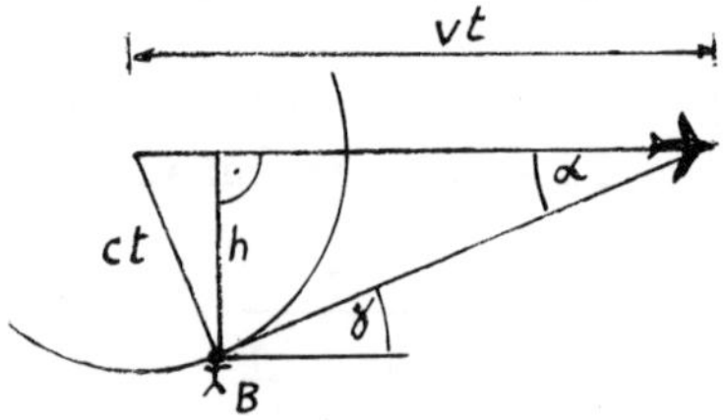

a) $\gamma = \alpha$

$$\sin\gamma = \frac{c}{v}$$

$$v = \frac{c}{\sin\gamma} = 1{,}74\ c = 2130\ \text{km/h}$$

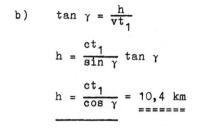

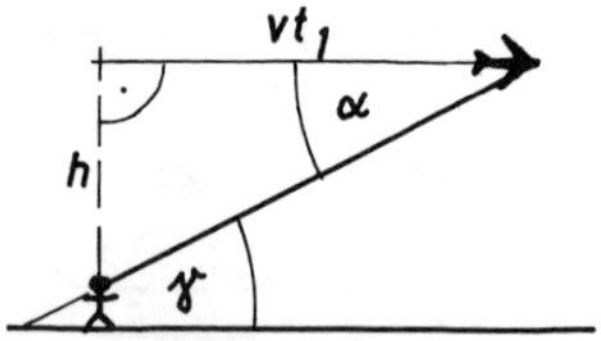

b) $$\tan\gamma = \frac{h}{vt_1}$$

$$h = \frac{ct_1}{\sin\gamma}\tan\gamma$$

$$h = \frac{ct_1}{\cos\gamma} = 10{,}4\ \text{km}$$